최신 화장품학

NEW COSMETOLOGY

김 주

光文閣
www.kwangmoonkag.co.kr

머리말

화장품은 인류 역사와 더불어 그 성격을 달리하며 발전하여 왔다. 기원전 5세기경에는 종교의식과 관련해 이용되었고, 그 이후에는 각 시대를 거치면서 소수 여성의 전유물로써 사용되었다. 그러나 과학의 발달과 함께 20세기를 거쳐 오늘날에는 화장품은 사치품이 아니라 생활필수품으로써 자리매김하게 이른다.

최근 들어 생활수준의 향상과 노령화 사회로의 급속한 진행에 따라 소비자의 관심은 깨끗한 피부를 유지하고 피부 노화를 지연하는 기능성 화장품으로 확대되었고, 환경오염으로 인한 피부 안전에 대한 관심은 유기농 화장품의 발전을 이끌어 화장품 산업이 고부가가치를 창출하는 첨단 미래형 산업으로 대두하도록 만들었다. 이러한 결과로 화장품 전반에 대한 소비자의 지식은 매우 전문화, 다양화되었고 소비자의 이해와 구체적인 정보 제공을 위한 전문가의 양성이라는 시대적 요구는 각 대학에 화장품학과와 피부미용학과를 개설해 화장품학을 필수 과목으로 위치하게 했다.

따라서 화장품학의 보다 쉬운 이해와 접근은 화장품 관련 학문을 공부하는 학생들뿐만 아니라 전문적이고 난해한 용어로 인해 어려움을 겪는 일반 소비자들에게도 꼭 필요한 일이었다. 본 저자는 지난 날 화장품연구소에서 근무한 경험과 20여 년간 대학 강단에서 화장품학을 강의하면서 얻은 지식과 경험을 바탕으로 노력과 열정을 담아 화장품학 교재를 발간하였다.

화장품 개론, 화장품과 피부, 화장품 원료와 기술, 화장품의 종류, 화장품의 품질 특성과 품질관리 등 총 5장으로 구성하고 부록에 제품 용어의 해설을 가능한 한 쉽게 풀이해 담고자 한 것은 화장품학과와 피부미용 관련 학과 학생들뿐만 아니라, 대학에서 교양과목으로 화장품을 공부하는 학생들, 그리고 다양한 화장품의 원료와 이해에 어려움을 겪는 일반 소비자들에게까지 화장품 전반에 관한 안내서가 되기를 바라는 저자의 소박한 바람에서이다.

이 책이 나오기까지 많은 도움을 준 숙명여자대학교 신정은 선생님과 LG생활건강 화장품연구소 경기열 박사, 에이치엔파마캠 지홍근 박사에게 감사한 마음을 전한다.

끝으로 본 교재가 출판되기까지 여러모로 힘써주신 광문각의 박정태 사장님과 임직원 여러분께 감사드린다.

2018년 7월

김 주 덕

CONTENTS

목 차

C O N T E N T S

화장품 개론

1:

아름다움의 추구는 생명체의 본성이다. 인간에게는 동물이나 식물처럼 변색이나 변태의 능력이 없기에 원시시대부터 화장이라는 도구술로 치장해왔다. 화장은 인간만이 가지는 행태적 언어로, 화장품을 뜻하는 영어의 'cosmetics'가 우주의 질서와 조화를 나타내는 희랍어 'kosmos(cosmos)'에서 생겨난 'kosmetikos(cosmeticos)'에서 유래되었다는 것은 우리에게 화장의 본질을 일깨워준다. 즉 화장은 얼굴과 몸 전체를 조화롭고 아름답게 가꾸는 살아 있는 유기체의 본질적인 행위로 이것은 우주의 순리와 질서를 따르는 행위로 해석될 수 있겠다.

1. 화장품의 역사

아름다움의 추구는 생명체의 본성이다. 인간에게는 동물이나 식물처럼 변색이나 변태의 능력이 없기에 원시시대부터 화장이라는 도구술로 치장해왔다. 화장은 인간만이 가지는 행태적 언어로, 화장품을 뜻하는 영어의 'cosmetics'가 우주의 질서와 조화를 나타내는 희랍어 'kosmos(cosmos)'에서 생겨난 'kosmetikos(cosmeticos)'에서 유래되었다는 것은 우리에게 화장의 본질을 일깨워준다. 즉 화장은 얼굴과 몸 전체를 조화롭고 아름답게 가꾸는 살아 있는 유기체의 본질적인 행위로 이것은 우주의 순리와 질서를 따르는 행위로 해석될 수 있다.

우리가 현재 쓰는 '화장(化粧)'이라는 용어는 개화기 이후 일본으로부터 들어온 말로, 가식이나 거짓 꾸밈의 의미를 내포하고 있다. 우리나라에서는 '단장'이라는 말을 사용했으며 꾸밈의 정도에 따라 담장·농장·염장·응장·야용 등으로 달리 표현했다.

화장은 인간의 본능적인 욕구로부터 시작되어 종교·주술적 의미를 지니며, 신체 보호 목적이나 종족 또는 신분·사회계층·역할·성별을 표시하는 등의 다양한 목적으로 행해졌다.

현대에 있어 화장은 인간의 자아를 표현하고 사회적·심리적 상승감을 부여할 뿐만 아니라, 고성능화되고 다기능화된 화장품을 이용하여 유해환경 인자로부터 피부나 모발을 보호하고 노화를 지연시키는 등 인체의 청결과 미화를 넘어서 그 목적이 발전하였다.

1) 서양의 화장사

고대 이집트 시대는 종교적 화장과 신체 보호적 기능의 화장이 발달했다. 사회적 계급이나 성별을 떠나 화장이 보편화되었고 그 기법은 세련되었다. 콜(Kohl)로 그린 아이라인와 아이섀도로 눈을 보호하고 헤나(Henna)를 이용한 매니큐어는 색상에 따라 신분을 표시했다.

클레오파트라의 피부 관리와 화장 기법은 지금까지도 그 원형이 유지되고 있는데, 당나귀 젖을 이용한 스킨 케어 기법이나 메이크업을 돋보이게 하는 세련된 장신구,

다양한 헤어 스타일을 표현하는 가발뿐만 아니라 향유를 이용한 아로마 기법에 이르기까지 완벽에 가까운 토털 코디네이션이라 하겠다.

이집트 인들이 본격적으로 사용한 향수는 그리스에 와서 더욱 발전하였다.

그리스 의사 갈렌(Galen)은 이집트인의 화장품 제조 비법을 기록하여 체계화시켰는데, 이집트의 크림을 개량시켜 현대적 화장품의 원형인 콜드크림(Cold Cream)을 만들었다. 콜드크림은 피부의 수분 증발을 막고 햇볕으로부터 피부를 보호해주었는데, 추운 겨울에 사용하거나 혹은 바르면 피부가 시원한 청량감을 느끼기 때문에 콜드크림이라 불리는 것으로 알려져 있다.

그리스 여인들도 메이크업 화장을 했으나 자연스러운 피부 표현에 주목했고, 아름답고 매끄러운 피부를 더 희게 보이기 위해 납가루 분을 사용하기 시작한 것도 이때부터이다.

로마 시대에는 오리엔탈의 여러 나라에서 갖가지 화장품이 들어왔기 때문에 화장술이 급속히 발달한 가운데 물질적 풍요와 여유로움을 누렸다. 목욕 문화와 향락이 극에 달해 향료를 중시하고 올리브 오일로 마사지를 즐겼으며, 그리스 시대와 같이 헤나로 염색한 금발이 유행했다.

중세 시대는 종교가 일상생활과 문화 전반에 절대적인 영향을 미치는 가운데 엄격한 금욕주의의 영향으로 목욕과 화장이 급격히 후퇴한 화장의 암흑기였으며, 몸의 체취를 해결하기 위한 향수만을 사용하였다.

르네상스 시대에 이르러 화장 문화가 다시 부흥하면서 인체의 아름다움이 찬양되었고, 로코코 시대에 이르기까지 귀족과 부유계층의 남녀를 중심으로 화려하고 과장된 화장과 의복 문화가 상류사회를 지배하였다.

[그림 1.1] 이집트 여인

세기의 여신 - 퀸 엘리자베스 1세, 퐁파두르 후작부인, 마리 앙뜨와네트

통치의 달인이었던 영국 여왕 엘리자베스 1세가 몸치장에 아낌없는 돈을 썼다고도 전해지는데, 여왕은 화장하기를 좋아하며 수많은 가발을 번갈아 쓰면서 거울을 보는 것을 즐겼다고 한다. 그러나 세월이 흘러 늙어가는 모습에 화가 나자 거울 판매 금지령을 내리고, 머리염색을 하고 하얗게 분을 바르기 시작했다. 그녀를 따라 주름살을 가리는 두껍고 진한 화장이 16세기 귀족사회에서 유행하기 시작했다.

프랑스 루이 15세 시대의 퐁파두르 후작부인은 백연분과 같은 유독한 화장품 피해를 만회하고자 '비너스의 손수건'이라는 냉각 추출한 밀랍으로 만든 작은 붕대를 이마에 대고, 생크림을 넣은 벌꿀이나 밀랍, 고래 흰 살, 오이즙을 섞어 얼굴에 팩을 하기도 했다. 매시간마다 옷을 갈아입었던 사치스러운 그녀 덕분에 프랑스 왕국은 엄청난 돈을 지불해야 했다고 한다.

17세기 후반에는 부풀린 가발이 유행했는데, 귀족 여성들은 '타워위그(tower wig)'라 불리는 높은 가발을 불편 없이 쓰고 다니기 위해 집안 공사를 벌일 만큼 몸치장에 열성이었다고 한다.

루이 16세의 왕비 마리 앙뜨와네뜨는 적자부인이라는 별칭과는 달리 보다 자연스런 헤어스타일과 가벼운 화장, 편안한 드레스를 유행시켰지만 프랑스 재정 파탄자라는 오명을 안고 단두대의 이슬로 사라져 버렸다.

자유와 평등을 외친 프랑스 혁명은 민주주의와 대중문화를 일으키며 19세기 화장사에 있어서 자연주의의 영향을 미친다. 1866년 산화아연이 제조되어 백납분보다 안전한 새로운 분이 공급되고, 왕족과 부르주아의 전유물이었던 로션과 크림도 대중들에게 보편화되었다.

20세기 초에는 현대 여성 화장의 근간이 되는 화학약품의 개발과 샴푸, 콜드 퍼머의 발명 등으로 화장사는 혁신을 맞게 되었다. 전화, 자동차, 비행기, 영화의 발명으로 신천지 미국은 세계의 중심축이 되었다. 제1차 세계대전 후 초강대국으로 부상한 미국의 영화산업의 발달은 화장품 산업의 발달을 가속화시켰다.

세기의 여걸 – 엘리자베스 아덴, 헬레나 루빈스타인, 에스티 로더, 코코샤넬

헬레나 루빈스타인은 영화를 통해 Vamp Look을 유행시키고, 여성의 피부 타입을 Normal, Dry, Oily, Combination의 4가지 타입으로 분류하여 피부 타입에 맞는 화장품 성분을 처방하는 등 화장품 업계에 과학 마케팅을 도입하였다.

그녀의 영원한 맞수였던 엘리자베스 아덴은 명품 마케팅과 컬러 마케팅에 유능했다. 레드 도어(Red Door)로 유명한 아덴의 뉴욕 뷰티살롱은 루빈스타인과 이웃하고 있었지만 일생을 서로 만난 적 없이 경쟁하며 지냈다고 전해진다. 1920년대를 석권한 두 여걸이 있었기에 현대의 화장품사는 비약적으로 발전할 수 있었다

차세대 스타 에스티 로더는 현대적 감각의 마케팅을 펼친 비즈니스의 귀재였다. 초고가 마케팅에도 탁월했던 그녀는 Hypo-allergy와 같은 신조어를 창안하기도 하고, 클리니크(Clinique)라는 회사를 세우며 업계 최초로 탈프랑스식 작명과 마케팅 기법을 도입하기도 했다. 제2차 세계대전 후 급성장하여 화장품 재벌의 반열에 오른 가족경영회사의 살아남은 신화이다.

한편, 유럽에서는 패션의 영원한 아이콘인 코코 샤넬이 놀라운 유행을 퍼뜨렸다. 지중해에서 여름 휴가를 마치고 돌아와 태닝된 그녀의 모습은 신문에 기사가 오를 정도로 당시로서는 파격적이었는데, 선탠은 곧바로 상류 신분의 상징이 되면서 삽시간에 유행했다. 이후 미국에서는 Instant tan이 나오자 순식간에 200만 병이 팔리는 이변이 일어났다고 한다.

제2차 세계대전 후 미국은 세계 화장품 시장을 제패하였다. 전쟁 중에도 여성들의 화장품에 대한 사랑은 멈추지 않았고, 급성장한 여성 취업 인구와 전후의 베이비 붐(Baby boom), 영화 · 미디어의 발달로 미국의 화장품사는 급성장하고 제조기술과 마케팅의 과학화로 세계 시장을 장악하는 다국적 기업이 태동했다.

1970년대 들어서 건강한 피부를 가꾸는 스킨 케어 화장품에 대한 관심이 증대되고, 20세기 후반 화장품 기술과 원료의 개발은 더욱 정교하게 과학화된다. 미디어는 화장품사에 더욱 깊숙이 침투해 영향을 미친다. 젊은 미혼 여성을 중심으로 하던 유행 문화는 21세기 들어 남녀노소를 불문하고 확산되었고, 젊어지려는 사회 현상과 더불어 신체와 정신을 가꾸는 시대가 열린 것이다.

2) 한국의 화장사

《고기(古記)》의 단군신화에 따르면 100일 동안 햇빛을 피한 곰이 웅녀가 되었는데, 주술로 쓰인 쑥과 마늘은 미백에 효과적인 성분을 담고 있는 것으로서 흰 피부를 선호하는 미백 선호의식은 고조선, 삼국, 고려, 조선시대로 이어져 지금까지도 아시아 지역에서는 흰 피부가 선호되고 있다.

흰 피부를 표현하기 위한 신라시대의 백분(白粉, 쌀가루 분)과 연분(鉛紛, 납가루 분)의 제조기술은 상당한 수준이었다. 그뿐만 아니라 신라시대에는 색조 화장이 유행하여 색분을 만들어 쓰고 홍화로 만든 연지로 볼과 입술을 치장했고, 남성인 화랑들도 여성들 못지 않은 화장과 화려한 장신구로 치장하였다. 반면에 백제인들은 엷고 은은한 화장을 좋아한 것으로 보이며, 중국 문헌에는 백제인들이 분을 바르나 연지를 쓰지 않았다고 전해진다. 고구려 여인들은 신분이나 직업을 막론하고 뺨과 입술에 연지화장을 한 모습이 고분벽화에 드러난다. 또 고구려 시대에는 신분과 직업에 따라 달리 치장했다는 것을 《후한서》의 기록으로 추리할 수 있다. 그러나 대체적으로 삼국시대 여인들은 불교의 영향으로 은은한 화장을 하고, 종교적 신념으로 청정의식이 강조되어 쌀겨, 팥, 녹두 등 미백 효과가 있는 재료들을 이용한 목욕이 대중화되었다.

고려시대에도 백분은 가장 널리 사용된 화장품이며 일부 계층에 한해서는 연분도 사용되었을 것으로 보여진다. 고려시대는 통일신라시대의 화려한 풍조가 계승되어 일부 층에서는 진한 화장과 향료, 보석 장신구를 쓰며 더욱 사치스럽게 발전한 반면 상류층과 일반 여성들은 분은 사용하나 연지를 즐겨 쓰지 않는 옅은 화장을 하고 향낭을 차고 다녔다. 남녀 모두 피부를 희게 하는 면약을 피부 보호제 겸 미백제로 사용하였고 염모가 시술되었다는 기록이 남아 있다.

고구려 쌍영총의 고분벽화에 연지화장한 여인은 여관(女官)이나 시녀 신분으로 뺨과 입술에 연지로 화장을 하고 있다.

[그림 1.2] 고구려 쌍영총 고분벽화

신라시대(5~6세기)의 향로형 토기 :
높이 25.5cm 크기로서, 공동체 단위 사용이나 의례용으로 사용되었을 것으로 보인다.

통일신라시대(9~10세기)의 토기 향유병 :
소형병으로 주름무늬나 조형이 미려하다.

고려 · 조선시대의 향유병 :
소형병으로 향료 식물의 즙을 내거나 기름에 제어 얻은 액체를 담아두었다.

단군신화에 향나무인 박달나무 근처가 한민족의 첫 주거지로 나와 있음으로 알 수 있듯이 우리나라에서는 고조선 시대부터 향을 신성시했으며, 삼국시대, 고려시대, 조선시대에 이르기까지 불교의 영향으로 향이 신성시되고 대중화되었다.

[그림 1.3] 시대별 향로와 향유병

조선시대에는 국교인 유교의 영향으로 궁녀나 기녀 등 특수층을 제외한 일반 여성들은 평상시 화장을 하지 않는 경우가 많았다. 고려시대에 비해 치장이나 색조 화장이 가벼워진 대신 피부 관리에는 매우 정성을 들였다. 피부 탄력과 주름살 개선, 기미나 반점을 없애기 위한 다양한 기술과 각종 천연 재료들이 활용되었으며, 옥처럼 무결하고 매끈하며 탄력 있는 흰 피부를 갖기 위한 노력에 열중했다. 몸을 향기롭게 하고 길고 윤기 나는 검은 머리를 갖기 위한 조선 여인들의 노력은 현대 여성들의 스파(Spa)관리와 일맥상통한다. 그러나 미안수(로션), 미안법(팩) 등 각종 화장품과 다양한 화장도구로 투명한 피부를 가꾼 조선시대 여성들의 노력과 화장품 산업 발달에도 불구하고, 조선 후기 이후 산업화에 성공하지 못한 채 쇄국으로 인한 화장품 산업의 후퇴를 가져왔다.

[그림 1.4] 조선시대 장신구

아침이슬

아침이슬은 매우 다양한 상품명으로 쓰이고 있는데, 역사적으로 살펴보면 조선 선조 임진왜란 직후 일본에서 발매한 '아사노쓰유'(아침이슬)라는 화장수가 있다. 그런데 이 화장수의 광고 문안에는 "조선의 최신 제법으로 제조한…."이라는 구절이 있다. 이는 오늘날로 치면, "프랑스의 최첨단 기술력…" 에 해당되는 것으로 조선시대 화장품의 품질이나 제조 기술이 매우 높아서 일본에서 선망의 대상이 되었음을 보여주는 자료이다.

조선시대뿐만 아니라 역사적으로 우리나라의 화장술과 제조기술은 매우 우수하여 주변국에 전파되었다. 일본의 사서에는 일본이 백제로부터 화장품 제조기술과 엷은 화장을 하는 고도의 화장법을 배워갔다는 기록이 남아 있다.

또한, 거울과 빗 제조 등의 뛰어난 금속공예 기술과 미의식을 지녔던 고려인들의 화장문화는 원나라에 크게 전파되었는데, 당시 고려양의 유행은 오늘날 아시아권의 한류열풍에 해당되는 것이라 하겠다.

개화기 이후 일본과 청, 유럽에서 포장과 품질이 우수한 화장품이 수입되어 인기를 끌자 1922년 제조허가 1호로 박가분이 출시되어 하루 5만 갑이나 판매되는 인기를 누렸다. 하지만, 재래적인 생산 방식과 납 성분의 부작용으로 물의를 빚어 수입 백분이 더욱 선호되는 부작용을 빚었다. 때문에 서가분, 서울분 등의 백분이 나왔으나 큰 인기를 끌지는 못하고 방물장수가 '구리무' 라는 크림을 방문하여 덜어 팔기도 했다.

8 · 15 독립으로 일시 후퇴되었던 화장품 산업은 6 · 25전쟁 이후 수입 화장품이 늘어나고 밀수 화장품, 미군 PX 유출품이 범람하다가 1960년대 들어서 국산 화장품의 생산이 본격화되었다. 바니싱 크림과 백분의 소비가 격감하고 파운데이션의 수요가 급증했다. 입술 연지는 비로소 고형 스틱 타입으로 바뀌었고 아이섀도가 등장해 색채 화장이 시작되었다.

1970년대는 화장품 회사가 메이크업 캠페인을 벌이며 Time, Place, Object에 적합한 화장을 하는 T.P.O 미용법과 입체 화장이 자리를 잡고, 의상에 맞추어 화장하는 토털 코디네이션 개념이 도입되었다.

컬러 TV의 대량 보급과 매스 미디어의 발달 및 교복 자율화와 '88올림픽을 기점으로 색채에 대한 폭발적인 활용과 화려하고 과장된 치장으로 1980년대는 큰 변화를 겪었다. 일본보다는 유럽에서 영향을 받으면서 입체감을 주는 색채 화장이 유행하였다.

1990년대는 식물성을 함유한 자연 추출물 화장품과 레티놀 등의 기능성 화장품이 각광받기 시작하였고, 아로마테라피가 피부관리에 도입되었다.

2000년대 이후 소비자의 욕구가 다양해지고 기술이 크게 발달함에 따라 고기능, 다기능화된 제품과 자연 친화 의식으로 식물성 소재와 유기농 화장품이 크게 호응받고 있으며 화장품 산업은 글로벌화되었다.

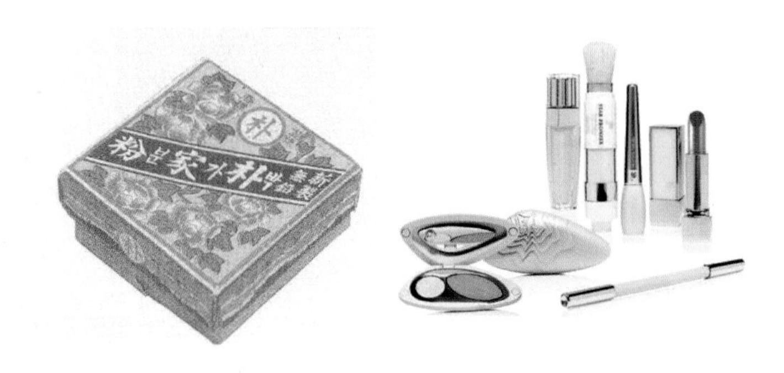

[그림 1.5] 박가분과 현대적 화장품

INSIGHT 파우더 룸(Powder Room)

16세기 프랑스의 앙리 2세가 이탈리아의 명문 메디치가의 카트린과 결혼하자, 그녀 집안의 '비방'이 프랑스로 전해진다. 그 비방이란 실은 납가루 분과 비상을 섞어 만든 독 화장품으로 정적을 제거하는 데 이용되었던 것이라 한다.

이탈리아에서 이를 이용한 로션이 얼굴 미백용으로 판매되었고, 그로 인해 많은 사람들이 살해당하자 이탈리아 정부는 1663년 이 화장품을 만든 여성을 교수형에 처하고 화장품에 납가루 사용을 전면 금지했다.

이후 프랑스와 유럽으로 납가루 금지 조치가 확산되자, 프랑스 루이 15세의 애첩인 마담 퐁파두르가 납가루 분 대신 중국에서 수입한 쌀가루 분을 머리 장식용으로 뿌렸다. 이것이 대유행이 되면서 집 안에는 온통 쌀가루가 날아다니게 되자 이를 방지하기 위해 독립된 방을 만들어 파우더 룸(Powder Room)이라고 불렀다.

파우더 룸은 이때부터 화장하는 방을 뜻하게 되어 지금까지 이어져 내려오는데, 고상한 분내의 아로마가 피어 오를듯한 퐁파두르의 파우더 룸은 실은 쌀가루가 날아다니던 격전지였고, 사치스러운 그녀 덕분에 오늘날 여성들은 파우더 룸이라는 멋진 방 하나를 선물로 누리고 있는 것이다.

우리나라에서는 적어도 서기 692년 이전부터 연분(납가루 분)의 제조가 보편화되었음을 짐작할 수 있는데, 일본의 한 고문헌에는 신라의 승려가 서기 692년에 일본에서 연분을 만들어서 상을 받았다는 기록이 남아있기 때문이다. 기존의 백분(쌀가루 분)은 쌀이나 기장, 조 등의 곡식, 분꽃씨, 조개껍질, 백토나 활석의 분말 등으로 만들었는데, 이는 부착력과 퍼짐성이 약하고 얼굴 제모를 해야하는 등 바르는 절차도 번거로웠다. 그래서 백분에 납을 화학 처리하여 부착력이 좋아지고 원래 피부보다 매끄럽고 하얗게 표현되는 고운 분이 만들어졌으나, 이는 분독을 만드는 심각한 부작용으로 국내에서도 1930년대 사용이 금지되었다.

2009년에 석면이 함유된 탈크 베이비 파우더의 파동으로 Rice Powder가 다시 부상하였다. Rice로 만들어진 콤팩트와 크림, 엑스폴리에이팅 파우더가 Organic의 열풍을 타고 새로이 등장하고 있지만, 쌀이나 옥수수 전분 등 곡식이나 식물의 분말은 사실상 인류가 가장 먼저 선택하고 사용했던 화장품의 원료였다.

2. 화장품의 정의

우리나라 화장품법 제2조 1항에 따르는 화장품의 정의는 아래와 같다.

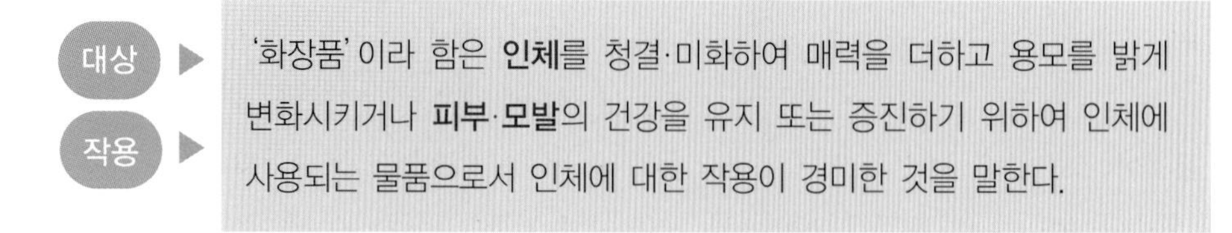

화장품의 적용 범위는 사람의 피부와 모발에 한하며, 그 기능은 건강의 유지나 증진을 위해 작용이 경미한 수준에 제한된다는 뜻이다. 즉 유럽의 경우처럼 치아와 구강용품은 화장품에 해당되지 않으며, 화장품은 치료나 치유의 개념이 아니라 건강한 인체를 유지하고 증진하는 수준의 물품이라는 뜻이다.

비록 국가별로 화장품에 대한 정의는 조금씩 다르지만 그 맥은 같다고 볼 수 있다.

화장품은 정상인을 대상으로 하여 장기간 지속적으로 사용되기 때문에 모든 조건을 고려해 사용상 안전해야 하며 부작용은 허용되지 않는다.

이는 환자를 대상으로 하여 일정 기간 사용하며 질병의 치료를 우선 목적하기 때문에 부작용을 피하지 못하는 경우도 허용되는 의약품과는 명백히 차별되는 점이다.

의약외품은 화장품과 마찬가지로 정상인을 대상으로 하며, 약리학적 효과를 나타내는 작용이 있더라도 신체의 구조나 기능에 영향을 미치지 않아야 되며 부작용이 허용되지 않는 물품이다. 우리나라에서는 여드름 치료제, 약용 치약, 제한제, 육모제, 염모제, 제모제 등이 해당된다.

기능성 화장품(cosmeceuticals)이란 화장품과 의약품의 중간 정도의 성격을 지닌 화장품으로 효능과 효과가 강조된 전문적인 기능을 가진 제품이라고 볼 수 있다.

우리나라에서는 미국이나 유럽과 다르게 기능성 화장품이 법적으로 명시되어 2000년 7월 1일 시행되었는데, 피부의 미백과 피부 주름 개선에 도움을 주는 제품, 피부를 곱게 태워주거나 자외선으로부터 피부를 보호하는데 도움을 주는 제품, 모발의 색상 변화·제거 또는 영양 공급에 도움을 주는 제품, 피부나 모발의 기능 약화로 인한 건조함, 갈라짐, 빠짐, 각질화 등을 방지하거나 개선하는 데 도움을 주는 제품이 이에 해당한다.

기능성 화장품(Cosmeceuticals)이라는 용어를 처음 사용한 사람은 미국 필라델피아의 펜실베니아 의과대학의 앨버트 클리그먼(Albert. M. Kligman) 교수로 화장품 약사회의 한 미팅에서 '코스메슈티컬(Cosmeceuticals)' 이라는 용어를 처음으로 소개하였다.

그 후로 '코스메슈티컬' 이라는 개념은 엄청난 논쟁을 불러일으켰고, 용어가 가진 정치적, 경제적, 법적인 함축적 의미들 때문에 원래 의도했던 용어의 사용 목적마저도 불분명하게 되었다. 그러나 이 용어에 대한 많은 논쟁 덕분에 결과적으로 화장품 과학에 대한 이해를 강화시키는 계기가 되었다. 현재, 기능성화장품을 법으로 규정한 것은 세계적으로 유례가 없고, 다만 기능성 화장품과 유사한 제품을 법으로 규정한 국가와 그 국가적 차이는 [표 1.1]과 같다.

[표 1.1] 기능성 화장품(Cosmeceuticals)의 국가별 정의

국 가	명 칭	정 의
일본	약용 화장품	후생대신이 지정한 의약부외품으로 인체에 대한 작용이 경미하고 약사법 제2조 3항(화장품)에 규정되어 있는 목적 이외에 여드름, 피부 거칠음, 동상, 가려움증 등을 방지하고 피부 및 구강의 살균소독에 사용되는 물품
중국	특수 용도 화장품	국가 의약품 안전청의 심사를 받아야하며 제품으로는 모발 성장 촉진, 염색, 파마, 탈모 방지, 유방 미용, 휘트니스, 탈취, 화이트닝, 자외선 차단 등이 있음
미국	코스메슈티컬	기능성을 가지는 화장품을 지칭하기 위해 '화장품(cosmetics)'과 '약품(pharmaceuticals)' 이라는 두 단어를 합성

QUIZ 다음 중 화장품은?

① 베이비 파우더 ② 문방구에서 판매되는 어린이용 화장품
③ 여드름 개선제 ④ 강아지 또는 애완동물 목욕용품
⑤ 치아미백제

답 없다. ②번은 공산품이며 나머지는 모두 의약외품에 해당한다.

3. 화장품의 분류

화장품은 크게 스킨케어, 헤어케어, 네일케어와 향수 및 구강 제품으로 구분할 수 있다. 사용 부위와 목적에 따라 스킨케어 제품은 기초화장품, 메이크업 화장품, 자외선 차단 화장품, 바디케어 화장품 등으로 구분할 수 있고, 헤어케어 제품은 두발과 두피용으로 세분화할 수 있다.

화장품은 사용 목적뿐만 아니라 자신의 피부 타입에 적절한 제품을 선택해서 사용해야 한다. 화장은 피부 생리 기능의 개선과 같은 기능적인 목적과 더불어 자아 표현과 전신에 미치는 심신의 안정과 인체 항상성에 기여한다.

화장품과 관련 학문

1970년대까지 화장품에 있어서 중요하게 생각된 것은 주로 안정성, 사용성, 제조기술, 품질관리 등이었으며 콜로이드 과학, 레올러지 등이 중심이 되었다. 1970년대 후반부터 사람과 제품의 조화를 추구하는 시대로 변화되면서 화장품도 안전성을 중시하기 시작하였다. 1980년대 들어서면서 안전성과 동시성, 유용성을 추구하기 위해서 제품과 사람과의 접점이 무엇보다 중요하고 제품을 중심으로 한 과학뿐 아니라 연구 대상인 인간 자체에 관련된 피부과학, 생리학, 생물학, 생화학, 약리학 등의 분야로 확대된다. 또한, 마음의 편안함이나 화장의 마무리 효과라고 불리는 심리학의 새로운 역할로써 사람의 마음에 작용하는 화장품의 소프트웨어적인 측면이 주목되고 있다. 현대 사회에서는 건강한 사람도 항시 스트레스에 노출되어 있고 건강과 병 사이를 오가고 있다. 나이를 먹는 것이나 약간의 심신의 이상에서는 열 혹은 통증이 없으나 병적인 상태에 놓이면 발열 등 생명 현상에 이상 신호가 나타난다. 이러한 경우에는 의약품에 의존해야 했으나 최근의 연구결과에 의하면 화장하는 행동에 의해 노인이 자아를 회복하게 되어 배회하거나 하는 등의 이상행동이 없어졌다든가 혹은 어떤 종류의 향이나 메이크업 행위가 지병 치료에 도움이 된다는 것이 알려지고 있다. 향기나 메이크업이라는 화장 행동이 단순히 사람들을 쾌적한 감정으로 이끌 뿐 아니라 혈중 내추럴 세포의 항상성 유지에 기여한다는 것이다. 이와 같이 화장품은 과거의 화학공학, 기계공학, 계면화학 등의 학문으로부터 현재는 피부과학, 생화학, 심리학 등 여러 가지 학문을 포함하는 종합 예술 학문으로 발전하여 가고 있다.

[표 1.2] 화장품의 분류

분 류		사용 목적	주요 제품
스킨 케어	기초화장품	세정	클렌징 크림, 폼, 오일
		정돈	화장수, 팩, 마사지 크림
		보호	유액, 모이스처 크림, 아이크림
	메이크업 화장품	베이스 메이크업	파운데이션, 파우더,BB크림
		포인트 메이크업	립스틱,블러셔, 아이섀도, 아이라이너, 마스카라
	자외선차단 화장품	자외선 차단	선크림
	바디케어 화장품	목욕용	비누, 액체 세정료, 입욕제
		태닝	선오일, 인스턴트 탠
		슬리밍	탄력, 셀룰라이트
	바디케어 의약외품	방취・제한	땀, 냄새 억제제
		제모	제모크림
		방충	방충 로션, 스프레이, 방충패치
헤어 케어	두발용 화장품	세정	샴푸
		컨디셔닝제	린스, 헤어 트리트먼트, 헤어팩
		스타일링	헤어무스, 헤어리퀴드, 포마드
		퍼머넌트 웨이브	퍼머넌트 웨이브 로션 1제, 2제
	두발용 의약외품	염모, 탈색	헤어컬러, 헤어블리치, 컬러린스
	두피용 화장품	트리트먼트, 양모	스칼프 트리트먼트, 헤어토닉
	두피용 의약외품	육모	육모제
네일 케어	네일용 화장품	네일 보호,채색	네일 에나멜, 네일 리무버
향수	방향용 화장품	향취 부여	퍼퓸, 오데코롱
구강용	구강용 의약외품	치마제	치약
		구강청량제	마우스 워셔

화장품과 피부

2:

피부는 인체에서 가장 큰 기관이며 독립된 것이 아닌 신체의 일부로서 다른 신체 장기와 밀접한 연관을 가진다. 전체 무게는 체중의 약 16%이고, 총면적은 성인의 경우 1.5~2.0m^2 정도이다. 피부는 구조적으로는 표피, 진피, 피하조직의 세 개층으로 나뉘며, 피지선, 한선, 털, 손톱 등의 부속기관이 있다.

1. 피부의 구조와 기능

피부는 인체에서 가장 큰 기관이며 독립된 것이 아닌 신체의 일부로서 다른 신체 장기와 밀접한 연관을 가진다. 전체 무게는 체중의 약 16%이고, 전신 면적은 성인의 경우 1.5~2.0m² 정도이다. 피부는 구조적으로는 표피, 진피, 피하조직의 세 개층으로 나뉘며 피지선, 한선, 털, 손톱 등의 부속기관이 있다.

1) 표피(Epidermis)

표피는 전체 두께가 약 0.1~0.3mm 종이 한 장 정도 두께에 불과하나 세포가 촘촘히 겹쳐 쌓인 층이다. 바깥으로부터 각질층, 투명층, 과립층, 유극층, 기저층으로 분류된다. 투명층은 손바닥, 발바닥에만 분포한다.

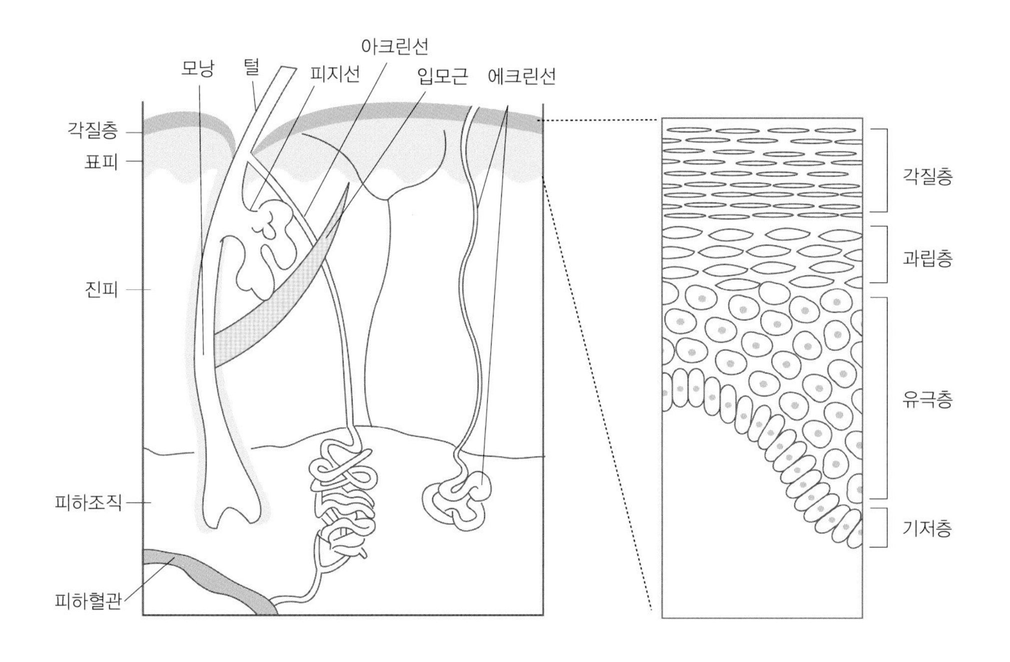

[그림 2.1] 피부의 구조

INSIGHT 내 피부 안의 베스트 프렌즈 – 멜라닌 세포와 각질 세포

표피의 기저층에는 멜라닌 색소를 만드는 멜라닌 세포(melanocyte)가 분포한다. 멜라닌세포는 뾰족뾰족하게 돌기가 솟은 모양이라서 티로시나아제의 작용에 의해 만들어진 멜라닌 색소를 이웃에 인접한 각질 세포(keratinocyte)로 용이하게 전달한다. 멜라닌 색소를 받은 각질 세포는 기저층에서 출발하여 유극층, 과립층, 각질층으로 점차 밀려 올라가서 각질층에 납작하게 겹겹이 층을 이루며 붙어있다가 탈락된다.

멜라닌세포가 멜라닌 색소를 만드는 역할을 수행하여 각질 세포에게 전해주면, 각질 세포는 멜라닌 색소를 담아 나와 표피층 밖으로 내보내는 역할을 하는 깜찍한 생체 분업인 것이다!

그렇다면 멜라닌 색소는 왜 생성되는가? 멜라닌 색소는 자외선을 포함한 넓은 영역의 빛을 흡수하여 광선 에너지가 피부 내부로 침투되지 않도록 막아 피부 손상을 방어한다. 멜라닌세포는 특히 자외선에 의해 작용이 강해져서 활발히 멜라닌 색소를 형성하지만, 자외선뿐만 아니라 체내에는 멜라닌 세포를 자극하는 호르몬이 여러 종류가 있기 때문에 피부 염증, 내분비 이상, 신경성 요인, 임신 등에 의해서도 멜라닌 색소가 많이 만들어 진다.

그런데 각질세포는 멜라닌 색소를 표피외층으로 운반하기만 하는 단순 작업공인가?

절대 그럴리가! 각화 세포 또는 각질형성 세포라고도 불리는 이 세포는 전체 표피의 약 80~90%를 차지하며 각질을 만들고 구성하는 주세포로서, 피부를 보호하는 방어막일 뿐만 아니라 모발이나 네일의 형성을 위한 세섬유(filament) 단백질을 생산한다. 표피층은 각질 세포의 분화, 변형 과정에 따라 네 개의 층으로 구분한 것이다. 표피의 기저층에서 세포분열로 갓 태어난 각질 세포는 체액이 가득 채워져 70% 정도의 수분을 함유하여 탱탱하고 둥근 모양이지만, 기저층에서 유극층, 과립층으로 올라가면서 분열을 계속하며 채액이 점차 빠져나가 납작한 모양으로 변하고, 합성과 분해의 복잡한 과정을 거쳐 물리, 화학적 저항성이 있는 각질층을 끊임없이 형성한다. 각질층에서 납작하게 죽은 세포가 되어 벽돌이 쌓인 듯 15~40층으로 겹겹이 쌓여 있다가 순차적으로 탈락된다.

각질세포의 분화과정을 각화(Keratinization)라고 하는데, 각질 세포가 표피 외층에서 때로 떨어져 나가고 항상 새로운 세포층이 밀려 올라와 대체되는 기간은 건강한 젊은 피부의 경우 통상 4주간이고, 이런 세포 교체를 턴오버(Turn-Over)라고 부른다.

2) 진피(Dermis)

진피는 기저막을 사이에 두고 표피 바로 밑에 자리 잡고 있다. 기저막은 표피와 진피를 단단히 얽히게 하는 경계가 되는 얇은 막으로 물결 모양의 요철 구조를 이루면서 두 개층을 고정시킨다.

진피의 두께는 약 2~4mm로, 섬유상 단백질과 다당류 등이 세포 외 매트릭스를 구성하고 있다. 엘라스틴과 콜라겐 섬유가 그물처럼 짜여 결체조직을 이루어 섬유상 단백질을 구성하며 피부의 탄력을 관장한다. 다당류는 산성 뮤코다당으로 히아루론산이 주성분이다.

3) 피하조직(Subcutaneous tissue)

진피의 밑에 있는 결합 조직층을 피하조직(subcutaneous tissue)이라고 한다. 피하조직은 결합조직이기는 해도 진피와는 달리 촘촘하지 않고 섬유조직이 느슨하게 짜여져 있고, 그물 사이에 지방세포(fat cells)가 많이 끼어 있어서 피하지방조직이라고도 부른다.

지방이 축적되어 몸의 체온을 유지하는 단열층으로, 외부 충격을 흡수하고 완충시키며 피하조직과 연결된 뼈와 근육을 보호한다.

QUIZ 피부의 두께는 남자가 두꺼울까?, 여자가 두꺼울까?

피부의 두께는 나이, 성별, 부위에 따라 차이가 있는데 일반적으로 눈꺼풀이 가장 얇고 손바닥과 발바닥이 가장 두껍다. 또 대개 남성의 피부가 여성의 피부보다 두껍다. 하지만, 피하지방은 여성이 더 두껍고, 성인보다는 소아에 더 발달되어 있다. 그러나 남녀 모두 중년이 되면 피하지방이 많아진다. 기후가 추운 북쪽 나라 사람들이 지방 침착이 더 많은 편이다. 영양 섭취가 지나치면 지방의 축적이 늘어 비대해지며, 이 지방층의 두께에 따라 체형이 결정된다. 아랫배, 볼기, 팔다리 등에 피하지방이 많이 축적되지만 귓바퀴에는 피하지방이 전혀 없다.

4) 피지선과 한선

(1) 피지선(Sebaceous Gland)

피지선은 피지를 합성, 분비하는 기관으로 안면과 두피에 가장 많고, 손바닥·발바닥을 제외한 전신의 피부에 분포되어 있다.

일부분을 제외하고는 모포에 부속되어 있어서 피지선에서 생산된 피지는 대개 모공을 통해 배출된다. 피지선 세포는 붕괴와 증식을 반복하면서 피지를 생산한다. 피지선의 활동은 호르몬의 영향이 크며 특히, 남성호르몬은 피지선을 비대시킨다. 또한, 음식 섭취와도 연관이 있다고 알려져 있다.

(2) 한선(Sweat Gland)

한선은 땀을 분비하는 샘으로 땀샘이라고도 하며, 에크린선과 아포크린선의 두 종류가 있다.

에크린선은 거의 전신에 분포하며 특히 손바닥, 발바닥, 이마 및 겨드랑이에 가장 많다. 땀은 체온을 저하시키거나 더운 환경이나 운동에 의한 체온 상승을

[표 2.1] 피지, 아포크린땀, 에크린땀

	생성 기관	분포 부위	정의	특성
피지	피지선	전신, 안면, 두피에 많음 손바닥, 발바닥에는 없음	대부분 모포에 연결되어 모공으로 배출 일부 독립피지선(예 : 콧방울)은 모공을 통하지 않고 바로 피부 표면으로 배출됨	남성 호르몬에 의해 활성 증가
아포크린 땀	한선	겨드랑이, 생식기 등 특정 부위에 분포	모포에 연결되어 모공을 통해 피지와 섞여 배출	약알칼리성 세균 감염이 일어나기 쉽다
에크린 땀	한선	전신, 특히 이마, 겨드랑이,손바닥, 발바닥에 많음	곧바로 피부에 뚫려 있는 독립된 땀샘	약산성으로, 세균 번식을 억제

억제 시키기 위해 발한되기도 하고, 정신적 이유나 강한 미각 자극에 의해 발한되기도 한다. 분비관은 곧바로 피부에 뚫려 있는 독립된 땀샘으로 분비물은 약산성으로 세균 번식을 억제한다.

아포크린선은 겨드랑이, 유륜, 항문, 생식기 등에 한정되어 분포하며, 피지선과 함께 모포에 연결되어 일체를 이루고 있어 모공을 통해 피지와 섞여 배출된다. 아포크린 땀은 약알칼리성으로 세균 감염이 일어나기 쉽다. 이는 복잡한 성분이고 피부균에 의해 냄새가 나는 물질로 변화된다. 아포크린 땀의 분비는 사춘기에 시작되며, 사람의 아포크린 땀 성분이나 역할은 아직 확실하지 않은 것이 많다.

(3) 피지와 땀이 만드는 피지막

한선에서 분비된 땀은 대부분 피부 표면에서 증발되지만 일부는 피지선에서 분비된 피지와 섞여 피부 표면에 얇은 지방막을 만들어서 피부를 보호한다.

땀과 피지가 분비의 균형을 이루며 피부 표면에서 유화되어 수분을 함유한 일종의 산성막을 형성하는 것이다. 피지막은 외부의 자극이나 세균으로부터 피부를 지켜주고, 각질층에 필요한 수분의 함량을 조절해준다. 피지막은 각질층에 퍼져 방수제 역할을 하며, 일부 항진균 및 항균 성질을 가짐으로써 어느 정도의 방어 역할을 하는 천연 보호막이다.

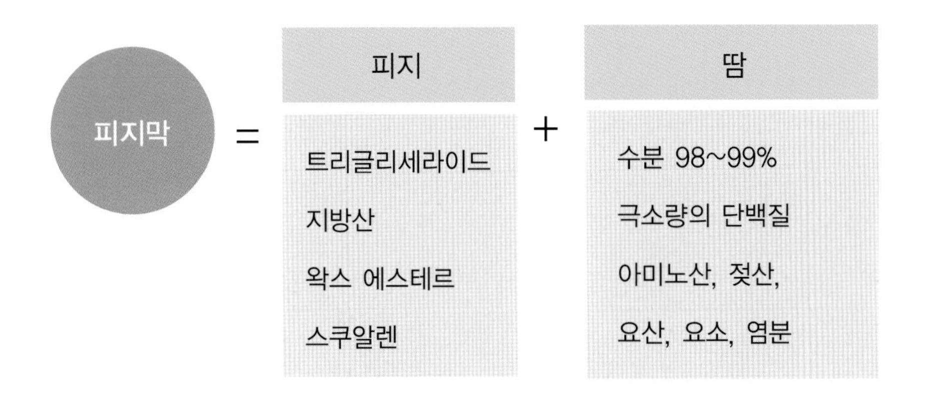

[그림 2.2] 피지막 형성

그런데 땀(수분)과 피지(유분)는 '물과 기름'에서 서로 섞이기 어려운 것이므로 유화제를 필요로 한다. 여기에 표피지질의 콜레스테롤, 인지질 등의 성분이 천연유화제로서의 역할을 함으로써 땀과 피지, 지질이 섞여서 극히 얇은 피지막이 형성되어 피부를 보호한다.

그러나 장시간 경과되면 피지는 산화되어 과산화지질로 변성하여 피부에 해를 준다. 산소, 자외선, 배기가스나 화학물질 등이 원인으로 활성 산소 · 프리 라디컬에 의해 과산화지질이 된다. 과산화물은 피부의 산화를 촉진하여 피부 내부에 악영향을 미치고, 피부에 과도한 산화가 더해지거나 미약하더라도 반복되면 여러 가지 피부 변화를 초래하며 노화를 촉진한다.

비누 등으로 세안을 하면 피지막은 완전히 제거되어 외부 자극이 직접 각질층에 가해지므로 당기는 느낌이 생기고, 자외선에 대한 방어 능력도 떨어진다. 피지막이 복구될 때까지 시간이 걸리므로 적절히 화장품을 발라 유분을 공급할 필요가 있다.

INSIGHT 피부의 보습

생명체의 대부분을 차지하는 것은 수분이다. 성인의 경우 체중의 60~75%가 수분으로 유지되고 있다. 생체 수분량은 출생 시에는 약 80%이고 20세 전후에는 75%이지만, 나이가 들어감에 따라 점차 감소하여 70세경이 되면 60% 정도가 된다.

전신 수분량 변화에 따라 피부 수분량도 변화한다. 이것은 피부가 부드럽고 촉촉한 상태를 유지하는 것과 관계가 깊다. 윤기 있고 매끈한 피부 상태를 위해서는 각질층에 15~20%의 수분량과 내부 표피나 진피층에 60~70% 수분량이 되어야 건강하고 정상적인 피부 상태를 유지할 수 있다.

각질층의 수분이 10% 이하가 되면 피부가 거칠거칠해지고 촉촉함을 잃는다. 각질층은 외부로부터 과잉 수분이 침투되는 것을 막아주는 동시에 피부 내부의 수분 상실을 방어하고 있다.

각질층의 수분량을 일정하게 유지할 수 있는 것은 피지막, 천연보습인자(NMF), 세포간지질의 기능 덕분이다.

① 피지막은 피부 표면을 덮어서 수분 증발을 방지한다.

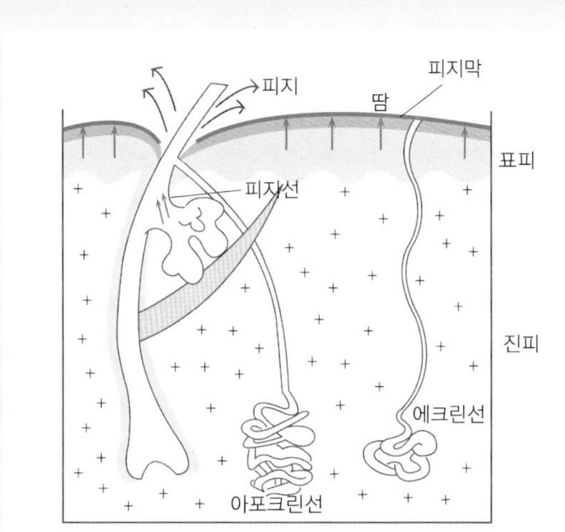

② 세포간지질(Intercellular lipid)이 수분을 유지시킨다.

세포간지질이란, 피지나 피부 표면의 지질과는 별도로, 각질세포와 각질세포 사이에 존재하며 각질세포 사이의 틈을 채워 결합시키는 시멘트 역할을 하는 지질이다. 이것은 수분의 증발이나 NMF 성분의 아미노산 방출을 막는다.

이 지질은 머리 부분이 친수성, 꼬리 부분이 친유성인 2중층 라멜라 구조를 이루며 규칙적으로 배열되어 있어서 친수부와 친수부 사이에 수분을 잡아두고 있다. 세포간지질의 주성분은 세라마이드(ceramide)로 세포간지질의 기능이 저하되어 수분이 증발되고 피부가 거칠어진 피부에는 세라마이드 크림이 효과적이다.

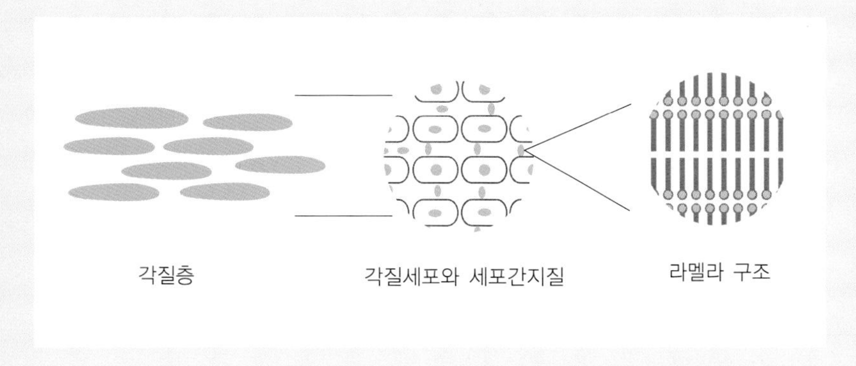

③ 천연보습인자(NMF)가 수분 증발을 억제하고 수분을 흡인한다.

천연보습인자(Natural Moisturizing Factor, NMF)는 각질층에 존재하는 수용성 성분들을 칭하는 것으로 단일물질이 아니라 아미노산 등의 수용성 단백질이나 무기염류 등을 뜻한다. 천연보습인자(NMF)라는 용어는 1980년대 초 화장품 광고에 처음 등장하여 피부 안에 보습을 하는 Factor(인자)를 뜻하는 것으로 사용되며, 간질성 물질, 세포간질, 세포외부물질 등의 이름으로 불리며 정립되지 못하다가 1990년대 들어 일반적으로 사용되기 시작했다. NMF는 수분 증발 억제와 강력한 수분 흡인 능력을 지니고 있다. NMF가 감소되면 피부 보습 기능이 저하되고 윤기가 사라진다.

⁂ 표피의 수분 보유 3중 방어막 시스템

각질세포 내에는 NMF가 있어 수분을 유지하고, 각질세포와 각질세포 사이에는 세포간지질이 있어 수분을 유지하고, 피부 표면에서는 피지막이 얇은 산성막을 형성하여 수분 증발을 방지하는 3중 방어막 시스템으로 수분을 유지하고 있다.

피지뿐 아니라 NMF나 세포간지질 역시 피부 보습에 중요한 영향을 끼치기 때문에, 피부표면의 피지량이 적어도 NMF나 세포간지질의 기능이 활발하여 보완 기능을 발휘하면 각질층 수분은 정상적인 상태로 유지될 수 있다. 반면에 피지분비량이 많아도 NMF나 세포간지질의 기능이 활발하지 않으면 표피는 번들거리지만 건조하기 쉬운 피부가 될 수 있다. 이 세 가지 모두가 제 기능을 발휘해야 피부가 윤택하고 매끄럽게 유지된다.

⁂ 진피의 보습

각질층뿐만 아니라 진피의 수분 보유도 중요하다. 진피의 히알루론산은 결합수를 만들어 높은 보습 효과를 나타낸다.

히알루론산은 자기 무게의 수천 배의 물을 저장할 수 있는데 단백과 결합하여 대량의 물을 보유하여 겔 상태로 섬유 사이에 채워져 있다. 겔 내의 물이 영양분, 대사물, 호르몬 등을 조직 내로 확산시키면서 조직을 부드럽게하고 유연성과 팽팽함을 지니게 한다.

5) 피부의 생리작용

인체의 피부를 기능성 의류에 비유한다면 어떨까? 피부는 완벽한 방수는 기본이며 체내의 탈수를 막고, 통기성 섬유가 꿈꿀 수 없는 탁월한 호흡작용으로 열을 발산하거나 독소를 배설한다.

온도 조절 기능이 내장되어 더우면 땀을 발산해 온도를 떨어뜨리고 추우면 혈관이나 근육을 수축시켜 체온을 조절한다. 땀이나 소금, 체내 노폐물을 배출시키고, 각질이 탈락되어 표면를 맑게 유지한다. 외부의 물리적 힘으로부터 체내를 보호하고, 적정한 화학적 자극은 중화시킨다. 피지와 땀을 섞은 자체 보호막으로 자외선이나 외부 이물질을 방어하며, 자체 재생력과 복원력을 지닌다.

영양소를 저장해두었다가 필요에 따라 소모시킴으로써 쉽사리 낡거나 헤어지지 않고, 비타민 D를 합성해 뼈를 튼튼하게 만들어 주고, 체구에 맞게 자체 맞춤 변형 기능까지 겸하고 있다.

감정 표현 능력을 가지고 있어서 모세혈관, 신경, 임모근 등을 마음에 따라 움직여서 희로애락을 표현하며 외부의 촉감, 압각, 통각, 온도 감각을 느끼는 민감한 감각체이기도 하다. 여타의 지구상의 생명체가 따라올 수 없는 매끈하고 부드러운 감촉을 보유한 인간의 아름다운 피부의 일부만이라도 흉내 낼만한 옷감이 발명될 날은 언제쯤일까?

[표 2.2] 피부의 생리작용

보호작용	물리적 자극 방어, 자외선 · 유해산소 등으로부터의 화학적 방어, 약산성 pH 유지로 세균 방어 및 면역작용
분비작용	피지선의 피지 분비와 한선의 땀분비로 피지막 형성
체온조절 기능	피하지방, 모세혈관, 땀샘, 입모근 작용
호흡작용	폐호흡의 1%정도 수준의 피부조직 호흡
흡수작용	표피나 모낭 피지선을 통하여 분자량이 작거나 지용성 성분 등의 흡수
비타민 D 합성	자외선 조사되면 비타민 D 생합성
지각작용	촉각, 온도감각, 통각, 압각 수용
표정작용	홍조, 창백, 털의 역립 등 감정의 표현이나 전달
기타	내부 장기의 이상을 표현

2. 자외선과 피부

1) 태양광선과 피부에 미치는 영향

태양에서는 여러 파장의 광선이 방사되고 있는데 지상에 미치는 광선의 약 52%가 가시광선이며, 약 42%가 적외선이고, 약 6%가 자외선이다.

(1) 가시광선(Visible rays)

명칭 그대로 '눈으로 볼 수 있다' 하여 가시광선이라고 하며 400~760nm의 파장 범위에 해당된다. 무지개를 그려보자. 가장 바깥쪽이 빨간색이고 차례로 주황, 노랑, 초록, 파랑, 남색, 보라색으로 구분된다. 즉 가시광선에서 파장이 가장 긴 것은 빨강이고, 가장 짧은 것이 보라이다. 빨강보다 더 파장이 긴 것이 '적외선' 이고, 보라보다 더 짧은 단파장이 자외선이다.

(2) 적외선(Infrared rays : IR)

가시광선인 '빨강의 바깥에 있다' 는 뜻으로 '적외선' 이라고 한다. 가시광선보다 파장이 긴 광선으로 눈에 보이지 않는 비가시광선이다. 파장범위는 760nm 이상이다. 물체에 흡수되면 물리적인 분자운동을 일으켜 열을 발생시켜 열선이라고도 한다. 적외선은 피부 심부까지 침투되어 열작용을 일으키고 혈액순환을 원할하게 하여 의료나 미용에서 적외선기를 이용한 요법으로 활용되고 있다.

(3) 자외선(Ultraviolet rays : UV)

가시광선인 '보라의 바깥에 있다' 는 뜻으로 '자외선' 이라고 한다. 가시광선보다 파장이 짧은 광선으로 눈에 보이지 않는 비가시광선이며, 화학적 작용이 커서 화학선이라고도 부른다. 보통 UV로 표시하기도 하며 파장 범위는 400nm이하이다. 파장 범위에 따라 작용이 달라지며, 파장이 긴 순서로 UVA, UVB, UVC로 구분한다.

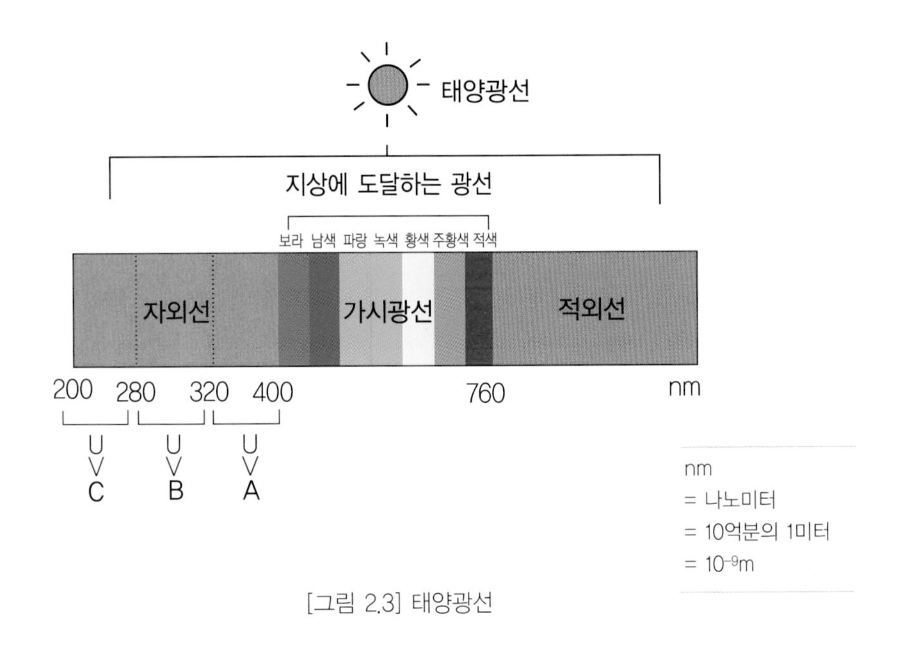

[그림 2.3] 태양광선

① UVA(320~400nm)

파장이 길어 실내 유리를 통과 할수 있으며, 피부의 기저층에서 진피층까지 도달하여 멜라노사이트의 활동을 활성화시켜 색소침착(suntan)과 콜라겐 손상에 의한 주름 발생의 원인이 된다.

창을 통해 빛이 들어오는 방, 자동차 안이나 구름 낀 날에도 자외선 차단이 필요하다. UVA의 80% 정도가 창문을 통과한다고 알려져 있다.

② UVB(280~320nm)

피부 자극이 UVA보다 강하며 색소침착과 함께 일광화상(sunburn)을 일으킨다. 해수욕 등으로 얼굴, 등, 어깨가 빨갛게 되어 따끔거리는 것도 UVB에 의한 열상 증상이며, 심하면 발열, 통증, 수포를 발생시킬 수 있다.

③ UVC(200~280nm)

대부분 오존층을 투과하는 과정에서 산란되어 지표에 도달하지 않지만, 환경문제로 오존층에 구멍이 생겨 오존홀이 생기면 지상에 도달하게 된다. 세포조직을 손상시켜 피부암의 원인이 되는 것으로 알려져 있다.

미국암협회에서는 오존층이 1% 감소하면, 자외선이 약 2% 증가하고 피부암 환자는 약 3% 증가한다고 추산하고 있다.

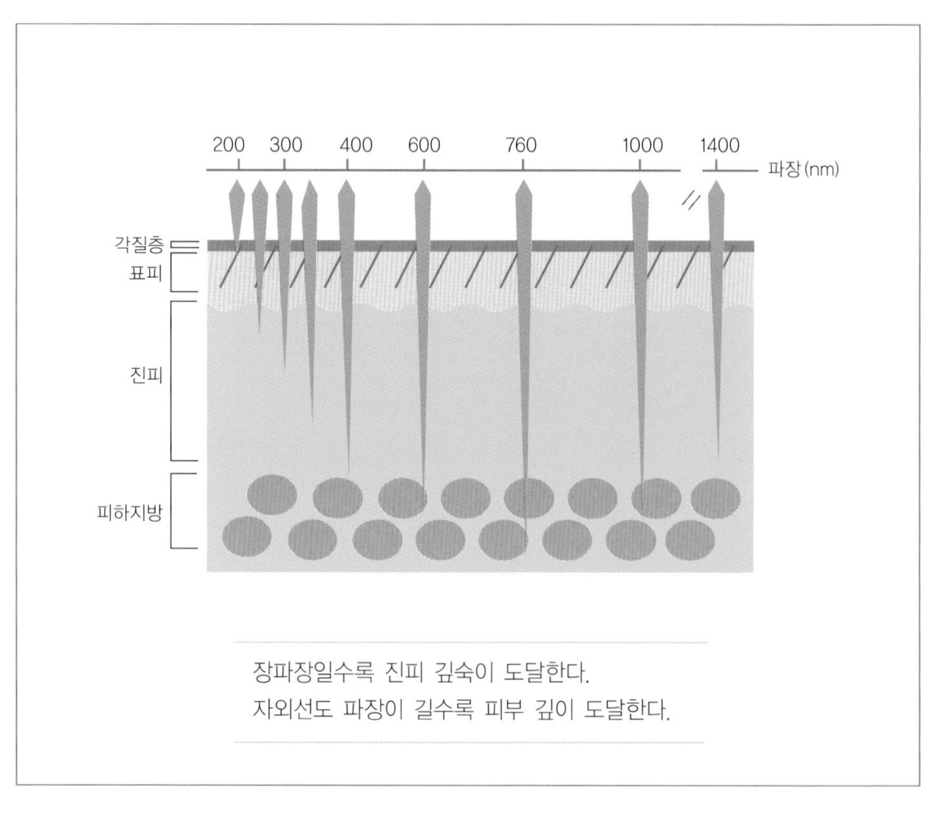

[그림 2.4] 태양광선의 피부 투과도

2) 자외선과 멜라닌 색소

멜라닌 색소는 자외선을 흡수하여 유해한 에너지가 피부 내부로 침투되지 않도록 막는 방어작용을 한다. 피부 내 자외선 경보가 감지되면 멜라닌세포(melanocyte)는 활발히 멜라닌 색소를 형성하는데, 자외선에 피부가 노출되지 않으면 멜라닌 색소의 생성은 감소되어 본래의 상태로 돌아간다.

멜라닌세포 내에서 아미노산의 일종인 티로신(tyrosine)이 티로시나아제(tyrosinase)라는 효소에 의해 산화되어 도파(DOPA)라는 화합물질이 된다. 도파는 다시 티로시나아제에 의해 도파퀴논(DOPA quinone)으로 변환된다. 도파퀴논은 반응을 계속하여 도파크롬, 인돌퀴논으로 변화하고 최종적으로 멜라닌 색소가 만들어진다.

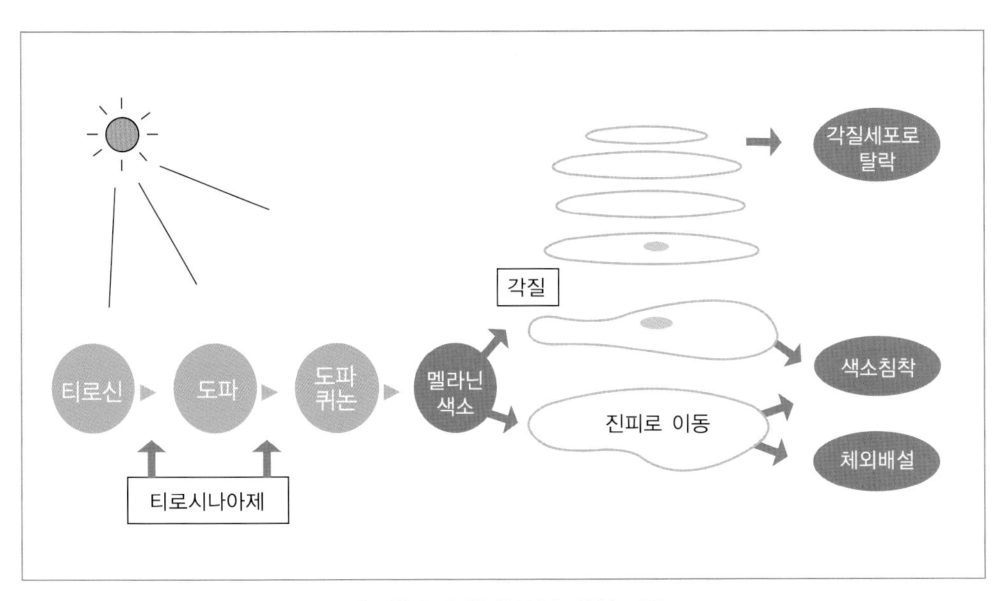

[그림 2.5] 멜라닌색소 생성 과정

각질세포로 보내진 멜라닌 색소는 각질 턴오버에 따라 체외로 탈락되지만 멜라노솜이 진피 방향으로 떨어져 나가는 경우도 있다. 이는 진피 내로 이동하여 최종적으로 혈관이나 림프구를 통해 체외로 배설되지만, 피부에 이상이 있으면 색소가 침착된 채로 남게 된다.

3) 올바른 자외선 대책

자외선의 강도와 양은 지역, 계절, 시간에 따라 크게 달라진다. 자외선의 강도는 정오 전후가 가장 높으며 10시부터 14시 사이가 거의 1일 양의 반을 차지한다.

계절적으로는 5~8월에 가장 높고, 11~2월이 가장 낮다. 하지만, 봄철의 자외선도 강하기 때문에 여름철의 자외선만 경계하지 말고 사계절 동안 적극적인 자외선 차단 관리가 필요하다. 또한, 구름 낀 날이나 비오는 날에도 자외선이 나오므로 주의하는 것이 좋다.

고도가 높을수록 자외선의 양이 많아지며, 신체에서도 코나 뺨, 아랫입술과 같이 나와 있는 부분이 자외선을 받는 양이 가장 많다.

자외선 차단을 위해 UVA와 UVB를 모두 차단하는 제품을 선택하여 적합한 방법으로 사용하고, 옷이나 모자, 선글라스, 양산 등을 활용하는 것이 좋다.

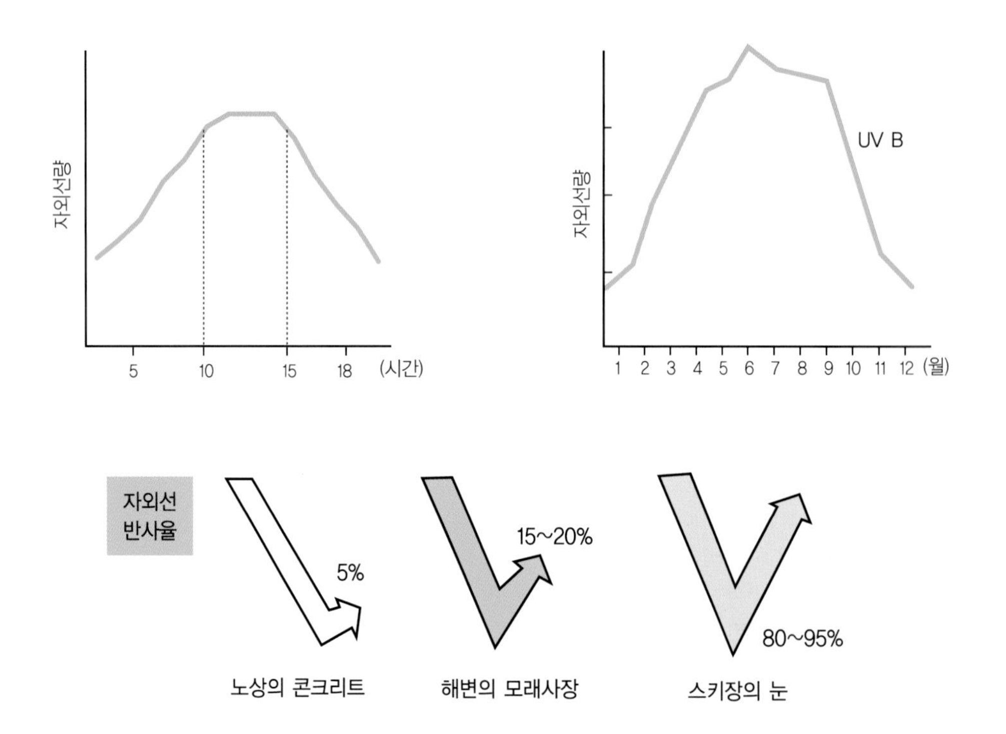

[그림 2.6] 시간, 계절별 자외선량과 자외선 반사율

3. 노화와 광노화

노화(Aging)란 병들지 않고 정상적인 상태에서 나이를 먹어감에 따라 신체 구석구석에서 서서히 변화가 일어나는 과정으로, 노화는 인체를 구성하는 약 60조의 세포 노화로부터 시작된다.

뇌, 신장 등 신체 각 기관의 크기가 줄어들기 시작하고 몸 안의 수분도 감소하면서 체세포의 수분도 빠진다. 콜라겐과 엘라스틴도 감소하면서 피부의 노화는 구체적으로는 피부의 탄력성이 없어지고 잔주름이나 기미가 생기는 등의 피부 변화가 나타난다.

표피의 수분량, 진피의 콜라겐 배열 상태, 피하조직의 지방량이 적절히 균형을 이루어야 탄력있고 윤기 있는 피부를 유지할 수 있으나, 통상 25세를 기점으로 피부노화가 시작된다.

노화는 시간이 흐르면서 이루어지는 내부적인 자연 노화와 더불어 자외선, 스트레스, 갱년기 이후 급격한 호르몬 변화로 설명할 수 있다. 본래의 체질이나 피부관리법, 생활습관이나 환경, 자외선, 스트레스의 정도에 따라 노화의 정도는 개인적 차이를 보일 수 있다.

자외선에 의한 피부 손상과 광노화는 노화에 더욱 심각한 영향을 미쳐 탄력섬유인 엘라스틴과 콜라겐을 파괴하여 피부가 탄력을 잃게 되고, 멜라닌 색소가 침착되어 피부에 갈색 또는 흰색 반점을 만들어 낸다. 특히 여성의 경우 폐경을 정점으로 노화가 가속화되는데, 섬유의 합성을 돕는 에스트로겐, 프로게스테론과 같은 여성호르몬 분비가 저하되면서 피부가 건조해지고 칙칙하며 불규칙한 피부 톤으로 변하게 된다.

[표 2.3] 노화의 원인

내적 요인(Intrinsic aging)	자연 노화, DNA 손상
외적 요인(Extrinsic aging)	광노화, 자외선, 정신적 피로와 스트레스, 잘못된 피부관리, 불규칙한 생활습관, 영양부족, 생활환경

1) 표피의 노화

피부가 노화되면 표피층의 신진대사가 저하된다. 즉 기저층의 각질세포의 활동이 저하되므로 세포분열이 저하되어 각질층의 각화과정(Turn-over)이 길어지게 된다. 젊고 건강한 피부는 각질세포가 생성되어 최종적으로 각질층 표면에서 탈락하기까지 통상 4주(28일)가 소요되지만, 노화가 시작되면 기저세포의 분열 저하로 인해 6주 이상 소요된다. 세포 교체가 느려지므로 각질층은 더욱 두꺼워지고 피부 표면의 매끄러움은 감소된다.

각화과정이 길어짐으로 인해서 각화 과정에서 만들어지는 NMF의 감소로 이어진다. 피지선의 역할도 저하되어 수분 유지 기능을 담당하는 피지막이나 세포간지질, NMF가 모두 감소되므로 수분 손실이 증가된다. 한선의 기능도 저하되어 각질층의 수분 저하 요인이 되며, 체온조절도 어려워지고 pH가 상승하여 피부 표면이 알칼리성으로 바뀌게 된다.

표피 노화의 징후는 다음과 같다.

① 신진대사가 활발하지 못해 각질세포의 크기가 증대되고, 세포분열이 저하되어 턴오버 주기가 늘어난다. 젊었을 때 20~30개 층 정도의 피부 각질층은 나이가 들면서 40~50개 층으로 늘어나는 반면 기저층에서 과립층까지는 얇아져 세포 기능이 저하되고 피부 아래의 실핏줄이 드러나 보인다.

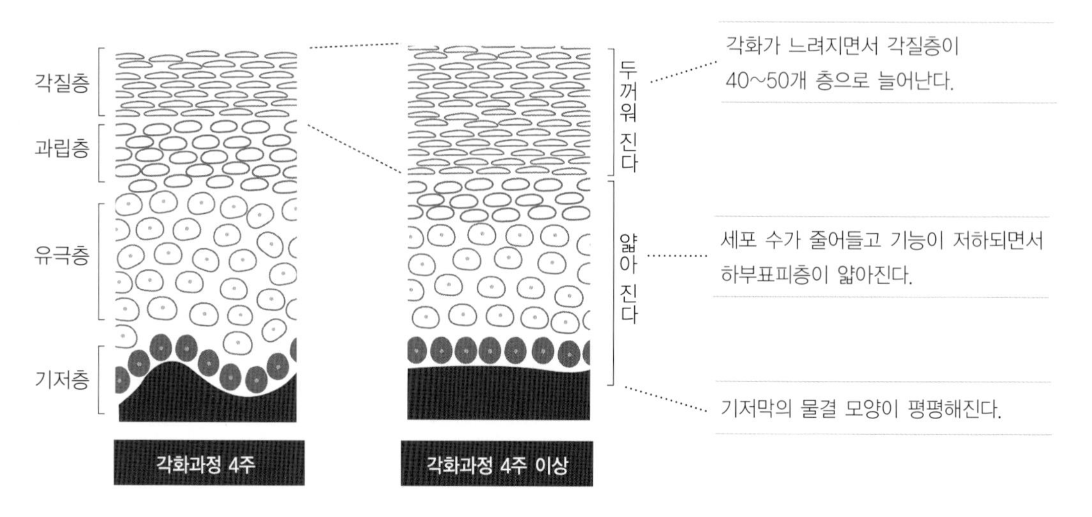

[그림 2.7] 각화과정과 표피관계

② 한선, 피지막, 세포간지질, NMF가 모두 감소되어 수분 손실이 증가된다.

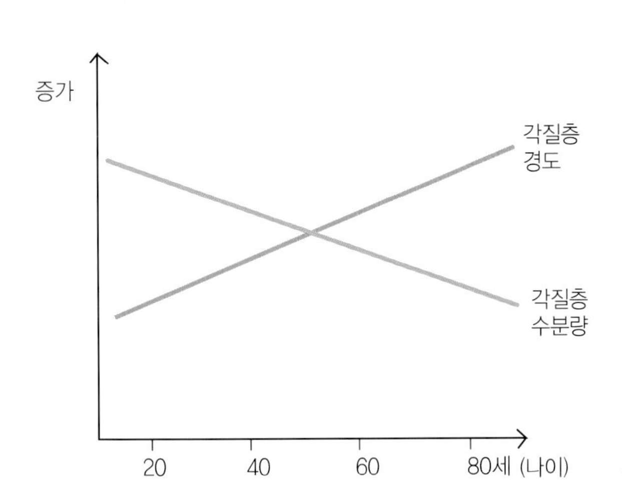

젊고 건강한 각질층은 15~20%의 수분을 보유하고 있으나 노화된 피부 각질층의 수분량은 감소되므로 각질이 두껍고 딱딱해진다.

[그림 2.8] 각질층의 수분량과 경도 변화

2) 진피의 노화

노화가 시작되면 표피 아래의 진피 두께도 20% 정도 줄어들어서 피부를 잡아당기면 힘없이 늘어나게 된다.

젊은 진피에는 교원섬유(collagen)와 탄력섬유(elastin)가 규칙적으로 배열되어 있고 섬유 사이에 히알루론산 등 무코다당류가 채워져 있어서 피부에 탄력성과 유연성을 준다.

그러나 노화가 진행되면 콜라겐이나 엘라스틴 모두 그 양이 감소한다. 콜라겐이 점차 가늘어지고 콜라겐과 엘리스틴이 끊어져서 피부 탄력과 팽팽함을 잃게 된다. 수분을 저장하는 히알루론산도 감소하면서 진피 전체의 수분이 줄어들어 표피에도 영향을 미친다. 진피층 구조의 변화로 주름이 만들어지고 피부가 건조해진다.

진피의 콜라겐이나 엘라스틴, 히알루론산이 감소하는 것은 이를 생산하는 섬유아세포(fibroblast)의 증식 능력이 저하되기 때문이다. 이것은 표피의 기저층에서 각질세포의 기능 저하로 인해 일어나는 표피층의 노화 현상과 같은 맥락이다.

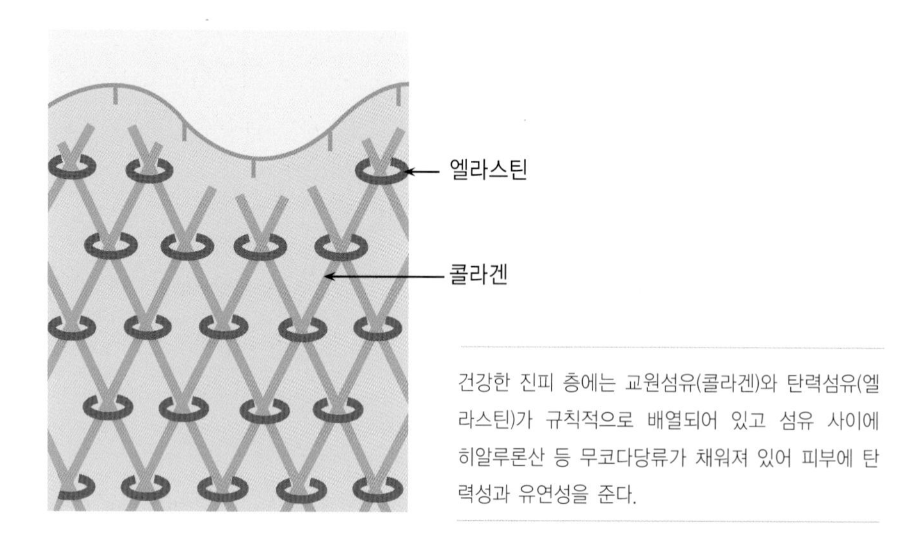

[그림 2.9] 진피층의 세포 배열

가용성 콜라겐과 불용성 콜라겐

콜라겐에는 가용성과 불용성의 두 종류가 있다.

가용성 콜라겐은 생체 조직 내에서 분자의 자유로운 교환이 가능하고, 수분흡수 능력이 우수하다. 하지만, 불용성 콜라겐은 탄력성이나 수분유지 능력이 낮은 경화된 콜라겐이다.

노화가 진행되거나 자외선에 장시간 노출되면 가용성 콜라겐이 불용성 콜라겐으로 변화된다.

3) 스트레스에 의한 노화

피부는 마음의 거울이라고 하듯이 마음의 상태와 피부는 밀접하게 관련되어 있다고 알려져 왔으나 스트레스가 피부 기능에 미치는 영향이 과학적으로 증명된 것은 최근의 일이다.

스트레스에 의한 신경 내분비계의 영향이 피부 기능에까지 영향을 미친다고 밝혀지고 있는 상태이다. 스트레스가 피지선의 지질 합성능에 영향을 주고, 표피 케라티노사이트의 증식 활성 저하와 더불어 표피층을 얇아지게 하고, 배리어 기능의 회복을 지연시킨다. 또 랑게르한스 세포의 형질을 변화시켜서 접촉 과민 반응을 저하시킨다는 것 등이 전해지고 있으며, 멜라닌 합성과 관련된 영향도 보고되고 있다.

정신적 피로나 스트레스는 주름은 물론 기미, 뾰루지, 탈모 등을 유발해 노화를 촉진시키므로 적당한 운동이나 취미를 통한 스트레스 해소는 피부 노화 지연에 도움이 된다.

4) 여성호르몬에 의한 노화

호르몬이란 몸 속의 내분비선에서 만들어지는 물질로서 몸의 각 기관에 작용하여 몸 속의 상태를 일정하게 유지해주는 인자로, 여성호르몬에는 에스트로겐과 프로게스테론이 있다.

호르몬이 불균형하게 되는 데는 내적으로 생리현상이나 유전적 요인 등과 함께 외적으로 대기오염이나 내분비계 교란물질 작용이나 스트레스 등의 요인에 의한 작용 등으로 발생하는 것으로 보인다.

폐경을 정점으로 노화가 가속화되어, 여성호르몬 분비가 저하되거나 호르몬 균형이 붕괴되면서 피부가 건조해지고 피부 톤도 변하게 된다.

피부 윤기와 탄력이 감소하고, 피부 주름과 건조증이 심화되며, 피부 두께가 감소하는 등의 피부 변화가 일어나게 된다.

또 노화가 진행되면 피부 혈색도 나빠져서 명도가 저하되며 피부톤은 황색을 띠게 되는데, 호르몬이 불균형하면 기미 등 색소 침착이 일어난다.

5) 광노화

어부 피부(Fisherman's skin)나 농부 피부(Farmer's skin) 등은 만성적인 자외선의 영향을 상징적으로 나타내는 것이다. 이는 자연적인 노화와는 구분되는 것으로 광가령 혹은 광노화(Photoaging)라 한다. 특히 자외선을 많이 받는 안면이나 목덜미, 손등 부위 등에 분포하며 색이 검고 뻣뻣한 감촉으로 깊은 주름이 생기고 특징적인 마름모꼴의 주름이 나타난다. 상태가 심해지면 피부암을 일으키게 된다.

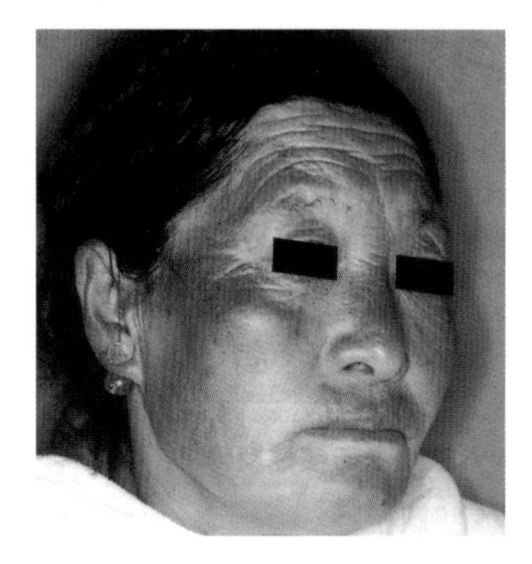

광노화는 백인, 유색인종에게도 일어나며 특히 자외선을 많이 받는 고지 주민에게 확연히 나타난다. 20대의 고지 주민은 일상생활을 하는 사람의 40대에 해당되는 피부주름이 관찰되며, 세월에 따라 주름이 명백히 상승된다.

[그림 2.10] 광노화 고지 주민 사진

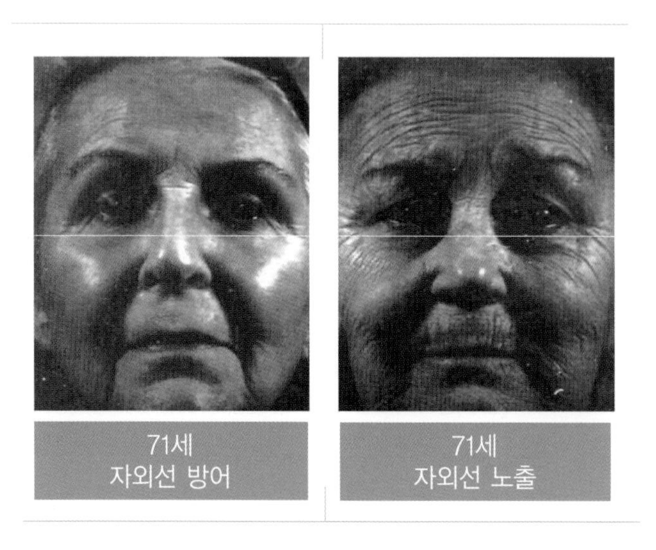

[그림 2.11] 쌍둥이 여성 비교

광노화에는 UVB와 UBA 모두 관여한다고 보고되며 광노화에 의해 표피가 두텁게 되고, 멜라노사이트의 이상항진이 보인다. 진피의 탄성섬유가 증식되고 진피 중의 모세혈관이 확장되는 등 자연노화와는 반대되는 방향의 변화를 보인다.

[표 2.4] 광노화와 자연노화 피부의 특성

		광노화 피부	자연노화 피부
표피	표피 두께	표피가 두꺼워짐	표피가 얇아짐
	각질세포	세포가 매우 무질서하게 배열 종종 비대	균일한 세포 세포가 규칙적 배열 세포가 위축됨
	각질층	세포층 증가 각질세포 크기 다양	각질세포 크기 균일
	멜라닌세포	세포 수 증가	세포 수 감소
		세포 형태 불균일	세포 형태는 거의 균일
		멜라닌 생성 증가	멜라닌 생산 불완전
진피	콜라겐	콜라겐 섬유 급격히 감소	섬유속이 굵음
	모세혈관	명확히 감소	반 정도 감소
		비정상적인 혈관	정상적인 혈관
		모세혈관 확장 증상	모세혈관 확장 증상 없음

4. 모발 생리학

모발은 인체의 모든 털을 말하며 인체의 부위에 따라 두발, 수염, 눈썹 등으로 불린다. 모발은 표피세포가 변화한 것으로 피부 각질층의 주성분과 같은 케라틴이 대부분을 차지하는 피부 부속 기관이다.

모발은 몸을 보호하고, 감각작용 등의 기능뿐만 아니라, 개인의 개성과 아름다움을 표출하는 미용적 기능을 지닌다.

1) 모발의 구조와 기능

모발은 피부 밖으로 나와 있는 모간(Hair shaft)과 피부 속의 모근(Hair root)으로 나눌 수 있다. 모근은 두피에서 4mm 정도의 깊이에 박혀 있다.

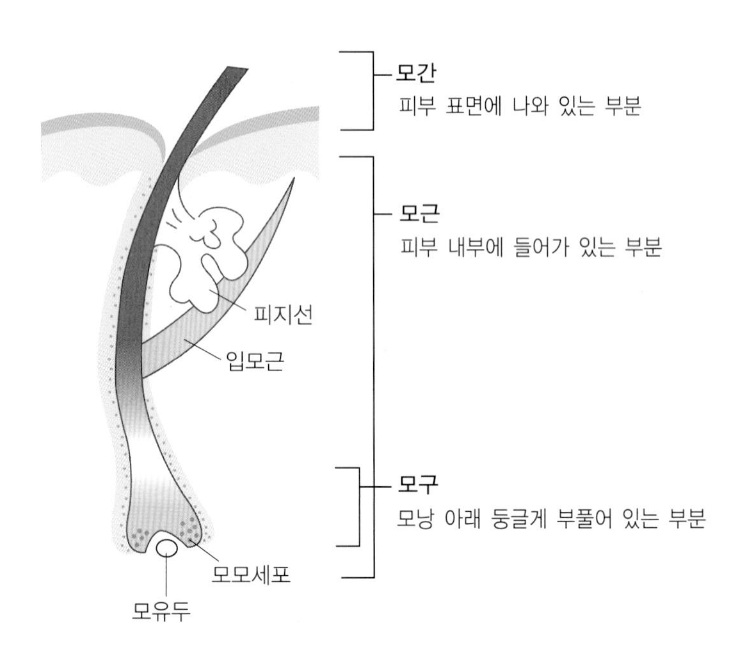

[그림 2.12] 모발의 구조

(1) 모근(Hair root)

표피가 진피 쪽으로 뻗어서 관처럼 생긴 주머니가 형성되어 있는데 이를 **모낭(모포, Hair follicle)**이라 한다. 모근을 감싸고 있으면서 모근부를 보호하고 고정한다.

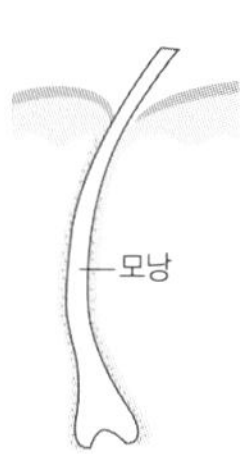

모낭의 상부에는 **피지선**이 접속되어 있고, 여기에서 피지가 분비되어 두피나 모발에 윤기를 주는 보호 역할을 한다.

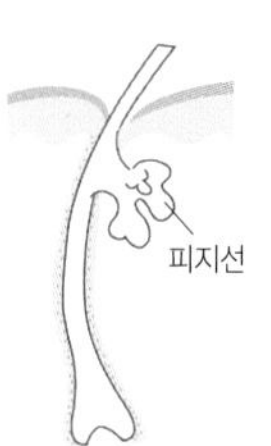

모낭의 하부에는 **입모근**(arrector pili muscle)이 연결되어 경사지게 표피로 뻗어 있다. 이 근육은 움직일 수는 없지만 추위 등을 느끼면 자율적으로 수축해 소름을 돋게 하는 역할을 한다.

모낭 아래에 둥글게 부풀어 있는 부분을 **모구**(hair bulb)라고 한다. 이는 모근을 유지시켜 준다.
모구 아래에는 모발의 발생과 성장을 담당하는 **모유두**(hair papilla)가 있다. 모세혈관이 밀집되어 모모세포의 성장을 돕는다. 모모세포는 모발을 왕성한 세포분열로 모발을 만들어내는 공장이다.

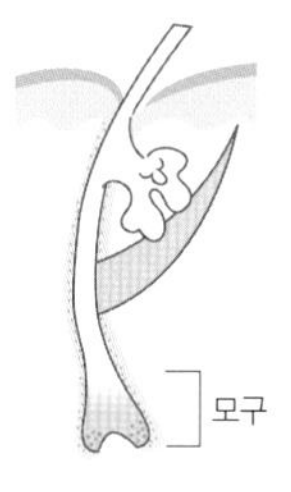

모모세포 사이에는 **멜라노사이트**가 산재되어 모발의 색상을 결정한다.
멜라닌색소를 만들어 주위의 모모세포에 전달한다.

(2) 모간(Hair shaft)

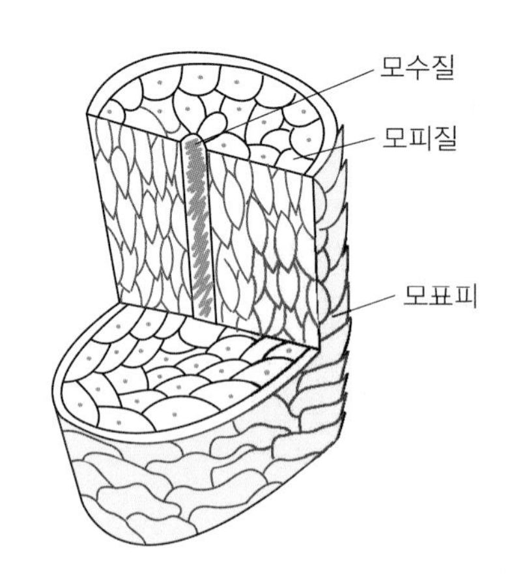

[그림 2.13] 모간의 구조

피부 표면으로 나와 있는 부분으로, 모공에서 모발 끝까지를 말하는 것이다. 모간의 표면은 각화되어 중심으로부터 모수질, 모피질, 모표피의 3층으로 구분한다.

① 모수질(Medulla)

모발의 중심부에 있고 공간으로 이루어진 벌집모양의 세포로서, 축방향으로 늘어서 있으며 멜라닌 색소를 함유하고 있다. 모발에 따라서 여러 가지 모양이 존재하며 굵은 모발일수록 수질이 존재하고, 생모나 유아의 모발에는 모수질이 없다.

② 모피질(Cortex)

전체 모발의 80% 정도를 차지하며, 모발의 색을 결정하는 멜라닌 세포가 존재한다. 모발의 유연함, 탄력성, 강도 등 모발의 성질을 좌우하는 중요한 부분으로서 모피질 내에는 섬유 다발과 그 사이를 채우고 있는 간충물질, 피질세포, 피질세포를 연결하고 있는 세포막 복합체 등이 관찰된다.

③ 모표피(Cuticle)

모소피라고도 하며 모발의 가장 바깥층으로 케라틴 단백질로 구성되어 있다. 특유의 광택으로 모발에 아름다움을 부여하고, 외부 자극으로부터 모발의 내부를 보호해준다. 큐티클이 손상을 입으면 모발은 약화되고 보수력도 저하되어 갈라지거나 건조해진다.

모표피는 뿌리에서 모발 끝으로 향해 있으며 고기 비늘 모양으로 겹쳐 있다. 모발을 뿌리에서 끝 부분을 향해 쓰다듬으면 미끄러우나 반대로 쓰다듬으면 걸리는 느낌이 나는 것은 이러한 이유 때문이다.

2) 모발의 성장주기

모발은 반영구적으로 자라는 것이 아니라 일정한 수명과 주기가 있어서 각각의 주기에 따라 자연적으로 탈락되고 새로운 모발로 교체된다. 모발 한 가닥 한 가닥마다 독립된 주기를 가지고 성장하며 빠지고, 동일한 모낭에서 계속 다른 모발을 생산해 내는데, 이 성장주기를 모주기 또는 헤어 사이클(Hair cycle)이라 한다.

두발의 모주기는 여성은 3~6년, 남성은 2~5년 정도이다. 성인의 두발 수는 10~12만 개 정도이며 보통 한 달에 1~1.5㎝ 정도 자라고, 하루에 70~100개 정도의 머리카락이 자연 탈락된다.

① 성장기

모구의 하반부에서 모모세포가 활발하게 분열·증식해서 머리카락이 계속 성장하여 자라는 시기이다. 활동기라고도 하는데, 이 시기는 사람의 건강상태나 연령에 따라 다르고, 보통은 5~6년이며 모발의 85~90%가 이에 해당한다.

이같이 생성되어 성장한 모발은 피부 밖으로 나와서 자라게 되는데 머리털의 경우 피부 속에 있는 뿌리에서 모발이 계속 생성되어 자라게 된다.

② 퇴행기

모발이 성장기를 지나 잠시 쉬는 시기가 오는데, 이것을 퇴행기라 한다. 모모세포의 색소세포 활동이 중단되면서 모발의 생산이 멈추게 되며 모낭 수축이 일어난다. 이때는 휴지기로 넘어가는 시기로서 퇴행기 모발의 뿌리를 뽑아보면 모낭 모양이 곤봉처럼 변한 것을 관찰할 수 있으며, 전체 모발의 약 1~2%를 차지한다.

③ 휴지기

모유두가 위축되고 모낭이 점점 쪼그라 들면서 모낭의 활동이 완전히 멈추게 된다. 휴지기의 모낭은 피부 표면 가까이 입모근이 부착된 위치까지 올라가서 수축된다. 이 시기의 모근은 쉽게 빠지는데 우리가 샴푸나 빗질 등 일상생활 중에 빠지는 모발은 휴지기에 있는 모발이다.

휴지기의 모발은 전체의 약 5~10% 정도로서 약 2~3개월 정도 지속된다.

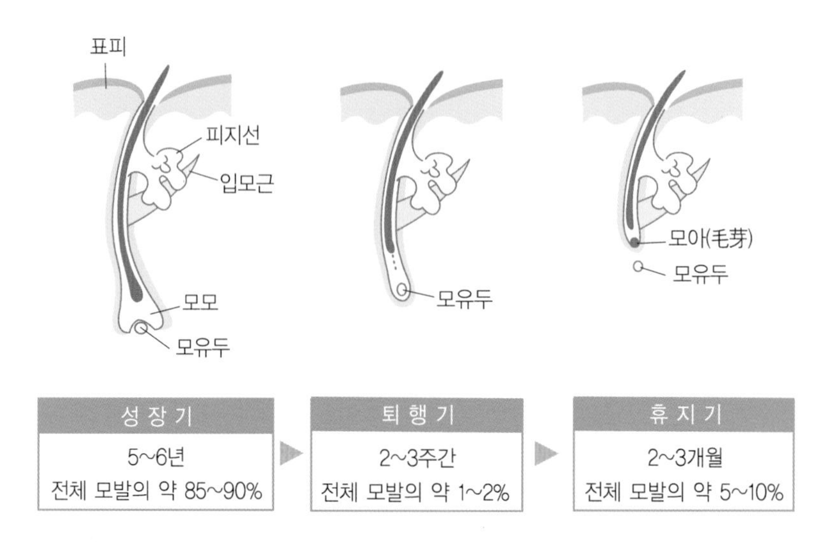

[그림 2.14] 헤어 사이클

[표 2.5] 모발 성장주기별 특성

모발주기	성장기	퇴행기	휴지기
특성	모모에서 왕성한 세포분열로 모발이 성장한다.	색소생성, 세포분열이 정지되고, 모낭수축이 일어난다.	모낭이 위로 올라와 모근이 단축되고, 모발이 빠진다.
기간	5~6년	2~3주	2~3개월
전체비율	85~90%	1~2%	5~10%

가지런히 헤어커트한 모발이 1~2개월 지나고 나면 길고 짧은 것이 생겨서 모발 끝의 길이가 고르지 못한 이유는?

모발은 한 가닥 한 가닥마다 독립적인 헤어 사이클을 갖기 때문이다. 성장기의 모발은 계속해서 성장하지만 퇴행기나 휴지기의 모발은 자라지 않고 정지되어 있으므로 똑같이 자르더라도 나중에는 길이가 다르게 된다.

3) 모발 손상 요인

모발이 손상되면 푸석푸석해지거나 팽팽함, 힘, 광택이 없어지면서 헤어스타일이 정돈되지 않거나 잘 유지되지 않는다. 모발이 변색하거나 갈라지고 끊어지는 등 모발 본래의 아름다움을 손상시키게 된다.

(1) 화학적 요인

파마나 헤어 컬러 등의 미용 시술 시에 사용되는 약물이 큐티클과 큐티클 간의 세포막복합체(CMC, Cell Membrane Complex)를 통과하고, 모피질 내의 CMC를 통하여 모발 내부에 영향을 미쳐, CMC 자체가 녹아 나오거나 모발 내부의 단백질이 녹아 나오게 된다.

CMC나 내부 단백질이 녹아 나오게 되면 모피질(cortex)의 수분 유지 기능이 손상된다. 이러한 요인으로 모발은 주위 습도 변화의 영향을 쉽게 받게 되고, 푸석푸석해지거나 헤어스타일의 유지가 나빠지는 등의 문제가 발생한다.

◆ 콜드펌, 웨이브 시술 시 손상 원인

약제를 잘못 선정하거나 과도하게 사용하거나 가온기를 과도하게 적용했거나, 제1제 액이 잔존하거나 제2제의 처리가 적절하지 못했거나 충분히 중화하지 못했을 경우에는 모발 및 두피가 손상당하기 쉬운 상태가 된다.

로드 제거 후 헹굼이 충분하지 않을 경우 약제가 잔류하여 모발 손상과 두피 자극을 유발하며, 시술 테크닉이 부족할 경우 모발이 꺾이거나 부러지게 된다.

◆ 염색, 탈색 시 손상 원인

단기간 거듭된 염색 및 탈색이나 사후 관리가 부족한 경우, 염색 및 탈색 시술 후 뜨거운 드라이어로 장시간 말리거나 심하게 브러싱할 경우 모발이 건조해지거나 늘어지며 탄력을 잃게 된다.

(2) 환경적 요인

강한 자외선과 적외선, 건조한 날씨, 강한 바람이나 먼지, 각종 공해물질에 의한 환경적인 요인을 생각할 수 있다.

자외선은 화학선이라 하며 열은 느낄 수 없으나 강하게 쐬면 모발의 단백질 변성을 일으키고, 적외선은 열선이라고 불리며 물체에 닿으면 모발의 케라틴 단백질이 손상을 받게 된다.

환경에 의한 것은 모발 손상의 요인이 될 뿐만 아니라 인체의 호르몬에도 영향을 미쳐 탈모의 원인이 된다.

(3) 물리적 요인

모발과 모발을 너무 문지르며 거칠게 샴푸하는 습관이나 모발이 젖은 상태에서의 블로우 드라이는 비늘 형태로 겹쳐진 케라틴으로 구성된 큐티클의 탈락을 촉진한다. 무리한 빗질이나 샴푸, 백코밍(back combing) 시 발생하는 마찰과 드라이어나 매직기와 같은 열기구, 가위나 고무밴드 스타일링제로 인해 모발의 일상적인 손상이 일어난다.

◆ 젖은 모발의 블로우 드라이 시 손상

모피질은 친수성이라 물에 팽윤하기 쉽지만, 모표피는 친유성이라서 물에 팽윤하기 어렵다. 따라서 세발 후 모피질만 물을 흡수해 팽윤된 상태에서 브러싱하면 큐티클에 무리한 힘이 가해져서 모표피가 쉽게 벗겨진다.

그러므로 블로우 드라이를 할 때는 모발을 타올로 충분히 말려서 적당히 건조한 후에 하는 것이 좋다.

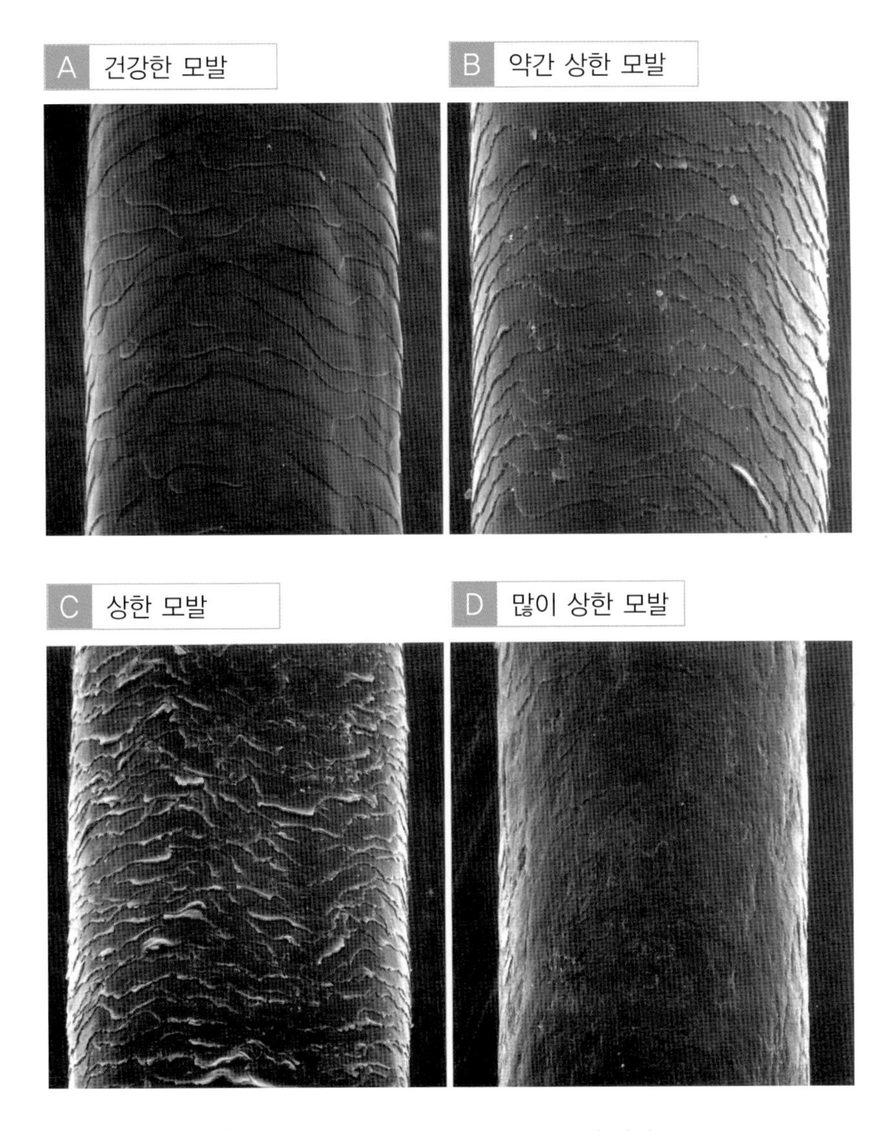

[그림 2.15] 모발 손상 정도에 따른 큐티클의 상태

5. 조갑의 구조와 기능

모발과 마찬가지로 손톱과 발톱 역시 손가락과 발가락 끝에 있는 표피 각질이 변화하여 생긴 피부 부속기관이다. 모발이나 표피와 마찬가지로 케라틴으로 구성되어 있으며 손가락과 발끝을 보호할 뿐만 아니라 말단부의 감촉을 예민하게 하고, 손가락에 힘을 주거나 잘 걸을 수 있게 한다.

일반적으로 손톱이라고 하는 외부에 노출된 부분은 조갑(nail plate)이라 하고, 피부에 들어가 감추어져 있는 부분은 조근(nail base)이라 한다. 손톱은 조근에 있는 조모세포가 분열하여 새로운 손톱으로 만들어져 위로 성장한다.

손톱은 하루에 0.1~0.15mm 정도 자라는데 개인차가 있지만 일반적으로 유아기에서 청년기까지 빨리 자라며, 계절적으로는 여름에 가장 빨리 자란다. 또 발톱보다는 손톱이 빨리 성장한다.

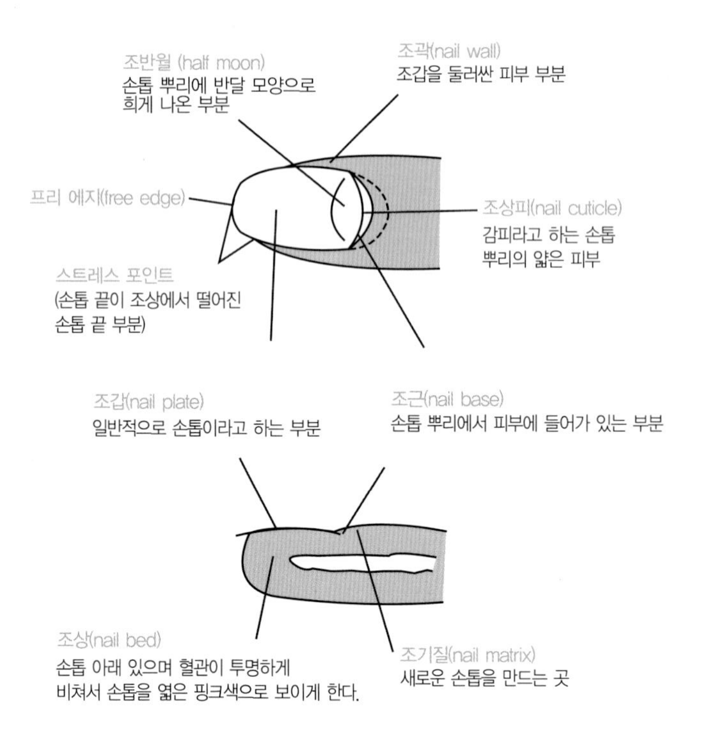

[그림 2.16] 손톱의 구조와 기능

손톱의 광택이나 탄력은 주로 외부 환경에 의한 수분량에 의해 좌우된다. 손톱은 일반적으로 12~16%의 수분이 함유되어 있으나 외부 환경에 의해 5~24%까지 수분량이 변동한다. 흡습이나 건조성은 모발과 유사하여 흡습하기도 쉬우며 건조되기도 쉽다. 흡습하면 유연해지고 건조되면 딱딱해진다. 일상생활 중 목욕 후에 손톱을 깎기 쉬운 이유도 손톱이 수분을 흡수하여 유연해졌기 때문이다.

네일 에나멜이나 리무버를 빈번히 사용하면 손톱이 탈지, 탈수되어 윤기도 없어지고 약해져서 손톱 끝이 갈라지거나 부서지기도 한다. 겨울 건조기에 손톱이 딱딱하고 약해지는 것도 수분량이 줄어들기 때문이다.

QUIZ 하얀 피부가 동안으로 보입니까?

흰 피부는 동서고금을 막론하고 항상 여성들의 동경의 대상이었다. 이러한 예는 어디에서나 쉽게 찾을 수 있는데 동화책 속의 백설공주는 눈처럼 하얀 피부에 피처럼 빨간 입술, 숯처럼 까만 머리카락을 바라는 왕비의 염원대로 미인의 전형으로 전해지고, 흔히 보는 서양의 화가들이 그린 명화 속 여성들도 풍만한 자태와 함께 순백의 피부로 그려졌다. 비단 서양뿐 아니라 우리나라의 단군신화에서도 그 흔적을 엿볼 수 있는데 인간이 되고픈 곰과 호랑이에게 쑥과 마늘을 먹고 100일 동안 햇빛을 보지 않도록 한 것은 고대 사회의 지배층이 흰 사람이었기에 흰 피부로 변신시키기 위한 주술이라 해석되기도 한다. 또한, 화장의 역사가 시작된 삼국시대에서도 당시 미(美)의 기준은 옥같이 희고 고운 피부였다. 이렇게 흰 피부를 미인의 기준으로 삼았던 관습은 지금까지 그대로 계승되어 오고 있으며 1920년대에 들어서면서 멋진 구릿빛 피부가 한때 유행하기도 했으나 태양으로 인한 피부 손상과 피부암과 같은 해악이 알려지면서 현재 자연스러움을 강조하는 스타일과 메이크업 등 내추럴 룩(natural look)과 더불어 여전히 흰 피부가 미인의 기준으로 자리 잡고 있다. 사실 흰 피부라 해도 개인에 따라 다양한 피부색이 존재한다. 핑크빛이 도는 부드러운 피부, 윤이 나는 까무잡잡한 피부, 노르스름한 매력적인 피부 등 사실 보는 사람이 감탄할 정도로 우윳빛의 하얀 피부가 아니어도 청결하고 건강한 피부라면 굳이 본인의 장점이나 개성을 무시한 채 흰 피부를 만드느라 화장이 들떠 보이는 역효과를 낼 필요가 있을까? 각자의 생김새나 취향을 고려해 얼마든지 다양한 모습을 연출할 수 있을뿐더러 비록 '동안'은 아니지만 세월의 연륜이 돋보이는 원숙미를 발하는 멋진 사람들을 종종 만날 수 있다. 건강하고 행복한 삶을 살며 매사에 감사하는 여유로움을 가진다면 단지 '가죽 한 꺼풀'에 지나지 않는 외모에 내면 깊숙한 곳으로부터 우러나오는 아름다움이 깃들지 않을까?

화장품 원료와 기술 〉〉

3:

화장품에는 사용 목적이나 형태에 따라 수없이 많은 종류의 제품이 있고, 또 이 제품에 사용되는 원료도 수없이 많은 종류가 있다. 화장품이라는 하나의 가치를 지닌 상품을 만들기 위해서는 화장품 하나에 통상 약 20~50여 종의 화장품 원료들이 적절히 구성 배합된다. 구성 성분의 특성과 그 배합률에 따라 다양한 종류의 화장품이 만들어지는데, 약 6,500여 종의 화장품 원료 가운데 사용 목적이나 사용 형태에 맞는 성분을 선별하여 제품을 개발하게 된다.

1. 화장품 원료

화장품에는 사용 목적이나 형태에 따라 수없이 많은 종류의 제품이 있고 또, 이 제품에 사용되는 원료도 수없이 많은 종류가 있다. 화장품이라는 하나의 가치를 지닌 상품을 만들기 위해서는 화장품 하나에 통상 약 20~50여 종의 화장품 원료들이 적절히 구성 배합된다. 구성 성분의 특성과 그 배합률에 따라 다양한 종류의 화장품이 만들어지는데, 약 6,500여 종의 화장품 원료 가운데 사용 목적이나 사용 형태에 맞는 성분을 선별하여 제품을 개발하게 된다.

이러한 원료들은 크게는 천연물을 가공하거나 분리하여 얻는 것과 합성하여 얻는 것으로 나눌 수 있다.

화장품의 원료는 과학 기술의 발전과 더불어 천연물, 합성물, 바이오 생산물 등 여러 부분에 걸쳐 새로운 원료들이 개발되어 화장품의 품질 향상과 다양화를 도모하여 왔다.

1980년대부터 조직배양 발효 등의 생명공학 기법을 활용하여 과거에 고가였던 원료들을 비교적 싼 가격으로 대량으로 얻게 되어 이러한 원료의 사용량도 늘어가는 추세이다. 생물 공학적 기법에 의해 만들어진 원료는 수없이 많은데, 이들 중 대표적인 것의 예로는 히아루론산과 세라마이드 등을 들 수 있다.

현재 이러한 원료를 이용하여 개발된 화장품은 피부 생리 매커니즘에 매우 적합하며 때로는 특정 효과나 기능을 갖게 되기도 한다. 과거에는 동물 추출물과 합성원료들이 많이 사용되었으나, 최근에는 자연성 원료 즉, 식물성 원료들의 사용이 증가하고 있으며, 이에 따라 화장품도 점차 자연적인 사용감을 갖는 방향으로 개발되고 있다.

한편, 화장품은 의약품과는 달리 어떤 특정한 약효를 갖는 성분을 함유하는 것은 아니지만 점차 화장품에서도 미백, 잔주름 방지, 육모 등의 기능성을 갖는 방향으로 개발되고 있다.

1) 화장품 원료의 조건

화장품은 정상인이 평생을 두고 사용하는 제품이다. 치료의 목적이 아니라 아름다움 자체가 목적이므로 원료가 갖는 필수적인 요건은 피부에 대하여 어떠한 부작용도 나타내지 않아야 한다는 것이다. 즉 피부에 안전성이 높아야 한다는 것이다.

또 그 원료의 사용 목적에 적합한 기능을 갖추어야 하며, 피부의 생리작용에 좋은 영향을 주어야 하고, 산화 및 분해 등이 일어나지 않는, 즉 안정성이 높아야 하며, 불쾌한 냄새가 없고 너무 진한 색상을 나타내지 않아야 한다는 것 등이다.

■ 화장품 원료의 조건

① 안전성이 높아야 한다.

② 사용 목적에 따른 기능이 우수하여야 한다.

③ 산화 안정성 등의 안정성이 우수해야 한다.

④ 냄새가 적으면서 품질이 일정해야 한다.

그리고 화장품의 기능은 피부의 청결 및 피부 보습, 피부세포의 활성, 외부 환경으로부터 피부의 보호와 아름다운 피부 색감의 표현의 5가지 기능이라고 할 수 있으며, 최근 개발되고 있는 화장품 원료들은 이러한 기능에 맞추어 개발되고 있다.

[그림 3.1] 화장품 원료의 조건

2) 화장품 원료의 분류

화장품 원료로 쓰이는 천연과 합성의 원료는 크게 수성 원료와 유성 원료, 계면활성제 등으로 분류할 수 있다.

수성 원료란 물에 녹는 성분을 뜻하며, 유성 원료란 기름에 녹는 성분을 말한다. 화장품 제조를 위해서는 수성 원료와 유성 원료를 적절히 섞을 수 있는 계면활성제가 필요하다. 계면활성제는 양자의 성질을 모두 가진 물질이다.

즉 화장품은 물리적으로 볼 때 수성 원료와 유성 원료를 계면활성제를 이용하여 적절히 혼합하고 유효 성분 등을 첨가함으로써 사용 목적에 맞는 제품을 개발하여 알맞은 사용 형태로 상품화한 것이다.

INSIGHT 우리나라 화장품 원료의 시대별 변화

연도	주요 원료군
1950년대 이전	황토, 꽃잎 등 천연물 이용 → 제조업자의 독자적 경험에 의해 천연물 제조
1950년대	글리세린, 유동파라핀 등 기본적인 원료 → 기본 원료의 수급 자체가 문제
1960년대	기제의 다양화, 활성성분 사용 (비타민 및 호르몬) → 원료의 다양화
1970년대	자연성분, 피부보습 및 호흡증진성분 → 인삼 사포닌 추출 사용
1980년대	히아루론산: 생명공학기법, 태반: 동물추출물 미백, 활성화 산소 제거: 식물추출물
1990년대	AHA, 세라마이드, 레티놀: 기능성 원료 개발
2000년대	Enizyme: 콜라겐 합성, 엘라스틴 분해-면역시스템 운용 - 콜라겐 생성
2010년대 이후	유전자 DNA 응용, 나노기술, 유기농, 펩타이드, 발효기술, 줄기세포

[표 3.1] 화장품의 원료의 분류

원료의 구분				
수성 원료	정제수, 에탄올, 글리세린			
유성 원료	액상 유성 성분	식물성 오일	동백유, 올리브유	자연계
		동물성 오일	밍크오일, 난황오일	자연계
		광물성 오일	유동파라핀, 바세린	자연계
		실리콘	디메틸폴리실록산	합성계
		에스테르류	미리스틴산 이소프로필	합성계
		탄화수소류	석유, 스쿠알란	합성계
	고형 유성 성분	왁스	카르나우바, 칸델리라, 밀납	자연계
		고급지방산	라우린산, 스테아린산	합성계
		고급알코올	세틸알코올, 스테아릴알코올	합성계
계면 활성제	음이온, 양이온, 양성, 비이온성, 천연			
고분자 화합물			카르복시메틸 셀룰로오스 나트륨, 폴리비닐알코올	
비타민			레티놀, 아스콜빈산인산 에스테르 비타민E-아세테이트	
색재	염료		황색 5호, 적색 505호	
	레이크		적색 201호, 적색 204호	
	안료	유기안료	법정타르 색소류, 천연색소류	
		무기안료	체질안료, 착색안료, 백색안료	
		진주광택안료	옥시염화비스머스	
		고분자안료	폴리에틸렌 파우더, 나일론 파우더	
	천연색소		베타-카로텐, 카르사민	
향료		동물성	무스크, 시베트, 카스토리움	
		식물성	재스민, 라벤더, 로즈메리	
		합성	멘톨, 벤질아세테이트	
기능성 원료	알부틴, 유용성 감초 추출물, 레티놀			

3) 화장품 원료의 종류

(1) 수성 원료

■ 정제수

화장품 제조에 있어 물은 가장 중요한 원료 중 하나이다. 피부 보습의 기초 물질로서 일부 메이크업 화장품을 뺀 거의 모든 화장품에 사용된다.

화장품에 사용되는 물은 대부분 이온교환 수지를 이용하여 정제한 이온교환수를 자외선램프로 살균하고 일정한 pH를 유지하여 사용한다. 만약 물이 세균에 오염되었거나 칼슘, 마그네슘 등의 금속이온이 함유되어 있다면 피부에 손상을 가져오고 모발을 끈적거리게 할 수 있다. 또 제품이 분리되거나 점도의 변화를 일으켜 제품의 품질이 떨어지는 요인이 되기도 한다.

■ 에탄올(Ethanol)

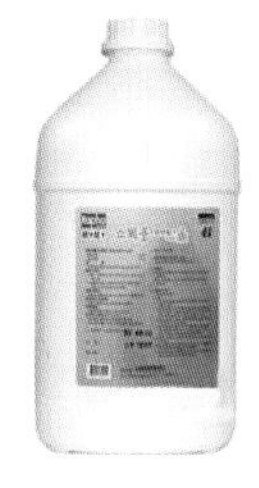

에틸알코올(Ethyl Alcohol)이라고도 하며, 화장품에서는 수렴, 청결, 살균제, 가용화제 등으로 이용되고 있다. 스킨 토너류 제품에서는 에탄올이 함유되어 있는데 주로 수렴 효과와 청량감을 부여하고, 네일 제품에서는 가용화제로 사용하기도 한다. 에탄올은 배합량에 따라 효능 효과가 조금씩 차이가 있는데, 일반적으로 에탄올과 물의 비율이 7 : 3일 때 살균과 소독의 효과가 가장 우수하다.

화장품에 사용되고 있는 에탄올은 술을 만드는데 사용할 수 없도록 변성제(프로필렌글리콜, 부탄올)를 첨가하여 만든 변성 에탄올(specially-denatured, SD-alcohol)인데, SD-에탄올 40을 사용한다.

■ 글리세린

가장 오래전부터 사용되어 온 보습제로서, 현재에도 널리 쓰인다.

물과 에탄올에 잘 녹고, 수분 흡인력이 뛰어나다. 보습력이 우수하여 크림, 유액 등의 유화 제품에 사용되며 제품의 수분 증발을 억제하고 점도를 유지한다.

동·식물 유지에서 비누 또는 지방산을 제조할 때 부산물로 얻어지는 것을 탈수 · 탈취 등의 정제를 한 것으로 무색 · 무취의 액체이다.

QUIZ

메탄올과 에탄올의 차이점은 무엇일까요?

메탄올(methanol) 혹은 메틸 알코올(methyl alcohol)은 가장 간단한 알코올 화합물로 무색의 휘발성, 가연성, 유독성 액체로 화학식은 CH_3OH이다. 에탄올 혹은 에틸알코올(ethyl Alcohol)은 무색의 가연성 화합물로 알코올의 한 종류이며, 화학식은 C_2H_5OH이다.

에탄올과 메탄올은 알코올이라는 같은 부류의 물질이며 성질이 비슷하지만, 화학식에서 보여지는 것처럼 메탄올이 에탄올보다 탄소와 수소를 적게 포함하고 있기 때문에 메탄올의 끓는점이 에탄올보다 낮다. 에탄올은 술의 기본적인 원료로 쓰이는 반면, 메탄올은 알코올 램프에 쓰인다.

	에탄올	메탄올
화학식	C_2H_5OH	CH_3OH
성상	무색, 가연성, 휘발성 살균 소독작용	무색, 가연성, 휘발성 유독성 액체
용도	술의 제조	알코올 램프

(2) 유성 원료

1 식물성 오일

■ 올리브 오일(Olive Oil)

지중해산 올리브 열매를 냉동 압착하여 추출한 오일로서 피부에 잘 흡수되며 에탄올에 잘 녹는다. 수분 증발을 억제하고 사용 감촉을 향상시켜 마사지 오일, 선탠 오일, 에몰리언트 크림 등에 사용된다.

■ 동백 오일(Camellia Oil)

동백 종자에서 얻은 지방산으로 보습 효과가 우수하다. 올리브유와 성상 등이 비슷하고 크림유액 등에도 사용되나 헤어오일 등의 모발 제품에 사용된다. 구성은 올레인산(85~90%)이 주성분이고 그 밖에 팔미틴산 등의 포화지방산(9~12%)과 리놀레인산(1~3%) 등이 있다.

■ 피마자 오일(Castor Oil)

인도 또는 아프리카 원산의 피마자 종자에서 얻은 지방산으로 친수성이 높고 점성이 크며 광택성이 우수하다. 과거 포마드의 주요 오일로서 사용되었으며, 염료의 분산성이 높아서 립스틱의 오일 베이스로 사용된다.
그러나 최근에는 피마자유의 특이한 냄새 때문에 점차 합성 오일로 대체되어 가고 있다.

■ 마카다미아 너트 오일(Macadamia Nut Oil)

오스트리아 원산의 마카다미아의 열매를 압착해서 얻은 지방산으로서, 지방산 조성이 인체의 피지와 유사하여 피부 친화성이 우수하다. 가벼운 사용감과 산화 안정성이 우수하여 크림, 로션 등의 유액 제품이나 립스틱 등에 사용된다. 예전에는 주로 식품에서 사용되었으나 최근에 화장품 원료로도 많이 이용되고 있으며, 지방산 구성은 올레인산(50~65%)이 주성분이나 식물성 오일로서 특이하게도 팔미틴산을 약 25% 함유하고 있다.

■ 아보카도 오일(Avocado Oil)

미국의 캘리포니아주 또는 플로리다주에서 자라는 아보카도 과일의 껍질을 압착하여 얻은 오일이다. 피부에 대한 침투성이 라놀린과 비슷하고 에몰리엔트 효과가 우수하여 미국에서는 과거부터 크림, 유액 제품 및 마사지 오일, 유화용 오일 등에 사용되는 원료이다.

지방산의 구성은 주로 올레인산(77%)과 리놀레인산(11%)이다.

■ 아몬드 오일

지중해 연안과 미국 캘리포니아 지방에서 잘 익은 아몬드의 핵에서 추출한 오일이다. 민감한 피부와 유아 피부에 유연 효과를 주고 유액, 크림 등의 베이스 오일이나 아로마테라피 베이스 오일로도 사용된다. 올리브 오일과 비교하여 약간 불포화도가 높고, 응고점은 상당히 낮은 특성을 가지고 있으나 올리브 오일과 같은 용도로 사용되고 있다.

2 동물성 오일

동물성 오일은 식물성 오일에 비해 생리 활성은 우수하지만 색상이나 냄새가 좋지 않고 쉽게 산화되어 변질되므로 화장품 원료로 널리 이용되지는 않는다.

■ 밍크 오일

밍크의 피하지방에서 채취한 것으로 연전계수(延展系數)가 미네랄 오일의 3배나 되어서 피부에 친화성이 우수하고 유분감이 적어 유아용 오일, 선탠 오일, 각종 크림, 모발 제품 등에 사용된다.
퍼짐성과 에몰리언트 효과가 우수하며, 올레인산(40~45%)이 가장 많고 팔미트 올레인산(17~22%), 미리스트 올레인산(2~6%)을 함유하고 있는 것이 특징이다. 멕시코로부터 북극 지방까지의 북아메리카가 주산지이다.

■ 바다거북 오일

거북이의 피하지방에서 채취한 것으로 피부 침투성이 우수하고 비타민 A, D, F 등이 함유되어 있어 주름 개선 제품이나 마사지 크림에 사용된다. 주로 올레인산(25~30%), 리놀산 (30~40%)으로 구성이 되어 있는데 불쾌한 냄새가 나는 것이 단점이다. 자메이카에서 북서 200마일 떨어진 그라인도계 마인섬이 주산지이다.

■ 난황 오일

달걀노른자(난황)에서 용매 추출하여 얻은 오일로 인지질(28~32%)을 많이 함유하고 있는 것이 다른 오일들과 다른 것이 특징이다. 인지질의 올레

인산(40~60%)과 콜레스테롤이 함유하고 있어 과거에는 천연 유화제로 사용되기도 하였고, 비타민 A, B, D, E를 많이 함유하고 있어서 나이트 크림과 영양크림 등에 사용된다. 현재는 안정성 문제로 거의 사용되지 않는다.

3 광물성 오일

광물성 오일은 대부분 원유에서 추출한 고급탄화수소로 무색, 투명하고 냄새가 없으며 산패나 변질의 문제가 없다. 하지만, 유성감이 강하고 피부 호흡을 방해할 수 있어 보통 식물성 오일이나 다른 오일과 혼합하여 사용되다.

■ 유동 파라핀(Liquid paraffin)

유동 파라핀은 일명 미네랄 오일(mineral oil)이라고도 부르며, 석유 원유를 250~300°C에서 분별증류하여 고형 파라핀을 제거한 오일이다.

피부 표면에서 수분의 증발을 억제하고 사용 감촉을 부드럽게 해주어 크림이나 유액 제품 등에 다양하게 사용된다. 특히 마사지 크림으로 활용되며 메이크업 제거가 용이하기 때문에 클렌징 크림에 많이 사용된다.

유동 파라핀은 잘 변질되지 않으며 다른 오일에 비하여 비교적 안정한 유화를 형성하며 가격이 저렴하므로 유성원료로서 널리 사용되고 있다.

■ 바세린(Vaseline)

페트로라튬(petrolatum)이라고도 하며, 석유 원유를 진공 증류하여 탈 왁스 할 때 얻어지는 물질로서 고형의 파라핀과 액상인 유동 파라핀이 콜로이드 상태로 혼합되어 있는 혼합물이다.

접착력이 있기 때문에 크림류 외에도 립스틱 등에 사용된다.

4 실리콘 오일

실리콘이란 실록산 결합(-Si-O-Si-)을 가지는 유기규소 화합물의 총칭이며 실리콘은 화학적으로 합성되며 무색, 투명하고 냄새가 거의 없다. 실리콘 오일은 퍼짐성이 우수하고 가볍게 발라지며, 피부 유연성과 매끄러움, 광택을 부여한다. 색조 화장품의 내수성과 모발 제품의 자연스러운 광택을 부여한다.

대표적인 것은 디메틸폴리실록산이며, 분자량에 따라 여러 가지 점도를 가진 것을 얻을 수 있으며, 또 반응기를 붙여서 접착성을 갖는 실리콘 등도 만들 수 있다.

■ 디메틸폴리실록산(Dimethylpolysiloxane)

실리콘 오일 중 가장 널리 또 오래전부터 사용된 것으로서 기초 및 메이크업 화장품에 부드러운 감촉을 주기 위해 사용되거나 샴푸 등 두발 화장품에서 모발에 윤기를 주기 위하여 사용된다. 소수성이 크며 매끄러운 감촉을 주기 위하여 크림 등에 사용되고, 기포 제거성이 우수하므로 유화제품 등에 소포제로서도 이용된다.

■ 메틸페닐폴리실록산(Methylphenylpolysiloxane)

에탄올에 용해되므로 향, 알코올 등과 사용성이 좋아 특히 현탁 스킨의 제조에서 알코올에 향, 토코페롤 아세테이트, 에스테르 타입의 오일 등을 가용화제와 함께 용해하여 미세한 입자로 분산시켜 안정한 형태의 현탁스킨을 제조한다. 현탁 스킨 제조에 가장 널리 이용되나 일반적으로 피부에 대한 안전성은 같은 분자량일 때 디메틸폴리실럭산보다는 나쁜 것으로 알려져 있다.

■ 사이크로 메치콘(Cyclomethicone)

가볍고 매끄러운 사용감과 휘발성을 가진 오일로서 끈적임이 전혀 없음으로 기초 및 메이크업 화장품에 널리 이용되고 있다. 사이크로 메치콘 오일을 주제로 한 파운데이션은 친유성 타입으로 내수성이 우수할 뿐만 아니라 끈적임이 거의 없는 장점이 있어 최근 대부분의 제품은 이러한 타입으로 만들어지고 있다. 또, 묻어나지 않는 립스틱의 제조에도 이용된다. 그러나 큰 단점으로 아직도 안전성 문제가 완전히 해결되지 않았으며, 때로 심한 피부 자극을 유발하기 처방상의 주의를 요하는 원료이다.

5 왁스류

왁스는 화학적으로 고급지방산에 고급알코올이 결합된 에스테르 화합물이다.

■ 카르나우바 왁스(Carnauba Wax)

브라질 북부와 아르헨티나 등에서 자생 또는 재배되는 카르나우바 잎에서 채취되는 왁스이다. 주로 립스틱과 스틱상 제품에 사용되어 제품의 내온성과 광택 향상에 도움을 준다. 성상은 담황색 또는 미황색이고, 융점은 80~86도로 왁스 중에서 가장 높다.

■ 칸데릴라 왁스(Candelilla Wax)

멕시코 북서부나 미국 텍사스주 등 온도차가 심하고 비가 적은 고원지대에 생육하는 칸데릴라 식물의 줄기에서 얻어진 왁스이다. 주로 립스틱과 스틱상 제품에 카르나우바 왁스와 같이 사용된다. 탄소수가 16-34인 지방에스테르가 약 30%, 탄화수소가 약 45%, 수지분 등이 약 25%이다. 성상은 담황색과 황갈색이고, 융점은 68~72도이다.

■ 밀납(Bees Wax)

꿀벌의 벌집에서 꿀을 채취한 후 벌집을 열탕에 넣어 분리한 왁스이다. 밀납은 봉사와 반응시켜 콜드크림의 제조에 천연 유화제로 사용되었으며 현재로 일부 친유성 제품의 보조 유화제로 사용되고 있다. 크림의 사용감이나 립스틱의 경도 조절용으로 이용되고 있는, 동물성 왁스 중 화장품에 가장 많이 사용되고 있는 원료이다.

동양꿀벌과 서양꿀벌에서 채취한 2종류로 나눌 수 있고, 왁스의 성분에 다소 차이가 있다. 융점은 60~70도 정도이다.

■ 라놀린(Lanolin)

양의 털을 가공할 때 나오는 지방을 정제하여 얻어지며 피부에 대한 친화성과 부착성, 포수성이 우수하여 크림이나 립스틱 등에 널리 사용되었다. 그러나 피부 알레르기를 유발할 가능성과 무거운 사용감, 색상이나 냄새 등의 문제와 최근의 동물성 원료 기피로 사용량이 감소하고 있으며, 일부 제품에 사용성 목적으로 사용되고 있다.

연황색 또는 담황색의 연고상 물질로, 주성분은 고급지방산과 스테롤류 및 고급알코올의 에스테르의 혼합물이다.

■ 호호바 오일(Jojoba oil)

미국의 남부나 멕시코 북부의 건조 지대에 자생하고 있는 호호바의 열매에서 얻은 액상의 왁스인데, 일반적으로 오일로 불린다. 인체의 피지와 유사한 화학구조 물질을 함유하고 있어서 퍼짐성과 친화성이 우수하고 피부 침투성이 좋다. 피부 도포 시 피지 분비를 억제하며 각종 노폐물을 용해시켜 지성피부에 효과적이다. 모발 성장을 촉진할 뿐 아니라, 피부 치료나 약용 목적으로도 쓰이며 화장품에 쓰이는 다른 식물성 오일에 비하여 산화 안정성이 우수하고, 또한 피부에 밀착감이 우수하기 때문에 크림, 로션 등의 유액 제품이나 립스틱 등에 사용되고 있다. 주성분은 불포화 고급알코올과 불포화 지방산의 에스테르가 70%를 차지하고 있다.

6 고급지방산

지방산은 동물성 유지의 주성분이며 일반적으로 R-COOH 등으로 표시되는 화합물로 천연의 유지와 밀납 등에 에스테르류로써 함유되어 있다.

■ 라우린산

야자유, 팜핵유 비누화 분해해서 얻은 혼합지방산을 분리하여 얻는다. 라우린산을 수산화나트륨이나 트리에탄올아민 등의 알칼리와 중화하여 얻어지는 비누는 수용성이 크고 거품이 풍부하게 생기므로 화장비누, 클렌징 폼 등의 세안료에 사용된다.

■ 미리스틴산

팜핵유를 분해하여 얻은 혼합지방산을 분리하여 얻는다. 세안료를 제외하면 화장품에 직접 이용되는 경우는 적다. 마리스틴산 비누는 라우린산 비누에 비하여 거품량은 적으나 거품이 조밀하며 기포성도 비교적 우수한 편이므로 클렌징 폼 등에 라우린산과 적절한 비율로 혼합하여 사용된다.

■ 팔미틴산

팜유나 우지 등을 비누화하거나 고압하에서 가수분해하여 얻는다.
스테아린산과 함께 알칼리로 비누화하여 보조 유화제로 사용하거나 크림류의 사용감을 개선할 목적으로 사용된다.

■ 스테아린산

우지나 팜유를 팜유화하거나 가수분해하여 얻는다. 고급지방산 중 화장품에 가장 널리 사용되는 원료이며 알칼리로 중화하여 보조유화제로서 또는 안료의 분산력이 우수하므로 안료의 분산제로서 사용되고 있다.
스테아린산을 일정 농도 이상 사용할 경우 크림 중에서 미세 결정상으로 되어 펄 효과가 나타나기도 하며, 크림 및 로션 등의 에멀젼 제품의 사용감 개선이나 경도 및 점도의 조정용으로도 사용된다.

7 고급알코올

탄소 원자 수가 6 이상인 알코올을 고급알코올이라고 한다.

■ 세틸알코올

세탄올이라고도 하며, 백색을 띠며 크림류 등의 유화 제품에 제품의 경도를 주며 유화의 안정화를 위하여 사용한다.

■ 스테아릴알코올

대부분 유화 제품에 세틸알코올과 혼합 사용되며 사용 목적은 세틸알코올과 동일하게 유화안정화를 위해 사용된다. 그 밖에 립스틱 등의 스틱 제품에도 일부 이용되기도 한다.

■ 이소스테아릴알코올

스테아릴알코올의 액체로, 열 안정성과 산화 안정성이 우수하므로 알코올로서 보다는 유성 원료로서 사용된다. 그리고 다른 오일과 상용성이 좋으며, 에틸알코올에 용해하고, 유화 제품에서 보조 유화제로서 사용할 수 있다는 장점도 있다.

(3) 계면활성제

계면활성제란 한 분자 내에 물과 친화성을 갖는 친수기(Hydrophilic group)와 오일과 친화성을 갖는 친유기(소수기, Lipophilic group)를 동시에 갖는 물질로서 계면에 흡착하여 계면장력 등 계면의 성질을 현저히 바꾸어 주는 물질이다. 즉 계면의 자유에너지를 낮추어 주는 물질을 말한다.

계면활성제는 세탁제, 유연제 등 우리 생활을 편리하게 할 뿐만 아니라 화장품, 도료, 의약품, 윤활유 등 여러 공업 분야에도 널리 이용되며, 유화·가용화 분산·습윤·기포·소포·세정·대전 방지·보습·살균·윤활 등 그 구조에 따라 다양한 기능을 가지고 있다.

[그림 3.2] 계면활성제의 분자 구조

화장품에서 사용되는 계면활성제는 크림이나 로션과 같이 물과 기름을 혼합하기 위한 유화제, 향과 에탄올 등 물에 용해되지 않는 물질을 용해시키기 위하여 사용되는 가용화제, 안료를 분산시키기 위하여 사용되는 분산제, 세정을 목적으로 하는 세정제가 가장 널리 사용되는 계면활성제이다.

계면활성제는 그 종류가 수없이 많으며 각각의 구조에 따라 특이한 성질을 가지고 있고 화학 구조별, 합성 방법별, 성능별, 용도별 등의 다양한 방법으로 분류할 수 있다. 그러나 가장 일반적인 분류 방법으로 계면활성제가 물에 용해되었을 때 해리되는 이온 성질에 따라 양이온, 음이온, 양성이온, 비이온 계면활성제로 분류한다.

보통 이온성 계면활성제가 비이온성 계면활성제보다 자극이 비교적 높다. 모든 이온성 계면활성제가 자극이 높은 것은 아니지만 일반적으로 이온성 계면활성제가 세정력이 강하고 피부 각질층의 제거 효과 등이 크므로 자극을 유발할

[표 3.2] 계면활성제의 종류 및 특징

양이온 계면활성제	살균제로 이용되며, 알킬기의 분자량이 큰 경우 모발과 섬유에 흡착성이 커서 헤어린스 등 유연제 및 대전 방지제로 주로 활용된다. 샴푸, 헤어토닉에도 이용된다.
음이온 계면활성제	세정력과 거품 형성 작용이 우수하여 화장품에서 주로 클렌징 제품에 활용된다. 보디 클렌징, 클렌징 크림, 샴푸, 치약 등에 사용된다.
양성이온 계면활성제	한 분자 내 양이온과 음이온을 동시에 가진다. 알칼리에서는 음이온, 산성에서는 양이온의 특성을 지니며, 다른 이온성 계면활성제에 비하여 피부 안전성이 좋고 세정력, 살균력, 유연 효과를 지녀 저자극 샴푸, 어린이용 샴푸 등에 이용된다.
비이온 계면활성제	이온성 계면활성제보다 피부 안전성이 높고, 유화력, 습윤력, 가용화력, 분산력 등이 우수하여 세정제를 제외한 대부분의 화장품에서 사용된다.
천연 계면활성제	천연물질로서 가장 널리 이용되고 있는 것은 리포좀 제조에 사용되는 레시틴이다. 이 밖에 미생물을 이용한 계면활성제와 직접 천연물에서 추출한 콜레스테롤, 사포닌 등도 일부 화장품에 응용된다.

가능성이 크다. 다른 산업 분야와는 달리 화장품은 인체에 직접 도포하는 것으로 인체에 대한 안전성은 매우 중요하다. 일반적인 계면활성제의 안전성은 환경적인 측면에서 얼마나 생분해가 빨리 일어나면 독성이 없는지가 평가의 기준이 되겠지만, 화장품에 사용되는 계면활성제의 안전성은 피부에 얼마나 흡수가 일어나 자극을 유발하는지가 척도가 된다.

안전성을 위해 인체의 피부에 직접 도포하여 평가하기도 하지만, 사람마다 피부를 통해 흡수되는 양이나 반응이 다르므로 인체실험을 통해 정확한 평가를 하는 데는 어려움이 있다.

일반적으로 계면활성제의 분자량과 안전성과의 관계를 살펴볼 수 있다. 계면활성제의 분자량이 200~800 정도이면 자극이 크다. 분자량이 200보다 적으면 계면활성제로서의 기능이 거의 없고 분자량이 2,000 이상이면 피부를 통한 흡수가 거의 일어나지 않는다.

대부분의 계면활성제가 이 범위 내에 들기 때문에 계면활성제 복합이나 다른 물질과의 복합 등의 방법으로 계면활성제의 경피 흡수를 감소시킬 수 있는 방법이 강구되어야 할 것이다.

계면활성제의 피부 자극

① 이온성 계면활성제가 비이온성 계면활성제보다 자극이 높다.
② 계면활성제의 분자량이 200~800 정도일때 자극이 크다.
③ HLB가 10 부근일 때 자극이 가장 높다.
④ 에테르 타입이 에스터, 아마이드 타입보다 자극이 크다.
⑤ 친유부의 알킬사슬에 측쇄가 있을 때나, 친유기에 벤젠링을 갖는 구조일 때 자극이 크다.

최근 화장품용 계면활성제의 계면활성능을 높이면서 피부 안전성을 높이는 연구가 진행되고 있다. 피부 자극이 거의 없는 것으로 알려진 라우로일베타알라닌 같은 아미노산계 계면활성제가 개발되어 사용되며, 친수와 친유 부분을 2개씩 갖도록 하는 제미니 타입의 계면활성제로 아주 낮은 임계미셀농도와 우수한 세정력을 갖도록 한 계면활성제가 연구되고 있다.

이 밖에 천연물에서 얻어진 계면활성제나 단백질, 히아루론산 등을 도입한 고분자 계면활성제의 연구와 상품화가 이루어지고 있다.

이러한 안전성 문제는 사용되는 계면활성제 자체는 문제가 없다고 할지라도 다른 성분의 피부 흡수를 촉진시키거나, 방부제를 불활성화시키는 등 여러 가지 복합적인 문제가 있으므로 계면활성제의 선정은 여러 가지 측면을 다각적으로 검토하여 선정하여야 한다.

INSIGHT 계면활성제의 HLB(Hydrophile-Lipophile - Balance)

계면활성제는 친수기와 친유기를 갖고 있기 때문에 그 계면활성제가 친수성이 되는가 친유성이 되는가는 그 친수기와 친유기의 성질의 상대적 강도에 따라 결정된다. 이것을 HLB(Hydrophile-Lipophile - Balance)라고 한다.

HLB값은 계면활성제의 대략적인 성질을 아는데 유효하고 간편하게 활용된다. 그러나 HLB값은 어디까지나 여러 번의 유화 실험을 거쳐 경험적으로 구한 것이고 이론적으로 증명된 것은 아니기 때문에, 하나의 지표로서만 이해하는 것이 좋다.

계면활성제의 HLB값과 용도

HLB 범위	주요 용도
1.5~3	소포제
4~6	W/O 유화제
7~9	습윤제
8~18	O/W 유화제
13~15	세정제
15~18	가용화제

(4) 보습제

피부의 수분함량은 피부 탄력과 밀접한 관계를 가지고 있다. 화장품 제조에 사용되는 어떤 성분이 피부의 수분함량을 증가시켜 줄 것인가, 즉 보습제의 적절한 사용은 화장품의 품질을 결정하는 중요한 요소가 된다.

피부의 각질층에는 천연보습인자(NMF/ Natural Moisturizing Factor), 세포간지질이나 피지막이 존재하여 피부가 건조되는 것을 방지하여 준다. 그러나 나이가 들거나 또는 건조한 계절에는 이러한 피부 보습 시스템만으로는 각질층에 충분한 수분을 유지할 수 없으므로 화장품으로 그 역할을 보완해줄 필요가 있다.

특히 최근에는 수분을 지질의 라멜라 층에 포함시켜 오랫동안 피부에 남게 하여 보다 효과적인 보습력을 줄 수 있는 방향으로 연구되고 있다. 현재 화장품에 널리 사용되고 있는 보습제로는 흡습력이 있는 폴리올류, 천연보습인자 성분 및 수분을 함유할 수 있는 고분자 물질 등이 널리 사용되고 있다.

■ 글리세린

폴리올류로서 가장 널리 사용된다. 보습력이 다른 폴리올류에 비해 우수하나 많이 사용될 경우 끈적임이 심하게 남는 단점이 있다. 현재 화장품에 사용되는 글리세린은 3종류가 있으며 가장 널리 사용되는 것이 비누를 제조할 때 부산물로 얻어지는 것을 탈수·탈취하여 얻은 것으로 냄새 및 색상 등에서 우수하다.

이외에도 천연유지로부터 고온, 고압에서 수소 첨가하여 지방산을 제조할 때 얻어지는 글리세린도 널리 이용되고 있지만 비록 정제하더라도 비누를 정제할 때 얻어지는 글리세린에 비하여 냄새적인 측면에서 품질이 떨어진다.

이 밖에 에피 클로드에틸렌으로부터 물을 첨가하여 합성한 합성 글리세린은 순도 면에서 천연 글리세린보다 순수하나 가격이 비싼 단점이 있다.

■ 히아루론산

고분자 물질로서 보습제로 가장 널리 사용되며, 콘드로이친설페이트와 함께 포유동물의 결합조직에 널리 분포되어 있는 물질로서 세포 간에 수분을 보유하게 하는 역할을 한다. 초기에는 탯줄이나 닭 볏으로부터 추출하여 사용하여 고가였으나 최근 미생물로부터 생산하여 비교적 싼 가격에 가장 널리 사용되고 있는 고분자 보습 성분이다.

■ 세라마이드 유도체 및 합성 세라마이드

세라마이드 자체는 보습제는 아니지만 세라마이드가 다른 계면활성제와 복합물을 이루면서 피부 표면에 라멜라 상태로 존재하여 피부에 수분을 유지시켜주는 역할을 하며, 피부 방어 수단의 중요한 인자로서 작용하는 것을 최근 연구결과가 보고되고 있으며 화장품에 있어서 중요한 원료로서 인식되고 있다.

그러나 천연에서 추출하는 세라마이드는 가격이 비싸 실제 화장품에서 효과가 있을 정도로 많은 양을 사용하지 못하는 단점이 있다. 그래서 일부 회사는 이러한 세라마이드와 유사한 효과를 갖는 물질에 관하여 연구하고 있으며 이것은 이러한 물질들이 피부 표면에서 안정된 라멜라 형태를 유지하도록 함으로써 보습 효과를 높이고자 하는 것이다.

(5) 고분자 화합물

화장품에서 고분자 화합물을 사용하는 이유는 히아루론산이나 콜라겐과 같이 보습 등의 어떤 특징적인 기능을 부여하기 위해 사용되는 경우도 있지만 대개는 제품의 점성을 높여주거나, 사용감을 개선하거나, 피막을 형성하기 위한 목적으로 이용된다.

특히 유화 제품에서 적절한 고분자를 사용하면 유화 안정성을 크게 향상시키고 화장수 등에서 적절한 고분자 물질을 사용하면 특이한 사용감 갖게 할 수 있다. 네일에나멜, 마스카라 등의 제품에서의 필름 형성제의 적절한 선택은 제품의 품질과 직결된다. 화장품에 사용되는 많은 고분자 화합물 중 점성을 나타내는 점증제와 피막 형성제를 중심으로 살펴본다.

■ 점증제

화장품에서 점증제로 주로 사용되는 것은 대개 수용성 고분자 물질이다. 이러한 수용성 고분자 물질은 크게 유기계와 무기계로 나눌 수 있고, 유기계는 다시 천연물질에서 추출한 것과 이러한 천연물질의 유도체로 만든 것, 완전히 합성한 것으로 대별할 수 있다.

천연물질로서 주로 사용하는 구아검, 아라비아검, 로커스트빈검, 카라기난 전분 등의 식물에서 추출한 것과 산탄검, 덱스트란 등 미생물에서 추출한 것, 젤라틴, 콜라겐 등의 동물에서 추출한 것들이 사용되나 최근에는 동물에서 추출한 원료는 가급적 화장품에 사용하지 않고 있다. 이러한 천연물의 장점은 대부분 생체 적합성이 좋으며, 특이한 사용감을 갖는 것이 많다는 점이다. 그러나 단점으로는 채취 시기 및 지역에 따라 물성이 변하고 안전성이 떨어지는 경우도 있으며, 미생물에 오염되기 쉽고 공급이 불안정하다는 단점이 있다.

이러한 예로는 물에 분산되기 어려우며 분산 시 완전히 투명하게 되지 않는다는 단점에도 불구하고 끈적임이 거의 없고 매끄러운 사용감으로 최근까지 일부 스킨류나 에센스 등에 널리 이용되어 왔던 로카스트빈검이 최근 세계적으로 생산이 중단된 것 등을 예로 들 수 있다.

반합성 천연 고분자 물질로는 주로 셀룰로오즈 유도체가 사용되며 화장품에서 가장 널리 사용되는 것으로는 메틸셀룰로우즈, 에틸셀룰로우즈, 카복실메틸셀룰로우즈 등을 들 수 있다. 이러한 셀룰로우즈 유도체들은 비교적 안정성이 우수하여 사용이 용이하다는 장점으로 널리 사용되고 있다.

합성 점증제도 종류는 여러 가지 있으나 이 중에서 적은 양으로 높은 점성을 얻을 수 있는 카르복시비닐폴리머가 가장 널리 이용되는 점증제이다.

■ 필름 형성제

필름 형성제로서는 고분자의 필름 막을 화장품에 이용하기 위하여 사용되는 것으로 제품의 종류에 따라 여러 가지 다른 형태의 필름 형성제가 이용될 수 있다. 이러한 필름 형성제 외에 점증제도 다량 사용하면 모두 필름을 형성하는 성질이 있으므로 필름 형성제로서 사용이 가능하다. 일부 제품에서는 필름 형성제와 점증제와 혼합하여 이용하여 제품의 사용성과 필름의 성질을 바꾸는 목적으로도 쓰인다.

(6) 비타민

비타민은 영양학적인 관점에서 발견되어 이들의 기능과 결핍증에 관해서는 이미 많이 알려져 있다. 비타민은 크게 비타민 B, C와 같은 수용성 비타민과 비타민 A, D, E, F 등과 같은 지용성 비타민으로 나누어지며 이들은 생체 내에서의 저장 및 분해 등의 대사경로가 다르다. 특히 지용성 비타민인 경우 과도한 섭취는 오히려 부작용을 초래한다는 보고도 있다.

화장품에서 비타민의 사용은 오래전부터인데, 1960년대 국내에서 개발된 화장품의 중요한 활성 성분은 비타민과 호르몬이었다. 하지만, 각종 동식물 추출물, 생물공학적 기법으로 만든 원료 등 새로운 화장품 원료의 개발로 인하여 화장품에서 비타민이 꾸준히 사용되어 오기는 했으나 중요한 원료로는 인식되지 못하였다.

그러나 화장품에는 사용하지 못하지만 비타민 A가 의약품으로써 레티노익산을 사용한 제품이 피부의 잔주름을 감소시키는 것이 임상학적으로 입증되고, 비타민 E(토코페롤)가 피부 노화에 도움을 줄 수 있으며, 비타민 C(아스코르빌산)가 각질 박리 효과와 아울러 피부세포의 증식 촉진 및 콜라겐 생합성에 도움을 줄 수 있다는 보고들이 제출되면서 화장품에서 비타민을 사용하려는 연구와 노력이 새롭게 이루어지고 있다.

그러나 비타민은 수용액에서 극히 불안정하여 사용이 극히 제한적이어서 비타민의 안정화를 위하여 새로운 비타민 유도체를 합성하거나 또는 캡슐화 등을 통하여 안정하게 화장품에 사용하려는 연구도 이루어지고 있다.

■ 비타민 A(레티놀)

레티놀이라고도 하며, 지용성 비타민으로 영양학적으로는 성장 촉진과 야맹증 등에 효과가 있다. 화장품에서는 피부세포의 신진대사의 촉진, 피부 저항력의 강화, 피지 분비의 억제 효과 등이 있는 것으로 알려져 있다. 즉 화장품에서 피부 분화의 촉진, 자외선 등에 효과가 있는 것으로 알려지고 있으며 대략 사용량은 1,000~5,000IU/g 정도이다.

비타민 A는 극히 불안정한 물질로서 변질되기 쉬우므로 과거에는 주로 비타민 A 팔미테이트의 유도체로 사용되었으나, 이 물질 역시 안정도가 나쁘며 피부에 대한 효과가 적어서 최근에는 비타민 A 자체를 사용하려는 경향으로 바뀌고 있다. 비타민 A 자체도 보관 중 비타민 A의 활성은 점차 감소하는 것으로 알려져 있다.

비타민 A의 안정화를 위해 공기와 빛이 차단된 용기의 사용이라든지, 콜라겐 등으로 이들의 캡슐화한 원료를 사용한다든지, 가능하면 친유형 타입으로 하여 사용한다든지 하는 연구가 진행되고 있으나 아직도 비타민 A 자체를 완전 밀봉한 용기에 저장하지 않을 경우 충분히 안정화할 수 있는 기술은 개발되지 않고 있다.

■ 비타민 C

비타민 C는 수용성 비타민으로 영양학적으로도 가장 널리 알려진 비타민이다. 결핍되면 신체 면역력이 떨어지고 괴혈병이 생기는 것으로 알려져 있다. 화장품에서도 강력한 항산화작용과 콜라겐 생합성을 촉진하는 것으로 알려져 미백제품 등에 널리 사용되는 비타민이다. 그러나 강력한 항산화 작용으로 자체는 쉽게 산화되는 단점이 있어 비타민 C 자체를 화장품에 사용하기는 극히 어렵다.

그러므로 이를 지용화한 비타민 C 팔미테이트가 개발되어 사용되었고, 이후 비타민 C 포스페이트 마그네슘염이라는 비교적 안정한 수용성 비타민 C 유도체가 합성되어 사용되었다. 최근에는 비타민 C에 글루코스가 결합된 형태가 개발되어 있다. 그러나 최근 알파 하이드록시산 대신 비타민 C를 이용하고자 하는 연구도 진행되고 있다.

■ 비타민 E

수용성 비타민으로서 가장 널리 이용되고 있는 것이 비타민 C라면 지용성 비타민으로서 가장 널리 이용되고 있는 것은 비타민 E일 것이다. 비타민 E가 결핍되면 임신을 못하는 것으로 알려져 있지만, 지용성 물질의 강한 항산화 효과 때문에 지질 물질의 과산화 생성 예방에 대하여 더 많은 관심을 가지고 있다. 화장품에서는 비타민 E의 불안정 때문에 주로 비타민 E 아세테이트의 유도체 형태로 사용되어 왔으나 최근 들어 비타민 E 자체를 캡슐화 등을 통해 안정화시켜 사용하고자 하는 시도도 많이 이루어 지고 있다. 화장품에는 피부 유연, 세포의 성장 촉진, 항산화 작용 등이 사용 목적이다.

(7) 색재(Coloring Material)

화장품에 사용되는 색재(Coloring material)는 화장품에 배합되어 채색하기도 하고 피복력을 갖게 하거나 자외선을 방어하기도 한다. 주로 메이크업 화장품에 다량 배합되어 피부를 적당히 피복하거나 색채를 부여하여 건강하고 매력적인 용모를 만든다. 피부의 기미나 주근깨 등을 감추어 원하는 색상을 주고, 피지 등의 피부 분비물을 흡수해서 얼굴에 유분이 흐르는 것을 막아주어 아름답게 보이게 한다.

색재로 쓰이는 염료, 레이크, 안료나 천연색소는 유기합성색소, 무기안료, 진주광택안료, 고분자안료, 천연색소로 구분할 수 있다.

염료(Dyes)는 물이나 기름, 알코올 등에 용해되고, 화장품 기제 중에 용해 상태로 존재하며 색을 부여할 수 있는 물질을 뜻한다.

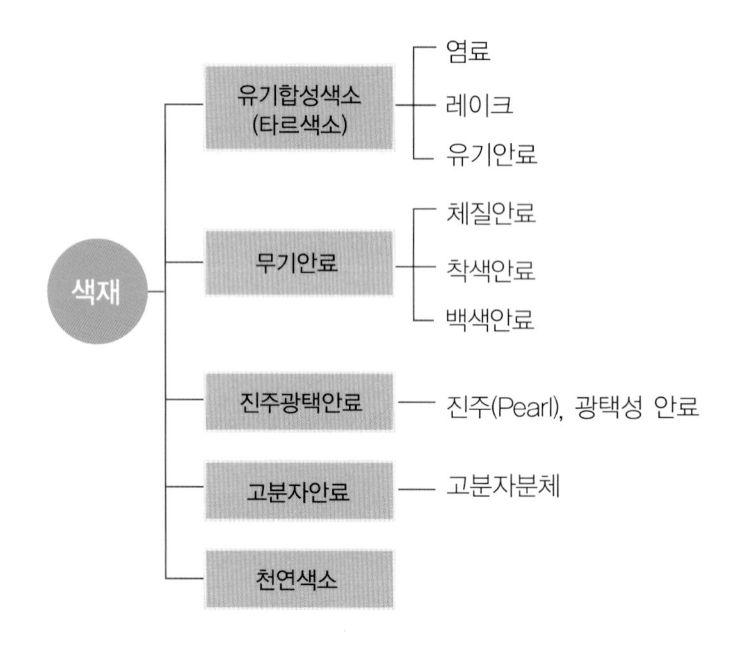

[그림 3.3] 화장품용 색재 분류

안료(Pigment)는 물이나 오일 등에 모두 녹지 않는 불용성 색소로, 무기물질로 된 무기안료(Inorganic pigment)와 유기물로 된 유기안료(Organic pigment)로 구분할 수 있다.

염료는 물이나 오일에 녹기 때문에 메이크업 화장품에 거의 사용하지 않고, 화장수, 로션, 샴푸 등의 착색에 사용된다.

메이크업 화장품의 경우에는 물이나 오일 등에도 녹지 않는 안료를 주로 사용하게 된다. 메이크업 화장품은 무기안료나 유기안료 등의 혼합 안료를 여러 가지 기제 원료에 분산시킨 것이다.

그런데 안료는 물성적으로는 도료, 잉크 등에 사용되는 공업 원료에 준하는 것인데 화장품은 인체 피부에 직접 도포하는 것이므로 안전성과 사용성 등 몇 가지 조건들을 충분히 충족시켜야만 화장품의 제조 원료로 사용될 수 있다.

화장품용 안료로서 사용되기 위해 필요한 일반적인 성질은 다음과 같다.

[화장품용 안료로서 필요한 일반적 성질]

① 법적 규격에 적합하여야 한다.

화장품 안료로서 인정된 원료이고 규격시험에 합격한 것.

② 안전성이 충분히 증명되어야 한다.

화장품은 직접 피부에 장기적이고 지속적으로 사용하는 것이므로 사용되는 안료의 안전성이 충분히 증명된 것이어야 한다.
피부에 대한 패취 테스트, 중금속 문제를 확인하고, 피부를 고려해서 pH도 약산성~중성이 바람직하다.

③ 미생물 오염이 없어야 한다.

미생물 오염으로 화장품이 경시에 따라 변질·변취를 일으키며 인체에 대해서도 해를 미칠 경우가 있으므로 멸균한 것을 사용한다.

④ 사용성이 우수하여야 한다.

화장품은 피부에서 부착성, 유연성, 지속성 등의 사용감이 중요해서 안료 자체가 이러한 성질이나 특성을 가지는 것이 좋다. 안료의 종류, 입자경, 입자 형태 등이 중요한 변수이다.

⑤ 냄새가 없어야 한다.

화장품에 있어서 향기는 중요한 특성이다. 향기에 영향을 주는 원료 냄새가 없는 것이 필요하다.

⑥ 촉매활성이 적은 것이 좋다.

화장품은 많은 성분들이 혼합되어 있어 장기간 사용에 따라 오일, 왁스, 향료 등에 영향을 미쳐 변취나 변질을 일으키지 않도록 안료 표면이 충분히 안정한 것이 필요하다. 경우에 따라서는 표면 처리를 해서 사용하는 등의 배려가 필요하다.

1 유기 합성 색소

화장품에 쓰이는 유기 합성 색소는 염료, 레이크, 안료의 3종류가 있다.

염료(Dyes)는 물에 녹는 것을 수용성 염료와 기름이나 알코올 등에 녹는 유용성 염료로 구분할 수 있다. 수용성 염료는 화장수, 로션, 샴푸 등의 착색에 사용되고, 유용성 염료는 헤어오일 등 유성화장품의 착색에 사용된다.

유기안료(Organic pigment)는 물이나 기름 등의 용제에 용해되지 않는 유색 분말로 색상이 선명하고 화려하여 제품의 색조를 조정한다.

레이크(Lake)는 물에 녹기 쉬운 염료를 칼슘 등의 염이나 황산 알루미늄, 황산 지르코늄 등을 가해 물에 녹지 않도록 불용화시킨 것이다. 레이크 안료와 염료 레이크의 2가지 종류가 있으나 사용상 엄밀한 구분 없이 립스틱, 블러셔, 네일 에나멜 등에 안료와 함께 사용한다. 레이크를 안료와 구분하지 않고 안료라고 부르기도 한다.

유기 합성 색소(Organic Synthetic coloring agent)는 석탄의 콜타르에 함유된 벤졸, 톨루엔, 나프타렌, 안트라센 등 여러 종류의 방향족 화합물을 원료로 하여 합성한 색소이므로 유기 합성 색소라고 명명한다. 그런데 원료가 콜타르에서 발단되었으므로 콜타르 색소(일명 타르색소)라고 하는데, 화장품에는 과거부터 수많은 타르 색소(염료, 안료)가 사용되어 오고 있다.

화장품의 안전성을 위해 안전성이 확인된 품목만을 화장품에서 사용할 수 있도록 허가하므로, 이를 법정색소라고 한다. 미국의 경우 눈 주위에 사용되는 화장품은 유기 합성 색소를 사용할 수 없다. 이는 일본이나 EU와는 크게 다른 것이다. 미국에서 판매되는 제품에는 FDA에서 허가받은 색소(Certified color)를 이용해야 하는 규제가 있다. EU의 경우에는 일본이나 미국과 비교하여 허가되는 색소의 수가 훨씬 많은데, 나라별로 허가되어 사용되는 색소가 다르다.

[표 3.3] 법정색소의 허용 분류

미국	EU
① 내용, 외용에 사용할 수 있는 색소 ② 내용에만 사용할 수 있는 색소 (화장품에 사용 불가) ③ 외용에만 사용할 수 있는 색소	① 내용, 외용에 사용할 수 있는 색소 ② 눈 주위에 사용되는 화장품을 제외한 모든 화장품에 배합해도 좋은 색소 ③ 점막에 접촉하지 않는 화장품에만 사용 가능한 색소 ④ 피부에 단시간만 접촉하는 화장품(세정제품)에만 배합 가능한 색소

INSIGHT 빛과 색(Color)

인간의 시각으로 감지되는 빛은 가시광선이다. 태양의 가시광선은 각 파장의 빛이 거의 같은 양으로 모여 있으므로 무색으로 감지되지만 프리즘에 통과시키면 파장의 빛이 분광되어 빨강, 주황, 노랑, 초록, 파랑, 남색, 보라색으로 나누어져 보인다.

그런데 색이란 무엇일까? 색은 빛 그 자체가 아니라, 파장의 빛이 시세포에 포착되고 각각의 파장의 자극에 의해서 색으로 인지되는 것이다. 즉 색은 '감각치' 라고 할 수 있다.

물체의 색은 물체의 구성 물질과 물체에 비춰진 빛의 종류에 따라 다르게 보인다. 즉 같은 물체라도 태양, 형광등, 백열등에서 다른 색으로 보이는 것이다.

물체에 빛을 비추면 빛은 ① 물체 표면에서 반사되는 부분 ② 물체 속으로 들어가 내부에서 반사되어 외부로 나오는 부분 ③ 물체에 흡수되는 부분 ④ 물체를 투과하는 부분으로 나누어진다.

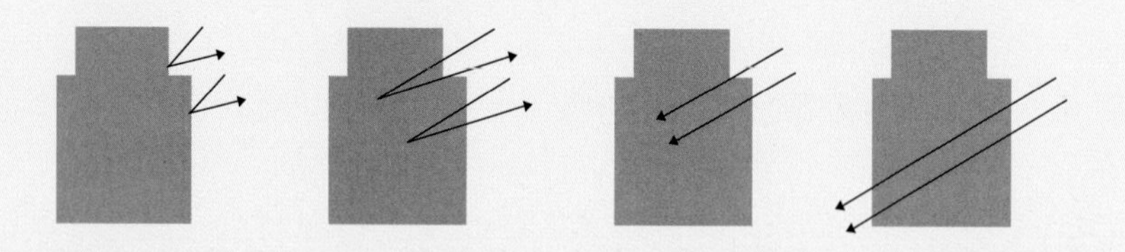

무채색은 빛을 분광시키지 않고 흡수하거나 반사하여 색상을 띠지 않는 색이고, 유채색은 일부의 색은 흡수하고 일부는 반사하거나 투과하여 색채를 나타내는 것이다.

색재(Coloring material)란 특정 파장의 빛을 흡수하거나 투과하는 화학물질이다. 안료와 염료의 색 발현을 예로 들면, 적색의 안료는 적색의 빛은 반사하고, 적색 이외의 빛은 흡수한다. 적색의 염료는 적색의 빛을 투과시키고, 적색 이외의 빛을 흡수한다.

2 무기안료

무기안료는 광물성 안료라고 한다. 예전에는 천연에서 생산되는 광물을 분쇄하여 안료로 사용해 왔다. 그러나 이들 물질은 불순물을 함유하거나 색상도 선명하지 못하고 품질도 안정되지 않아 현재에는 합성한 무기화합물을 주로 이용한다.

무기 안료는 색상의 화려함이나 선명도는 유기 안료에 비해 떨어지지만 빛이나 열에 강하고 유기 용매에 녹지 않으므로, 화장품용 색재로 널리 사용된다.

립스틱과 같이 선명한 색상이 필요한 경우 유기안료가 이용되고 마스카라의 색소는 무기안료가 주로 사용되고 있다. 무기안료는 체질안료, 착색안료, 백색안료 등으로 구분할 수 있다.

메이크업 화장품에서의 안료의 역할은 유기안료나 무기 착색안료로 제품의 색조를 조정하고, 백색안료로 색조외에 피복력을 조정하기 위해 사용된다. 체질안료나 그 밖의 분말은 안료의 희석제로서 색조를 조정함과 함께 제품의 유연성, 부착성, 광택 또는 그 제품의 제형을 유지할 목적으로 사용된다.

[표 3.4] 무기 안료의 사용 특성에 따른 분류

구 분	특 징
백색 안료	이산화티탄, 산화아연
착색 안료	황산화철, 흑산화철, 벤가라, 군청
체질 안료	탈크, 카올린, 마이카, 탄산칼슘, 탄산마그네슘, 무수규산
진주 광택 안료	운모티탄, 옥시염화비스머스
특수 기능 안료	질화붕소, 포토크로믹안료, 미립자 이산화티탄

① 체질안료(Extender pigment)

체질안료는 착색이 목적이 아니라 제품의 적절한 제형을 갖추게 하기 위해 이용되는 안료이다. 제품의 양을 늘리거나 농도를 묽게 하기 위하여 다른 안료에 배합하고, 제품의 사용성, 퍼짐성, 부착성, 흡수력, 광택 등을 조성하는데 사용되는 무채색의 안료이다.

체질안료란 바탕이 되는 안료, 즉 베이스(Base)가 되는 안료라는 뜻으로 이해하면 된다. 즉 그림을 그리는데 있어서 스케치북에 해당된다고 이해하면 된다.

마이카, 세리사이트, 탈크, 카올린 등의 점토광물과 무수규산 등의 합성 무기분체 등이 대표적인 체질안료이다.

[표 3.5] 체질안료의 특성

구분	특성
마이카	탄성이 풍부하기 때문에 사용감이 좋고 피부에 대한 부착성도 우수하다. 탄성이 풍부하기 때문에 뭉침 현상(Caking)을 일으키지 않고, 또한 자연스러운 광택을 주기 때문에 파우더류 제품에 많이 사용된다. 백운모가 대표적이다.
탈크	매끄러운 감촉이 풍부하기 때문에 활석이라고도 한다. 매끄러운 사용감과 흡수력이 우수하여 베이비파우더와 투웨이케익 등 메이크업 제품에 많이 사용된다.
카올린	피부에 대한 부착성과 땀이나 피지의 흡수력이 우수하지만 매끄러운 느낌은 떨어진다.

② 착색안료(Coloring pigment)

유기안료에 비해 색이 선명하지는 않지만 빛과 열에 강하여 색이 잘 변하지 않는 장점이 있어 메이크업 화장품에 많이 사용된다. 산화철이 대표적인데 적색, 황색, 흑색의 3가지 기본 색조가 있어 주로 3가지 색조를 혼합하여 사용한다.

③ 백색안료(White pigment)

백색안료는 피복력이 주된 목적이며, 이산화티탄과 산화아연이 있다. 이산화티탄은 굴절률이 높고 입자경이 작기 때문에 백색도, 은폐력, 착색력 등이 우수하고 빛이나 열 및 내약품성에도 뛰어나다. 초미립자 이산화티탄은 이산화티탄에 비해 착색력과 은폐력은 작지만 자외선 차단 효과는 우수하다. 산화아연은 자외선 차단 효과는 우수하지만 은폐력이 약하다.

④ 진주광택안료(Pearlescent pigments)

진주와 비슷한 광택이나 금속성의 광택을 주는 안료를 뜻한다.

16세기 프랑스에서 물고기(갈치) 비늘을 이용한 것이 최초이다. 이 진주광택 안료는 고가이며 안전성과 안정성에 문제가 있어 제한적으로 사용되다가 1965년 듀퐁사에서 운모에 이산화티탄을 코팅한 운모티탄이 개발되어, 현재는 운모티란 펄의 다른 방법에 의한 펄도 많이 합성되어 사용되고 있다.

QUIZ 립스틱에 지렁이가 들어가나요?

갈치 비늘과는 달리 지렁이는 단 한번도 화장품 제조에 이용된 사례가 없다. 당근, 토마토나 홍화, 연지벌레와 같은 천연색소의 경우에는 유액, 크림의 착색이나 블러셔, 립스틱 등의 착색에 이용되기도 한다. 하지만, 천연색소는 합성색소에 비해 착색력이 떨어지고 빛에 약할 뿐 아니라 원료 공급이 불안정해서, 유기 합성 색소가 사용된 이후 거의 쓰이지 않다가 최근 안전성이나 약리 효과 면에서 다시 검토되고 있다.

(8) 화장품 전성분 표시제

보건복지부는 2008년 화장품 소비자의 알권리 증진 및 부작용 발생 시 원인 규명을 쉽게 하기 위하여 화장품 용기 등에 화장품 제조에 사용된 모든 성분을 한글로 표시하는 '화장품 전 성분 표시 의무제' 를 도입하였다.

2008년 10월 18일부터 시행된 전 성분 표시제는 화장품 속 성분을 모두 표기하는 제도로 화장품 선진국에서는 오래전부터 시행되어 왔다. 이는 제조자로 하여금 화장품에 보다 안전한 원료를 사용할 수 있도록 촉진하여 품질향상에 도움이 될 것이며, 소비자는 화장품 표시 사항을 살펴 자신의 체질이나 기호에 맞는 상품을 선택함이 용이해질 것이다. 또한, 화장품 사용으로 인한 피부 부작용 발생 시 제품용기 또는 포장에 기재된 성분을 통해 전문가 상담을 거쳐 부작용의 원인규명을 쉽게 하고 신속히 대처할 수 있게 되었다.

성분은 함량순으로 표기되며 제일 앞에 표기된 것이 가장 함량이 많은 성분은 성분명 대신 '향료' 라고 표시하고, 알레르기 유발 가능성이 있는 아밀신남알 등 26개 성분이 화장품에 첨가될 경우 해당 성분명을 표시하도록 식품의약품안전청은 권장하고 있다.

그리고 50ml 이하 제품은 전 성분을 표시하기 어려워 타르색소, 보존제 등 일부 성분만 표시하고, 나머지 성분은 소비자가 쉽게 확인해 볼 수 있도록 업체 전화번호와 홈페이지 주소 등을 제품에 표시하도록 하였다.

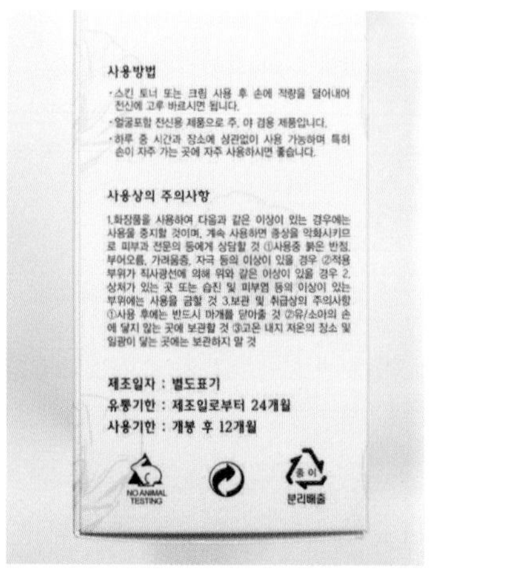

[그림 3.4] 전 성분 표시의 예

(9) 사용기한 또는 개봉 후 사용기간

(가) 사용기한은 "사용기한" 또는 "까지" 등의 문자와 "연월일"을 소비자가 알기 쉽도록 기재·표시하여야 한다. 다만, "연월"로 표시하는 경우 사용기한을 넘지 않는 범위에서 기재·표시하여야 한다.

(나) 개봉 후 사용기간은 "개봉 후 사용기간"이라는 문자와 "○○월" 또는 "○○개월"을 조합하여 기재·표시하거나, 개봉 후 사용기간을 나타내는 심벌과 기간을 기재·표시할 수 있다.

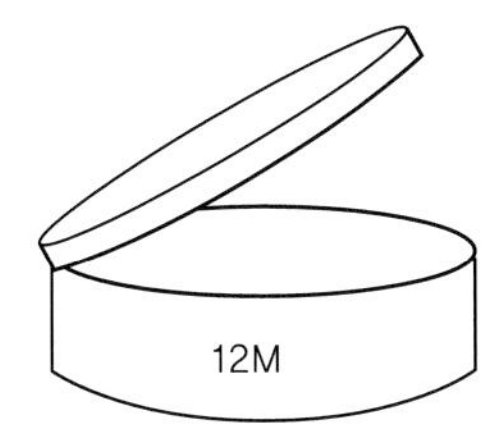

[그림 3.5] 개봉 후 사용기간이 12개월 이내인 제품(심벌과 기간표시) 예시

(「화장품법 시행 규칙」(별표 4) 화장품 포장의 표시 기준 및 표시 방법)

2. 화장품의 기술

하나의 화장품을 제조하기 위해서는 수성원료, 다양한 유성원료와 색소, 각종 기능성 원료가 혼합된다. 이처럼 성상이 다른 원료들을 적절히 혼합하여 알맞은 사용감과 제품에 필요한 유효 성능을 잃지 않고 얻어내기 위해서는 계면활성제의 작용이 필수적이며 이에 필요한 대표적인 화장품 제조 기술은 다음과 같다.

[그림 3.6] 화장품의 기술

1) 유화(Emulsion)

물과 오일처럼 서로 용해되지 않는 두 액체가 서로 섞여 우윳빛으로 백탁화된 것을 유화(에멀션, Emulsion)라고 한다. 즉 오일이 물에 입자 형태로 분산되어 있거나, 물이 오일에 분산되어 있는 상태를 말하며 크림, 로션 등과 같은 화장품 제형에 있어 중요한 기술 중 하나이다.

유화의 종류에는 유상이 수상에 입자 형태로 분산될 때를 수중유형(Oil in Water, O/W형) 유화라고 하며, 수상이 유상에 입자 형태로 분산될 때 유중수형(Water in Oil, W/O형) 유화라고 한다.

유화 형태	O/W형	W/O
연속상	물	오일
분산상	오일	물

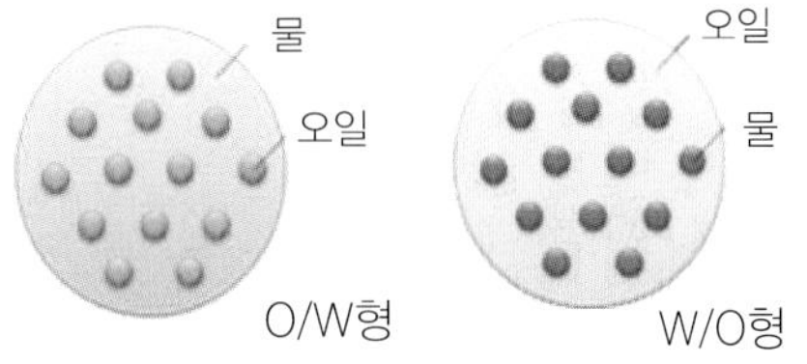

[그림 3.7] 유화 형태의 비교

O/W 유화가 다시 오일에 분산된 O/W/O형이나 이와 반대인 W/O/W형의 다중 유화(다상 에멀션, Multiple Emulsion)도 만들어진다. 이러한 다중유화는 다른 성분과 접촉하면 안정성 면에서 문제가 있는 약물의 전달 등의 연구로 최근 인지질의 이중막 내에 약물을 내포시켜 약물 전달 수단으로 사용하려는 리포솜 같은 새로운 제형의 한 방편으로 연구되고 있다.

에멀션이 우윳빛으로 보이는 이유는 분산매(물 또는 오일)와 분산상(유화입자, 오일 또는 물)의 굴절률이 다르고, 분산상의 입자도 0.1㎛보다 크기 때문이다.

만일 굴절률이 동일하면 입자경이 큰 에멀션도 투명하게 보인다.

일반적으로 매크로 유화(Macroemulsion)는 입자 크기가 대략 0.4㎛로 현탁되게 보이며, 마이크로 유화 (Microemulsion)는 입자 크기가 0.1㎛이하로 투명하게 보인다. 입자경이 대략 0.1~0.4㎛ 사이에 있는 청색-백색을 띤 약간 투명감이 있는 유화 상태를 미니 유화(Miniemulsion)로 부르기도 한다.

2) 가용화(Solubilization)

가용화란 물에 녹지 않거나 부분적으로 녹는 물질이 계면활성제에 의해 투명하게 용해되어 있는 상태를 말한다.

수용액에서 계면활성제의 농도가 어느 정도 증가하면 계면활성제의 분자나 이온이 회합체를 형성하게 된다. 이를 미셀(micelle)이라고 하는데, 물에 녹기 어려운 오일, 향료 등의 성분이 미셀(micelle) 속으로 들어가서 미세한 입자로 분산된다. 미셀의 크기는 유화입자보다 미세한 0.5㎛이하로 매우 작기 때문에 가용화 제품은 빛이 통과되어 투명하게 보인다.

가용화 기술은 화장수, 에센스, 향수 등 화장품 분야에서 널리 응용되고 있는 기술 중의 하나이다.

미셀이 형성되는 농도를 임계미셀농도(cmc : critical micelle concentration)라고 부른다. 가용화는 임계미셀농도 이하에서는 일어나기 어렵다.

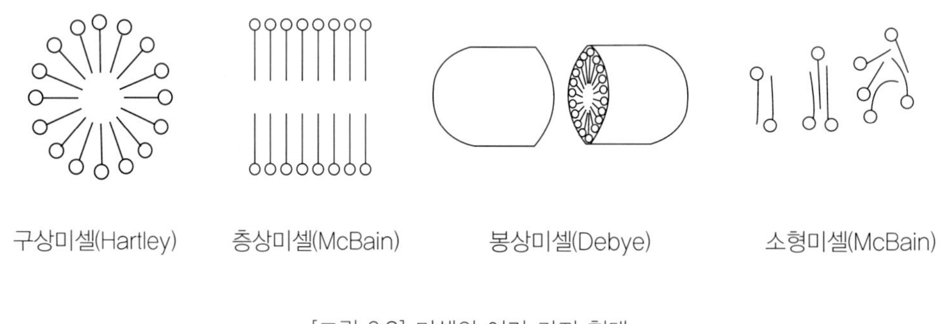

[그림 3.8] 미셀의 여러 가지 형태

3) 분산(Dispersion)

분산이란 물 또는 오일 성분에 미세한 고체 입자가 계면활성제에 의해 균일하게 분포된 상태를 뜻한다.

분산계는 도료, 잉크, 고무, 화장품, 의약품, 고분자 공업, 종이 코팅 등 여러 공업 분야에 널리 이용되고 있다.

고체 입자의 크기에 따라 대략 1~10㎛ 정도의 입자가 분산된 계를 콜로이드(colloid)라 하며, 100㎛ 상의 입자가 분산된 계를 서스펜션(suspension)이라 부른다. 네일 에나멜은 서스펜션이다. 마스카라와 파운데이션은 분산의 예이다.

INSIGHT 분산(Dispersion)과 안정화

분산(dispersion)이란 넓은 의미로 분산매에 어떤 분산상(입자)이 퍼져 있는 현상이다.

분산매는 기체, 액체, 고체의 어느 상(phase)이어도 되고, 분상상은 기체, 액체, 고체뿐만 아니라 독립된 분자나 이온도 가능하다.

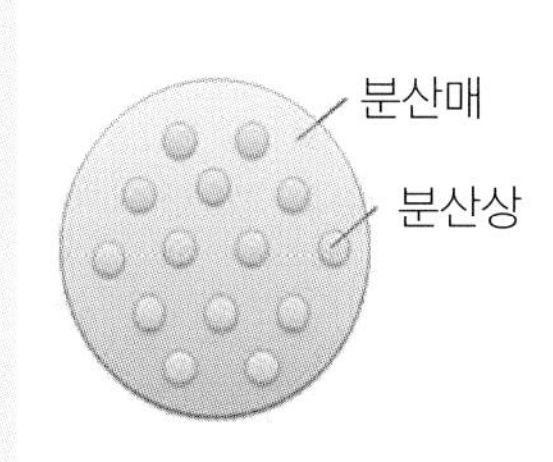

따라서 유화(emulsion)나 가용화(solubilization)도 모두 광의의 의미로 분산의 일종이다.

유화(에멀션, emulsion)는 액체가 액체 속에 분산된 경우이며, 기체가 액체 속에 분산된 경우는 기포(foam)라고 한다.

가용화도 유화처럼 액체가 액체 속에 분산된 경우이지만, 분산상에서 계면활성제의 분자나 이온이 집합을 만들어 미셀(micelle)을 형성하여 투명하게 보인다. 이런 회합체는 열역학적으로 평형 상태이므로 안정화되어 있다.

그러나 유화나 기포 상태의 경우에는 분산매와 분산 입자 사이에 계면이 존재하며, 완전히 분리되어 있는 상태보다도 계면이 크다. 그래서 큰 자유 에너지를 지니게 되므로 불안정한 상태이다. 따라서 언젠가는 유화는 분리되어 원래의 2층상으로 될 것이다.

결국 유화는 분리되게 마련이므로 유화를 다루는 기술자에게 있어 유화 제품을 원하는 기간 동안 안정화시킬 수 있도록 만드는 것이 중요한 과제 중의 하나이다.

좁은 의미의 분산의 경우, 고체 입자가 액체 속에 퍼져 있는 상태에 국한하고 있는데, 유화계와 마찬가지로 이 역시 열역학적으로 불안정하다.

분산된 고체 입자의 크기를 가능한 미세한 입자로 하면 안정성과 제품의 품질이 향상된다.

또, 입자를 분쇄할 때 계면활성제를 첨가하여 분쇄하면, 계면활성제가 입자의 표면에 흡착되어 파쇄 기간을 단축하고, 입자가 분산매에 쉽게 습윤되어 분산성이 좋아지며, 각 입자끼리의 뭉쳐 가라앉는 것을 방지해준다. 또는 입자의 표면을 다른 물질로 코팅하여 성질을 변화시킴으로써 분산의 안정성을 높이기도 한다.

화장품의 종류

4:

생명체를 외부로부터 보호해주는 아주 중요한 기관인 피부가 연령 증가와 환경의 영향으로 그 작용이나 구조가 균형을 잃게 되므로, 이에 피부의 불균형을 지연시키고 피부가 정상적인 본래의 기능을 수행할 수 있도록 도와주기 위해 사용하는 화장품이 기초화장품이다.

1. 기초 화장품

우리의 피부는 본래부터 건강하게 피부를 유지하는 기능을 갖추고 있다. 각질세포의 각화 과정이나 멜라닌 색소에 의한 피부보호, 피지막이나 세포간지질, 천연보습인자(NMF)에 의한 피부의 보습, 진피층의 인지질과 기질의 수분 보유능 등 인체 피부가 담당하는 자연적인 피부 보호 기능과 보습 매커니즘이 있다.

그러나 노화의 과정이나 자외선, 산화, 건조 등 피부 유해 환경에 노출되면서 피부는 변화하며 기능이 저하된다. 피부의 노화가 진행되면서 피부세포의 기능이 저하되고 각질 턴오버(turn-over)가 느려지며, 각질층의 NMF와 피지 분비는 감소한다. 진피층의 콜라겐, 엘라스틴이 약화되고 히아루론산 등의 친수성 성분이 줄어든다. 이로 인해 피부는 점점 탄력을 잃고 건조해지며 경화된다.

이렇게 생명체를 외부로부터 보호해주는 아주 중요한 기관인 피부가 연령 증가와 환경의 영향으로 그 작용이나 구조가 균형을 잃게 되므로, 이에 피부의 불균형을 지연시키고 피부가 정상적인 본래의 기능을 수행할 수 있도록 도와주기 위해 사용하는 화장품이 기초 화장품이다.

그런데 인체는 외부 환경 변화에 대해 안정된 상태를 유지하려는 항상성(homeostasis)을 지니고 있다. 몸에 병이 낫는 것도 생체 내의 항상성 유지 작용에 의한 것이다. 피부의 항상성 유지 기능이 충분히 작용하지 못할 때 화장품을 통해 보완함으로써 피부 보습 항상성을 유지하여 건강하고 아름다운 피부를 유지할 수 있다.

외부 환경이나 연령 증가에 따라 감소하는 수분, 지질, NMF에 상당하는 물질을 화장품을 통해 보완함으로써 피부 보습의 항상성을 유지하는 것이 모이스처 밸런스(moisture balance)의 개념이다.

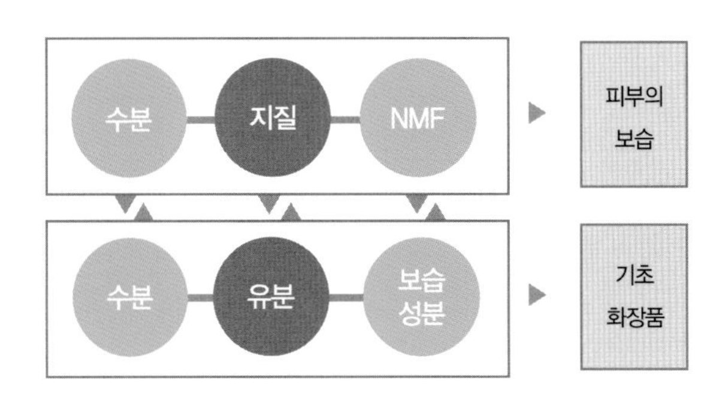

[그림 4.1] 모이스처 밸런스 개념

기초 화장품은 수분-유분-보습 성분의 균형을 적당히 유지함으로써 피부 상태를 개선하고 피부 트러블을 미연에 방지하도록 도와주는 역할을 한다.

피부 보습이나 보호 인자들의 기능을 보완하여 피부 항상성 기능을 유지하고 피부 회복을 도와 건강하고 아름다운 피부를 유지하도록 도움을 주며, 피부노화를 지연시키고 피부 트러블을 해소시켜주는 작용을 하는 것이 기초 화장품의 궁극적인 목적이다. 기초 화장품의 목적과 주요 기능은 다음과 같다.

[표 4.1] 기초 화장품의 목적과 기능

목 적	주요 기능
피부를 청결히 한다.	세정(cleansing)과 청결(clearness)
피부의 모이스처 밸런스를 유지한다.	보습(Moisturizing)
피부의 신진대사를 촉진한다.	항산화(Anti-Oxidation)
자외선으로부터 피부를 보호한다.	자외선방어(Anti-Sunlight)
피부 트러블에 대응한다.	미백(Whitening) 주름과 처짐의 개선 (Anti-Wrinkle & Lifting) 여드름 방지(Anti-Acne)

QUIZ 동안 만들기, 실제 나이보다 얼마나 젊게 보일 수 있을까요?

피부 상태나 피부 손질 정도에 따라, 통상적으로 25세의 경우 실제보다 2세, 40세의 경우 5세, 65세의 경우 8세 정도까지 더 늙거나 더 젊게 보일 수 있다는 보고가 있다. 물론, 향후 화장품이나 의학 기술의 발전으로 편차의 범위가 극대화될 가능성을 전적으로 배제할 수는 없을 것이다.

- 25세 - 23세~27세
- 40세 - 35세~45세
- 65세 - 57세~73세

나이가 들수록 개인의 체질이나 선천적 특성, 라이프 스타일, 피부관리 정도에 따라 개인간 편차가 커져서 65세 정도에는 15년 이상의 차이가 발생할 수 있다.

1) 기초 화장품의 종류 및 특성

(1) 세안용 화장품

피지나 각질, 화장품은 피부를 보호하지만 시간이 흘러 피부 표면에 오래 존재하게 되면 피지나 각질, 땀이 쌓여 산패되거나 미생물이 작용하는 등 피부 건강의 저해 요인이 된다. 또 모세혈관이 수축되어 혈액순환이 잘 되지 않으며, 모공이 막히게 되어 피부의 신진대사에 필요한 산소와 영양분의 공급이 제대로 이루어지지 못한다.

그러므로 과잉의 피지나 노폐 각질, 땀의 잔여물 등 피부 생리의 대사산물이나 먼지나 오염, 메이크업 잔유물 등을 효과적으로 제거하는 것이 중요하다.

그러나 지나친 세정과 탈지는 피부가 필요로 하는 정상적인 피지나 NMF 성분, 각질층까지 손실시켜 오히려 피부보습이나 보호 기능을 떨어뜨리는 나쁜 결과를 초래할 수도 있다.

따라서 피부에 불필요한 유해물질은 제거하면서 피부에 유익한 물질이나 조직에는 영향을 미치지 않는 것이 중요하다. 피부 표면층에서 제거해야 할 오염물질의 특성(먼지, 땀, 피지, 메이크업의 정도 등)에 따라 적절한 세안제를 선택하여 자신의 피부 타입과 피부 상태를 고려한 올바른 세안법으로 세정하는 것이 필요하다.

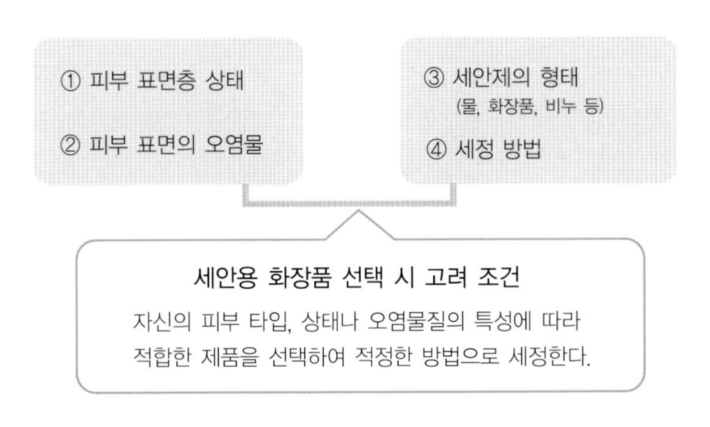

[그림 4.2] 세안용 화장품 조건

예를 들면 진한 화장이나 내수성이 강한 메이크업 제품 사용 후에는 에멀션 타입 등의 유성 세안제로 오염을 제거하고 수성 세안제를 사용하는 것이 좋지만, 가벼운 화장을 지울 때에는 클렌징 워터나 티슈 타입만으로도 충분하다. 또 마스카라나 아이라인 화장을 한 경우에는 전용 리무버로 지운 후에 피부 클렌징하는 것이 필요하다.

피부 상태에 따라서는 민감한 피부에는 자극이 없고 보습제와 에몰리언트제가 풍부한 타입의 세정제를 사용하는 것이 좋고, 여드름 피부는 노후 각질이나 피지를 효과적으로 제거할 수 있는 제품을 선택하고, 아토피 피부는 닦아내는 타입보다 물로 씻어내는 타입 등의 적절한 선택이 필요하다.

세안 화장품은 재료의 특성에 따라 크게 물을 더해 손바닥에서 거품을 내어 사용하는 계면활성제형 타입(수성 세안제)과 얼굴에 충분히 문지른 후 닦아내거나 물로 헹궈내는 용제형 타입이 있다.

[표 4.2] 세안 화장품의 제형별 분류

제 형	종 류	특 징
계면활성제형 (씻어내는 타입)	클렌징 폼	피부에 자극이 없어 민감하고 약한 피부에 효과적이다. 보습제와 에몰리엔트제가 풍부하게 함유되어 있어 당기거나 건조해지는 것을 방지한다.
	페이셜 스크럽	미세한 알갱이 모양의 스크럽제가 연마제 역할을 한다. 쉽게 제거되지 않는 모공 속 깊숙이 있는 더러움과 오래된 각질을 제거해준다.
용제형 (닦아내는 타입)	클렌징 크림	피부에서 분비되는 피지나 메이크업 찌꺼기 등 불순물을 제거해 준다.
	클렌징 로션	클렌징 크림에 비해 사용감이 산뜻하다.
	클렌징 오일	메이크업 제거 능력이 뛰어나며 피부의 보습막을 보호하는 기능이 우수하다. 클렌징 크림의 메이크업 제거와 폼 클렌저의 물 세안의 장점을 취한 제품이다.
	클렌징 워터	화장수 타입으로 가벼운 메이크업에 적절하다.
	클렌징 젤	수성과 유성의 두 가지 타입이 있으며 유성의 경우 다량의 유분과 계면활성제를 함유하여 세정력이 높다.

(2) 화장수(Skin Lotion, Toner)

피부의 윤기를 유지하기 위해서는 수분이 매우 중요하다. 대개의 화장수는 피부 수분량을 조절하고 보습 능력을 도와주는 것을 목적으로 한다. 그래서 화장수는 수분이 침투하기 쉽도록 하거나, 수분이 손실되지 않도록 처방되어 각질층의 수분량을 정상적인 상태로 유지하도록 돕는다.

또 세정 후 피부 표면의 pH를 약산성으로 유지하도록 도와준다. 본래 피부의 pH는 4.5~5.5 정도의 약산성인데, 수성 세안제인 비누나 폼 클렌징 등은 알카리성이기 때문에 세안을 하고 나면 피부가 일시적으로 알카리성으로 바뀌게 된다. 건강한 피부는 약 3시간 정도면 본래의 pH로 돌아가지만, 이러한 피부의 완충능의 기능을 도와주기 위해서 약산성 화장수를 사용하면 효과적이다. 화장수의 경우 대개가 pH 5.0~5.5 정도이다.

화장수는 세안 후 pH 조절이나 피부 정돈뿐만 아니라 피지나 땀의 과잉 분비를 정돈하기 위해서도 이용된다. 피부에 긴장감을 주는 수렴용 화장수가 여름철에 많이 사용되는데, 반대로 피지선의 활동을 활성화하는 처방이 활용되기도 한다.

■ 화장수의 역할

① 수분 공급	보습 효과, 피부를 부드럽고 촉촉한 상태로 유지
② pH 조절	피부 표면의 pH를 약산성으로 유지
③ 피부 정돈	피지나 땀 분비 정돈
④ 세정	가벼운 화장이나 피부 오염 제거, 피부 청결 유지

QUIZ 스킨 토너를 바를 때는 꼭 화장솜을 써야 할까요?

결론적으로 말하면, 맨손으로 스킨을 발라도 되고 화장솜을 이용해서 발라도 된다. 피부가 연약하거나 피부의 부담을 줄이고 더 강한 보습감을 느끼고 싶다면 손으로 직접 바르며 가볍게 얼굴 전체를 손바닥으로 감싸 흡수시키면서 사용하는 것이 좋다. 또 묵은 각질을 관리하고 싶거나 산뜻한 사용감을 원한다면 화장솜을 이용하여 사용하는 것도 좋다. 화장수는 크게 피부 각질층에 수분을 공급하고 피부를 유연하게 하는 유연 화장수와 모공 축소과 피지 분비 억제 작용을 목적으로 하는 수렴 화장수, 세정을 목적으로 하는 세정용 화장수로 구분할 수 있다.

화장수는 크게 피부 각질층에 수분을 공급하고 피부를 유연하게 하는 유연 화장수와 모공 축소와 피지 분비 억제 작용을 목적으로 하는 수렴 화장수, 세정을 목적으로 하는 세정용 화장수로 구분할 수 있다.

[표 4.3] 화장수의 종류 및 특성

유연 화장수	보습제, 유연제 함유, 각질층 수분을 공급하고 피부를 유연하고 부드럽게 한다.
수렴 화장수	각질층 보습외에 수렴작용, 피지 분비 억제작용을 가지며 아스트린제트 또는 토닝 로션, 토닝스킨 등으로 불린다. 알코올이 배합되어 피부에 청량감을 주고 소독작용을 부여, 비타민 B_6과 같은 피지 억제 성분 배합된다.
세정용 화장수	가벼운 화장이나 피부 오염을 제거하고 피부를 청결하게 유지하기 위해 사용. 피부가 약해 클렌징 폼 등의 사용을 꺼리거나, 간편함을 추구하는 사람에게 적당하다. 단, 세정 효과를 높이면 계면활성제의 양이 많아져서 사용 감촉이 끈적이게 된다.

화장수는 피부 타입이나 사용감에 따라 여러 제품들이 있으며 산뜻한 촉감에서부터 촉촉함을 중시한 유액에 가까운 것, 배합 성분이 농축된 것까지 다양하며 여러 가지 명칭으로 불리고 있다.

(3) 유액(Lotion, Emulsion)

로션은 화장수와 크림의 중간 형태의 점성을 갖는 제품으로 보통 유분량이 적고 유동성을 갖는 에멀션 형태의 제품이다.

로션은 피부의 모이스처 밸런스를 유지하는데 중요한 수분, 유분, 보습 성분을 공급하여 피부를 부드럽고 촉촉한 상태로 유지시키는 기능을 한다.

로션의 구성 성분은 크림과 유사하지만 대부분 유분이 30% 이하인 O/W형의 유화 타입을 가진다. 크림에 비해 점도가 낮고 수분이 많은 상태이기 때문에 피부에 산뜻하게 퍼지고 쉽게 스며든다.

로션은 사용 목적에 따라 모이스처 로션, 클렌징 로션, 마사지 로션, 선블록 로션, 핸드로션, 바디로션 등 다양한 제품들이 있다. 또, 로션의 제형에 따라 다음과 같이 나누어진다.

[표 4.4] 유액의 제형별 특징

구분	종류	기능 및 특징
제형별 분류	O/W 에멀션	가볍고 산뜻한 사용감
	W/O 에멀션	보습 효과 우수
	W/O/W 에멀션	사용감, 보습 효과 우수
	S/W 에멀션	부드럽고 산뜻한 사용감 부여
	W/S 에멀션	가벼운 사용감, 유효 성분 안정성, 안전성 우수

(4) 크림(Cream)

크림은 로션과 같은 에멀션의 일종이다. 반고형상인 크림상으로 굳어 있기 때문에 로션에 비해 안정적이고 유분과 수분, 보습 성분 등을 많이 함유할 수 있어서 오랫동안 대표적인 기초 화장품으로서 존재해왔다.

통상 로션과 크림은 점도를 기준으로 구분한다. 실온에서 유동성이 높으면 로션이고, 적으면 크림으로 분류하지만, 요즘에는 점도가 낮고 오일이 함유되지 않은 크림도 개발되는 등 로션과 크림의 경계가 불투명해지는 경향이 있다. 크림의 구성 처방은 로션과 거의 유사하며 다만 점도를 높여주기 위해 왁스, 고형 타입의 유성 성분이나 고분자 물질, 점증제를 좀 더 사용하게 된다.

피부 보습이나 유연 이외에 혈행 촉진, 세정, 클렌징 등의 기능을 갖는 제품도 많으며, 여러 가지 물질을 첨가하여 미백, 노화 방지, 자외선 방어 등 그 목적에 따라 다양한 기능을 가진다.

[표 4.5] 크림의 종류와 기능

사용 목적	종류	기능
세정	클렌징 크림	피부 세정, 메이크업 제거 효과 우수
	마사지 크림	각질 연화, 혈행 촉진
보습	데이 크림	낮 동안 자외선과 외부 환경으로부터 피부 보호 메이크업 잘 받고 오랫동안 지속되도록 도와줌
	나이트 크림	낮 동안 피로해진 피부에 휴식과 충분한 유·수분 공급
	핸드 크림	거칠어지기 쉬운 손과 손톱에 충분한 보습을 주어 손이 쉽게 트지 않도록 해줌
기능	안티링클 크림	노화피부의 개선 혹은 노화 지연의 목적으로 사용
	화이트닝 크림	기미, 잡티, 주근깨, 검버섯 등의 색소 침착을 완화시킴
	아이 크림	주름이 생기기 쉬운 눈 주위의 피부에 보습과 탄력을 줌
	선 크림	자외선 차단
	선탠 크림	피부를 손상 없이 골고루 태우게 함
	셀프 탠닝 크림	자외선 없이 피부 표면에 살짝 태닝을 한 효과를 줌

크림은 유화의 형태에 따라 크게 O/W형과 W/O형 등으로 나눌 수 있다.

O/W형 크림은 사용할 때 W/O형 크림에 비해 시원함, 보습성, 촉촉함을 더 느끼게 한다. 반면에 W/O형은 O/W형에 비해 유분감이 많고 지속성이 우수하다. 최근 실리콘 오일을 사용하여 W/S 형태의 크림이 출시되고 있는데, 이 제품의 장점은 가벼운 사용감과 유분감이 적은 것이다.

INSIGHT 미인은 잠꾸러기

우리 몸의 재생 활동이 가장 왕성하게 일어나는 시기는 밤 10시부터 새벽 2시까지이다. 그래서 이 시간에는 잠을 푹 자는 것이 좋다.

현대의 바쁜 생활 속에서 이 시간에 잠자리에 들기에는 어렵지만, 늦어도 자정 전에는 잠을 자야 건강을 유지할 수 있다.

이 시간 동안 잠을 푹 자야 몸의 모든 세포들은 노폐물을 배출하고, 새로운 영양을 받아들임으로써 세포분열을 하고, 다음날 활동할 수 있는 새로운 힘을 축적할 수 있게 된다. 대부분의 새포 재생 활동이나 에너지의 재출전은 잠을 자는 동안에 일어난다.

INSIGHT 보습제의 종류

화장품에 사용되는 보습제는 크게 모이스처 라이저, 휴멕턴트, 에몰리언트로 분류할 수 있다.

모이스처 라이저(Moisturizer)는 피부에 수분을 보충하거나 유지하도록 하는 성분으로 때로는 화장품 제품명으로 널리 쓰인다. 피부의 수분 증발을 막아주며, 또 피부에 수분을 공급하여 피부에 유연성과 부드러움을 제공한다.

수분을 공급하는 기능에 초점을 두면 급습제이고, 수분을 보유하고 유지하는 기능에 초점을 맞추면 보습제이다.

대표적인 보습제는 폴리올류, 천연보습인자 성분, 수분을 함유할 수 있는 고분자 물질 등이 있다.

휴맥턴트(Humectant)는 흡습제이다. 수분을 끌어당기기 때문에 화장품뿐만이 아니라 식품 첨가물, 플라스틱 코팅, 담배 제조에도 사용된다. 화장품에 사용되면, 공기 중의 수분을 끌어당겨 오랫동안 피부에 머물도록 보존 저장하는 기능을 갖고 있다.

만일 주변환경에 수분이 부족하면 보습 효과가 떨어질 수 있을 뿐만 아니라 오히려 피부의 수분을 빼앗아 피부를 거칠고 메마르게 할 수 있다. 휴멕턴트는 유분기가 없는 성분으로 글리세린, 프로필렌글리콜, 글리세릴트리아세테이트 등이 널리 쓰인다.

에몰리언트(Emollient)는 연화제, 유연제라고 불린다. 이는 피부 표면의 수분 증발을 차단하는 막을 만들어서 피부를 부드럽게 한다. 수분을 흡수, 흡인하는 기능은 없고 수분이 천천히 증발되도록 함으로써 피부를 부드럽게 한다. 피부가 수분을 잃지 않으면 부드럽고 촉촉하고 매끄럽게 유지될 것이다. 건성피부에 매우 좋으나 복합성이나 지성피부에는 트러블을 일으킬수 있다. 오일이나 왁스 등이 대표적이며, 동물성 오일(라놀린, 에뮤, 밍크), 미네랄 오일, 식물성 오일, 코코아 버터, 지방성 알코올 등이 있다.

(4) 젤(Gel)

젤은 그 색깔이 투명 또는 반투명하고, 로션이나 크림보다 촉촉하고 산뜻한 느낌을 준다. 이러한 특성 때문에 과거에는 촉촉하고 상쾌한 느낌을 살리기 위해 주로 지성피부를 위한 여름용 기초화장품으로 사용되었다.

수성 젤은 수분을 다량 함유하고 있으므로 피부 보습 기능과 함께 시원한 느낌을 주는 기초 화장품이며, 가벼운 메이크업을 지우는 클렌징으로 사용된다.

(5) 에센스(Essence)

과학의 발달 및 문화생활 수준의 향상과 함께 화장품 분야에서도 새로운 장르의 제품들이 출시되어 큰 시장을 형성하고 있는데, 대표적인 것 중 하나가 에센스 제품이다.

에센스(Essence)는 '농축되어 있다'는 말에서 느껴지는 이미지와 잘 고안된 외장에서 비롯되는 간편함 등 소비자의 라이프 스타일의 변화에 따라 커다란 시장을 형성하며 발전해오고 있다. 또 기술적인 각종 보습 성분이나 기능성 유효성분(미백, 세포활성 성분 등)을 많이 함유하고 있는 특징이 있다.

보통 미용액 또는 컨센트레이트(concentrate)라고도 하는데, 유럽에서는 세럼(serum)이라는 이름으로 불린다.

사용 시 화장수나 유액 등과는 다른 느낌을 주기 때문에 화장수나 유액, 크림만으로 부족하다고 느끼는 점을 보완해주며, 피부를 보호하고 영양분과 수분을 공급하는 고농도의 성분을 함유하여 보습과 미백, 노화 방지 등에 우수한 효과를 보이는 기초 화장품이다.

에센스는 특정 기능이 뛰어나거나 다기능을 겸비하거나 혹은 다목적으로 사용되는 등 부가가치가 높은 화장품이다.

일반적으로 에센스는 화장수 타입, 유화 타입, 오일 타입, 젤 타입 등으로 구분할 수 있다.

(6) 팩(Pack)

팩이란 패키지(package, 포장하다 또는 둘러싸다)에서 유래된 말로, 용어 그대로 얼굴을 둘러싸 도포한 후 일정 시간이 지나면 떼어내거나 물이나 티슈로 닦아내는 화장품을 뜻한다. 팩의 역사는 아주 길어서 고대 이집트 시대부터 사용된 기록이 있다. 유럽에서는 주로 마스크(mask)라고 부른다.

팩은 얼굴뿐만 아니라 목이나 어깨, 팔, 다리 등 전신용으로도 사용되며, 각질층에 수분을 보급하고, 피부 표면의 오염을 제거하며 혈행을 촉진시킨다.

팩의 주요 기능은 다음과 같다.

- 보습작용 : 팩제에 들어있는 수분, 보습제, 유연제 및 팩의 차폐 효과(Occlusive Effect)에 의해 피부 내부로부터 올라오는 수분에 의해 각질층이 수화(水化)되고 유연해 진다.
- 청정작용 : 팩제의 흡착 기능으로 피부 표면의 오염을 제거해 주어 우수한 청정 효과가 있다. 필오프 타입의 팩은 각질을 제거해 주는 효과가 있기 때문에 너무 자주 사용하면 정상적인 각질까지도 손상시키므로 주 1~2회 사용이 바람직하다.
- 혈행촉진작용 : 피막제와 분말의 건조 과정에서 피부에 적당한 긴장감을 부여하며, 건조 후 일시적으로 피부 온도를 높여 주어 혈행을 촉진한다.

팩에는 일정 시간이 지난 후 얼굴에서 떼어내는 필오프형(peel-off type)과, 크림처럼 얼굴에 바른 후 미용티슈로 닦아내는 티슈오프형(tissue-off type), 머드(mud)나 젤 등 물로 씻어내는 워시오프형(wash-off type), 패취 형태로 피부에 붙였다가 떼어내는 쉬트 타입(sheet type) 등 다양한 형태의 제품들이 있다.

필오프형(peel-off type) 팩은 피부 표면에 바른 후 필름 형성제가 굳기까지 어느 정도 시간이 경과해야 하기 때문에 일상적인 화장에서 자주 사용되지는 않지만, 사용 후의 느낌은 만족할 만하다고 할 수 있다.

패치 타입 팩은 주로 콧등에 부착한 후 떼어내면 콧방울 주위의 오염물과 피지를 간단하게 제거할 수 있다.

이 밖에 해초나 과일, 채소, 계란, 꿀 등 사람이 먹을 수 있는 거의 모든 천연의 재료를 이용한 팩도 있지만, 사용 시 접촉 피부염이 발생할 수 있으므로 먼저 귀 뒤쪽이나 팔 안쪽에 패치테스트를 해보고 사용하는 것이 좋다

[표 4.6] 팩의 종류 및 특징

구 분	성 상	특 징
필-오프 타입	젤리상	투명 또는 반투명 젤리상. 도포 건조 후 투명한 피막형성. 피막 제거 후 보습, 유연 효과, 청정 효과를 부여함
	페이스트상	분말, 유분, 보습제를 비교적 많이 배합할 수 있기 때문에 건조 후 피막 형성, 제거 후 촉촉함을 부여함
	분말상	물의 기화열에 의해 청량감 및 적당한 긴장감을 부여함
워시-오프 또는 티슈-오프 타입	크림상	보통 O/W 유화 타입의 크림상 제품
	점토상	일명 머드팩이라 불리움
	젤리상	수용성 고분자를 이용한 제품
	에어로졸상	기화열에 의해 청량감 부여
고화 후 박리 타입	분말상	석고 팩이라 불리움. 석고 성분인 황산칼슘의 수와 열에 의해 열감을 부여하는 제품
쉬트 타입	부직포 도포 타입	사용이 간편한 새로운 형태의 마스크 제품
	부직포 함침 타입	부직포에 화장수나 에센스를 침적시킨 형태로 사용이 간편하고 청량감을 부여함

(7) 한방 화장품

한방 화장품에 대한 법적 정의나 범위의 규정이 아직 확립된 것은 아니다. 식품의약품안전처에서는 한방 화장품을 "동의보감을 포함한 11대 한의학 서적에 언급된 한약재를 함유한 화장품"으로 포괄적으로 보고 있다.

한방 화장품에는 유효 성분 전체를 한약 성분으로 구성한 제품에서부터 인삼, 오가피, 대추, 복분자, 감초, 상백피 등과 같은 한약재의 유효 성분만을 추출한 화장품, 단순히 한방 이미지를 상품화하여 외관상의 향취, 색상, 이미지나 디자인 등을 한방 화장품과 유사하게 만든 화장품에 이르기까지 다양한 제품들이 출시되고 있다.

[그림 4.3] 한방 화장품

(8) 유기농 화장품

라이프 스타일의 자연주의 영향으로 인해 화장품 분야에 있어서도 유기농 화장품이나 천연 화장품에 대한 수요가 증대되고 있다.

유기농 화장품은 식물성 원료를 쓰고 화학적 성분을 배제한다는 점에서는 천연 화장품이나 식물성 화장품과 비슷하지만, 원료 제조 때부터 청정 지역에서 유기농 인증 기관의 관리하에 재배한 원료를 무공해 가공법으로 제조한 제품이라는 점에서 차이가 있다.

천연 식물성 화장품은 화학비료와 농약을 사용한 일반적인 농법으로 재배한 원료를 화학용제 등을 사용한 일반적인 가공법으로 제조한 제품으로서 원료는 식물이지만 토양을 비롯한 환경과 추출 과정은 자연적이지 않다.

반면 유기농 화장품은 유기농 인증 기관의 관리하에 유기농법으로 재배한 원료를 화학적 방법이나 인공 향을 첨가하지 않고 무공해 가공법으로 제조한 제품으로 정의된다.

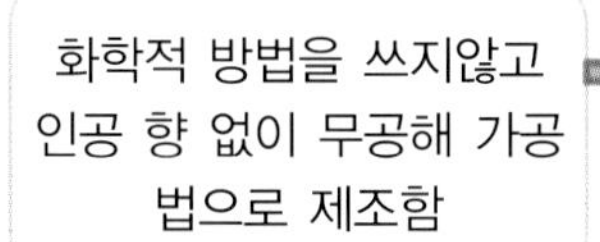

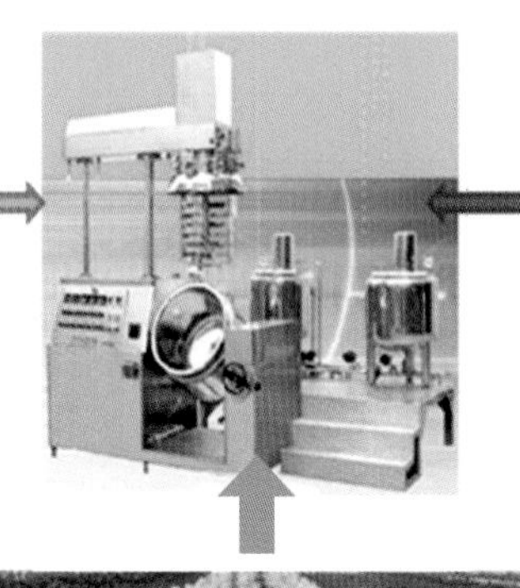

[그림 4.4] 유기농 화장품과 천연/식물성 화장품의 비교

국내에서는 2006년부터 화장품에 객관적 근거 없이 '유기농'의 표시 · 광고를 할 수 없도록 규제해 오다가, 2010년 1월부터 식약처에서 '유기농 화장품 표시 · 광고 가이드라인'을 마련해 시행하게 되었다.

이에 국내에서 유기농 화장품의 정의와 범위가 규정되었고, 표시 · 광고 가이드라인이 마련되었다. 유기농 화장품에는 유기농 원료 이외에도 동물성 · 식물성 원료나 미네랄 · 해조류 등 천연 유래 원료와 방부제 · 유화제 등 안전성 확보를 위해 5% 이내의 합성 원료가 사용 가능하도록 되어 있다.

[표 4.7] 유기농 화장품 표시 · 광고 가이드라인

2010년 1월 1일 시행	유기농 화장품의 정의, 적용 범위, 원료 기준, 구성 성분 기준, 표시 및 광고 기준을 정함
유기농 화장품의 구성 성분 기준	① 95% 이상이 가이드라인에 명기된 원료이며, 전체 구성 성분에서 10% 이상이 유기농 원료로 구성 ② 또는 물과 소금을 제외하고 전체의 70% 이상이 유기농 원료로 구성
제품명 표시 기준	제품명에 유기농을 표시하려면 유기농 원료가 물과 소금을 제외한 전체 구성 성분 중 95% 이상이어야 함
방부제 등 허용 합성 원료	가이드 라인에 명기된 합성 원료를 5% 이하 사용 가능

유기농 화장품을 표시 · 광고하려면 유기농 인증 기관의 인증서와 같은 입증 자료를 구비해야 하고, 전체 구성 성분 중 유기농 원료의 함량을 표시해야 한다. 여기서 유기농 원료란 '친환경 농업육성법'에 따른 유기농산물, 식약처이 공지하는 국가별 유기농 인증기관 또는 국제유기농업운동연맹(IFOAM)에 등록된 인증 기관으로부터 유기농 원료로 인증을 받은 원료를 의미한다.

화장품 광고나 용기에 '유기농 화장품'이라는 문안을 넣으려면 크림 · 로션은 내용물의 전체 구성 성분 중 95% 이상이 천연 유래 원료이고, 10% 이상은 유기농 원료로 구성되어 있어야 한다. 또는 스킨 · 오일은 물과 소금을 제외한 내용물의 전체 구성 성분 중 70% 이상이 유기농 원료로 구성되어야 한다.

제품 제조공정에서는 원료의 본래 기능을 잃게 할 수 있는 탈색과 탈취, 방사선 조사 등을 금지하며, 아울러 유기농 화장품의 용기와 포장재는 최소화하고 친환경적인 재활용 물질 사용을 권장하고 폴리염화비닐(Polyvinyl chloride (PVC)), 폴리스티렌폼(Polystyrene foam)은 사용할 수 없도록 했다.

[표 4.8] 외국 유기농 인증 화장품 분류 현황

국가	인증기관	마크	내용	인증범위
프랑스	Eco-cert	ECO CERT	유럽공동체 EC법 209 2/92조항에 유기 품질관리 따라 심사 수행	원료 및 화장품
미국	USDA	USDA ORGANIC	미국 농림부(국가기관)의 유기농 인증 마크	원료 및 화장품
미국	QCS	QCS	USDA에서 관리	원료 인증
독일	BDIH	Certified Natural Cosmetics BDIH	독일의 자연주의 화장품 및 의약품, 식품, 식품첨가물, 무역업체와 기업들이 모여서 만든 연합단체	화장품, 식품첨가물
일본	JAS	JAS	Japan Agricultural Standards - 에코서트 저팬과 계약(인증 마크 관리)	주로 식품에 사용
뉴질랜드	BioGro	CERTIFIED bio gro NEW ZEALAND ORGANIC	뉴질랜드의 비영리 단체인 New Zealand Biological Producers and Consumers Council. Inc (NZBPCC) 에 의해 주어지는 유기농 인증	화장품

(9) 줄기세포 화장품

줄기세포 화장품은 줄기세포 기술을 직·간접적으로 이용한 화장품으로 줄기세포와 관련된 기술이 응용된 화장품이나 줄기세포 연구를 통하여 얻어진 소재를 주성분으로 사용한 화장품으로 볼 수 있다.

그러나 인체 줄기세포나 식물 줄기세포 성분이 화장품에 들어가서 피부에 긍정적인 효과를 미치는 것을 기대할 수는 있겠지만, 이들 성분이 화장품에 첨가된다고 해서 인체 줄기세포를 활성화한다는 주장에는 과학적인 근거가 필요하다.

줄기세포 관련 소재를 화장품에 적용시키기 위해서는 현행 법규, 윤리성 및 생물학적 안전성을 무엇보다 우선시해야 하여, 충분한 안전성 테스트를 거치고 사용해야 한다. 현재로서 줄기세포 관련 연구결과를 화장품에 적용할 수 있는 몇 가지 방법이 제안되어 있다.

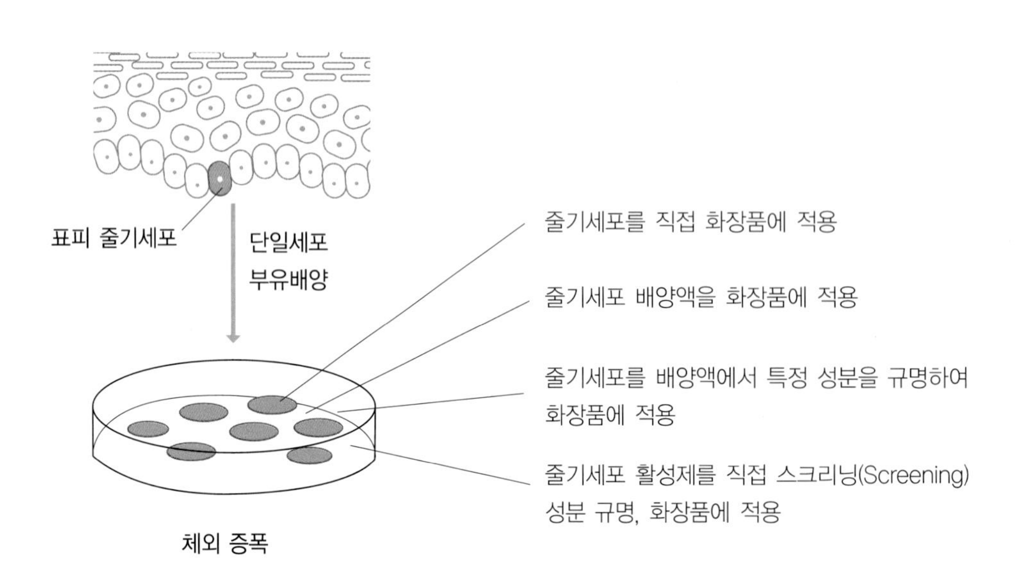

[그림 4.5] 줄기세포를 화장품에 적용할 수 있는 방법

현재로서 줄기 세포를 직접 화장품에 적용하거나 줄기 세포 배양액을 직접 화장품에 적용하는 방법은 안전성 문제가 남아 있고, 자연 돌연변이 발생 가능성, 유전적 문제 등이 해결되지 못해 위험성이 남아 있다.

아직까지는 배양액 내의 줄기세포 분열을 촉진하거나 줄기세포의 활성을 강화시킬 수 있는 성분을 사용하는 방법이 가장 현실적이다. 줄기세포 배양액 내의 특정 성분을 규명해 사용하므로, 배양액이나 줄기세포 부산물이 전혀 함유되지 않아 안전성 확보가 가능할 것으로 보인다.

이 밖에 줄기세포 활성화제를 직접 스크리닝하여 줄기세포를 활성시켜 성장을 촉진하는 물질을 찾아 내는 방식이 있다. 식물에서 추출하거나 인공적으로 합성하여 특정 성분을 첨가함으로써 줄기 세포 활성화가 가능한지 살펴서 화장품 소재로서의 가능성을 타진할 수 있다.

올바른 화장품 보관 방법

① 직사광선을 피해 서늘한 곳에 보관

화장품을 처음 제조할 때는 상온에서 보관할 수 있도록 제조를 한다. 간혹 몇몇 사람들은 냉장고 안에 보관하는데 냉장고의 냉온 보관해도 괜찮지만 상온에서 보관하는 것이 가장 안전하다.

② 사용 후 뚜껑 꼭 닫기

뚜껑을 열어두면 먼지나 미생물이 유입될 수가 있기 때문에 항상 뚜껑을 꼭 닫아 두는 것이 좋다.

③ 화장품 사용 시 깨끗한 손은 기본

씻지 않은 손으로 크림이 파운데이션을 털어내는 일은 절대 금물이며 깨끗한 주걱을 이용하는 것이 바람직하다.

(10) 여드름 관리 화장품

1 여드름의 발생 기전

다른 종류의 화장품과 마찬가지로 여드름의 고민과 그 치료법에 관한 역사도 유구하다. 이집트의 투탄카멘(Tutankhamen) 소년왕이 현대의 청소년들과 마찬가지로 여드름을 치료하기 위해 애썼던 흔적이 남아 있는데, 미이라가 된 그의 얼굴에 여드름이 돋아있는 것이 확인되었고, 무덤에서 함께 묻힌 여러 가지 여드름 치료제가 발견되었다.

현재 미국의 경우에는 90%에 달하는 10대 청소년들이 여드름으로 인해 고민한다는 보고가 있다. 특히 10대의 사춘기 때 많이 발생하여 청춘의 상징이라고 불리는 여드름은 의학적으로는 '심상성 좌창(Acne vulgaris)' 이라고 불린다. '심상성' 이라는 말은 일반적인 증상을 나타내는 성질을 뜻하며, '좌창' 이라는 것은 모낭 부위가 염증을 일으켜 생기는 발진을 뜻한다. 즉 '심상성 좌창' 이라는 것은 일반적인 모낭 염증을 나타내는 말로, 우리가 일반적으로 여드름이라고 부르는 것이다.

그렇다면 여드름이 발생하는 요인은 무엇이며 왜 청소년기에 가장 많이 발생하는 것일까? 여드름 발생의 주요 원인은 피지의 과잉 분비와 모낭의 지나친 각화현상 때문으로 알려져 있다.

피지가 분비되는 통로는 바로 모낭이다. 그런데 이 모낭은 그렇게 넓은 고속도로망은 아니다. 호르몬의 영향 등으로 피지가 많이 분비되는데 반하여 피지가 배출되어야 할 모낭이 좁아서 피지가 빠져나오지 못하고 정체되면 여드름이 생기는 것이다. 즉 도로(모낭)는 좁은데 교통량(피지)이 많으니 정체가 일어날 수밖에 없는 것이다. 그런데 이렇게 교통체증이 일어나는 곳에서 도로공사나 산사태가 일어 나거나, 일부 차량이 도로벽을 자극하여 벽이 무너져 내려버려서 한쪽 도로가 붕괴되어 결국 대량 접촉 사고가 일어나는 셈이다.

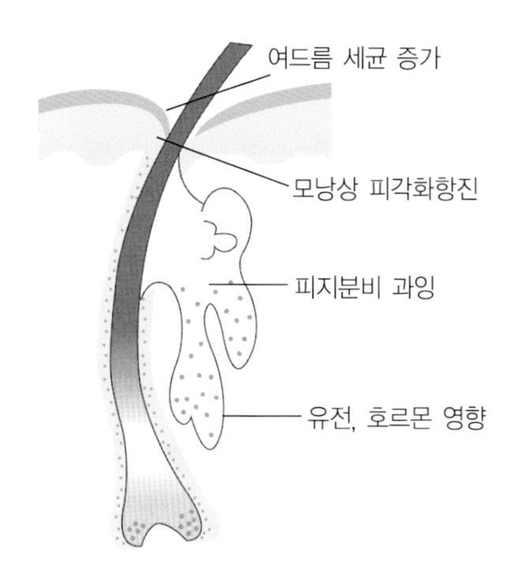

[그림 4.6] 여드름의 주요 원인

2 여드름의 진행 단계

① 면포(comedo) 형성 : 비염증성 면포 형성기

여드름의 초기로써 두꺼워진 각질이 모공을 좁게 하거나 모공을 막아서 피지나 각화물이 서로 섞여 배설되지 못하는 상태로 남아 있다. 외관상 정상의 피부색 범위에서 약간 희게 보이거나 딱딱하고 모공이 막혀 있는 면포이므로, 폐쇄 면포(Colsed Comedo) 또는 화이트 헤드(White head)라고 한다.

아직까지 막힌 모공 내에 쌓인 피지나 각화물은 외부와 접촉되지 않은 상태이지만 시간이 지날수록 피지가 모공을 넓혀서 모공이 열리게 되면, 피지 등이 공기와 접촉하므로 산화된다. 따라서 모공이 열리고 모공 부분이 검어지게 되므로 개방 면포(Open Comedo) 또는 블랙 헤드(Black Head)라고 부른다.

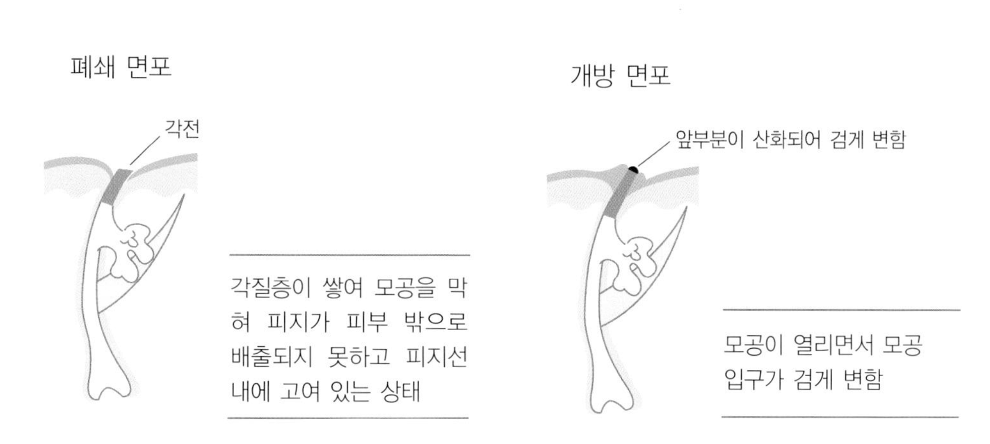

[그림 4.7] 폐쇄 면포와 개방 면포 비교

② 염증성 좌창 형성

피부 표면이나 모낭 속에는 피부 상재균이 있다. 피부 포도상구균이나 여드름 간균(P. acnes)과 같은 피부 상재균이 피부에 분포되어 있고, 피지가 남게 되면 이들 균도 증가한다. 또 이들 균의 리파아제가 피지 지질 성분을 분해하여 유리지방산을 만드는데, 유리지방산은 피부 세포에 자극을 주며 모낭벽을 파괴하고 모낭 주위의 결합조직에 염증을 일으킨다.

염증이 일어나면 면포는 홍색구진(Papule, 적색 여드름)이 되고, 이 구진이 화농되면 농포(Pustule)가 된다. 이때 청결을 유지하고 적절한 치료를 받으면 흉터를 남기지 않고 치유될 수 있다.

그러나 염증이 진피나 피하조직까지 들어가면 농종이 되어 아프고 가려우며 피부에 흉터를 남기므로 조기에 적절한 치료가 필요하다.

[표 4.9] 염증성 여드름의 종류와 형태

구분	그림	설명
구진	 염증	여드름균에 의해 염증이 발생하여 붉게 보이는 상태
농포	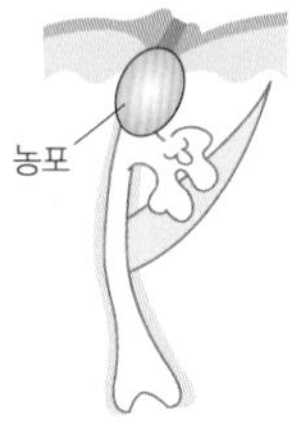 농포	염증이 악화되어 고름이 생긴 상태
농종	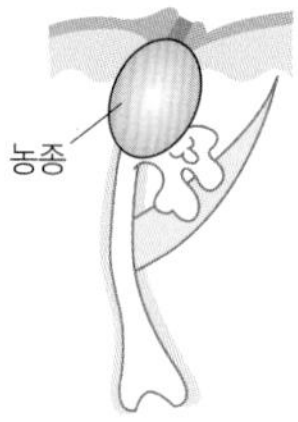 농종	고름이 심해져 모낭 아랫부분이 파열된 상태로 흉터가 생길 수 있다.

[표 4.10] 여드름의 단계별 구분

구분		상태	원인
White Head	폐쇄 면포	비염증성 면포	피지 과잉 각화항진
Black Head	개방 면포	비염증성 면포	
Papule	구진	염증성 좌창	표피 포도상구균 아크네간균
Pustule	농포	염증성 좌창	
Nodule	농종	염증, 통증, 피부 괴사	백혈구 집결, 고름생성

3 여드름의 원인과 분류

피지 과잉 분비, 모낭공의 각화항진, 세균의 영향이 복합적으로 작용해 여드름이 생성되고 악화된다. 그 밖에도 여드름이 생기기 쉬운 유전적 체질이나 음식물, 피로, 스트레스, 오염 물질 등의 영향이 여드름에 관계한다.

① 호르몬 분비

지성피부, 남성호르몬(androgen)의 분비가 왕성한 체질은 여드름이 많이 발생하고 일란성 쌍둥이에게서 같은 증상이 나타나는 등 유전적 소인이 있다고 보여진다. 남성호르몬은 피지선의 기능을 활성화시키기 때문에 남성호르몬의 분비가 항진되면 여드름이 생기기 쉽다. 여성의 경우도 사춘기 때 남성호르몬(androgen)의 분비가 많아지는데 반해 난소의 미성숙으로 여성호르몬인 난포호르몬이 부족하면 피지 분비 과잉이 생긴다. 난포호르몬은 피지 분비를 억제하는 기능이 있는데 다이어트나 불규칙한 생활, 스트레스 등으로도 난포호르몬의 분비가 감소할 수 있어서 상대적으로 남성호르몬의 분비가 많아지면 여드름이 쉽게 발생할 수 있다.

또 난소의 황체에서 분비되는 황체호르몬도 피지 분비를 증가시키기 때문에 여성의 배란 후부터 월경 전까지 황체호르몬 분비가 증가되면 여드름이 생기기 쉬운 상태가 된다.

② 스트레스나 수면 부족

스트레스로 인한 과도한 긴장이나 불면 등은 교감신경과 부교감신경의 균형을 깨뜨리고 남성호르몬의 분비를 증가시킨다. 그래서 피지 분비가 왕성해서 여드름이 발생하기 쉬워진다.

③ 영양 부족과 소화기관 장애

피부는 신체 내의 영양 보급 상태나 신진대사와 밀접한 관련을 갖는 기관이다. 영양 결핍이나 비타민 결핍 상태가 되면 피부 상재균에 대한 저항력도 떨어뜨려 여드름이 쉽게 발생하게 되고, 변비 등으로 유독 물질이 제 때에 배설되지 못하거나 간기능장애가 있으면 여드름이 악화되기 쉽다.

④ 메이크업 화장품의 영향이나 화장품에 의한 피부 자극

메이크업 제품이 모공을 막거나 피부를 자극하여 여드름이 악화될 수 있으므로, 여드름이 심한 경우는 파운데이션 등 모공을 덮는 제품의 사용을 피하고 포인트 메이크업 정도만 하는 것이 좋다.

클렌징제가 피부에 남아서 여드름의 원인이 될 수도 있다. 따라서 피부 타입에 맞는 세안제를 주의 깊게 선택하는 것이 중요하다. 스크럽 세안제 등 피부 마찰을 일으키는 제품은 마찰에 의해 여드름을 악화시킬 수 있으며, 유분이 많은 마사지 크림은 여드름 피부에는 적절하지 못하다.

⑤ 피부 오염

피부 표면의 청결을 유지하고 자극 없는 세안을 하는 것이 관리의 기본이다. 메이크업 화장품이나 외부로부터의 각종 먼지, 피부 상재균이나 피부에서 생성되는 피지, 땀, 각질 등은 시간이 지나면 오염 물질로 변화하여 피부에 악영향을 미친다.

4 여드름의 발생 시기별 분류

여드름을 발생 시기별로 분류해 보면 다음과 같이 나눌 수 있다.

① 신생아 여드름

태아의 성선과 부신에서 생성된 안드로젠의 영향을 받는다.

② 사춘기 전 또는 사춘기 초기에 발생하는 여드름

사춘기 시작 직전의 남,녀 모두에서 면포성 여드름이 주로 얼굴 중간에 발생되는데, 이것은 단순히 나이에 의한 것이라기보다는 사춘기의 진행 단계와 더 관계가 있다.

면포성 여드름은 남자에 있어서 사춘기 초기부터 이미 발생하기 시작하여 사춘기 끝 무렵에는 거의 100%에게서 발생하며, 염증성 여드름은 사춘기 시작 단계에는 없고, 사춘기 말에는 약 50%가 발생한다.

여자에서도 사춘기의 단계가 진행될수록 90% 이상까지 여드름 발생률이 증가한다.

③ 사춘기형 여드름

사춘기성 여드름은 그 정도의 차이는 있지만 사춘기에 있는 피부의 거의 100%에서 발생하는데, 사춘기성 여드름은 30대에 가면 소멸되지만 염증성 여드름은 40~50대까지도 지속된다. 사춘기형 여드름의 원인은 피지 과잉으로 알려져 있는데, 사춘기 때 여드름이 심했다가 없어진 사람의 피지 분비량은 30대에 가서도 사춘기 때와 비슷한 수준이므로, 사춘기형 여드름이 사라지는 원인이 피지 분비량과의 관계라기보다는 혈액 내의 DHEAS 함량의 감소나 나이가 들어감에 따라 각질화의 경향이 바뀌어서 좀 더 강인한 각질층이 되어 효과적인 장벽(barrier)으로써의 기능을 하는데, 그 원인이 있을 수도 있다는 가능성도 제기되고 있다.

④ 성인형 여드름

빈도는 높지 않지만 성인에게서도 여드름이 발생하는데, 불규칙한 생활, 다이어트, 스트레스, 생리 리듬 불순 등과 관련되어 있다. 성인 여드름의 원인은 각질층이 두꺼워져서 모공을 덮어서 발생한다고 알려졌는데, 성인 여드름을 겪는 여성 중에는 피지 분비가 적은 건성피부가 많고, 턱이나 볼 부위에 많이 발생한다.

⑤ 폐경 후의 여드름

면포성 여드름이 폐경기 전후의 여성에게서 발생한 것이 보고되는데, 이는 폐경에 따른 여성호르몬의 상대적 부족에 기인한 것으로 보여진다. 얼굴의 코와 뺨에 큰 구멍을 발생시키는 경우가 많은데, 이상과 같은 증상은 70세 전에 거의 사라진다.

5 여드름의 예방과 관리

여드름을 예방하고 관리하는 기본적인 방법은 피부의 청결을 유지하는 것이다. 세안이나 클렌징은 피부에 자극을 주지 않도록 부드럽게 하되 피부 노폐물이나 메이크업의 잔여물이 남지 않도록 철저하게 이루어져야 한다.

세안 후에는 살균작용이 있는 화장수나 약산성 화장수를 이용하고 유분이 많은 화장품은 피하는 것이 좋다. 모공 속에 오염물을 제거하거나 딱딱한 각질층을 연화시킬 수 있는 팩은 여드름 예방에 효과적이지만 염증이 붉은 곳은 피하도록 한다. 유동 파라핀, 바세린 등의 석유계 성분이나 라놀린 등 여드름 유발성 물질이 함유되지 않는 논 코메도제닉(non-comedogenic) 화장품을 이용하는 것이 좋다.

여드름 화장품에는 호호바 오일이나 스쿠알란 등을 유성 베이스로 하고, 경화된 각질을 연화시킬 수 있는 살리실산, 글리콜산, 유황 등의 각질 용해제가 배합된다. 또 살균제나 염증 억제제가 첨가되고 비타민 A, B_6, C 등 여드름 치료에 효과적인 성분이 배합된다.

벤조일퍼옥사이드는 우수한 여드름 치료제로서, 모낭 내로 침투해 죽은 세포들을 녹여 막힌 통로를 뚫어준다. 그러나 피부가 아주 얇고 민감하거나 흑인이나 아시아계처럼 멜라닌 색소가 많은 경우 피부가 벗겨진 후 검은 반점이 생길 수 있으므로 주의해야 한다. 함량이 낮은 단계부터 이용하며 관찰하고, 눈 주위나 입 주위, 머리카락에는 닿지 않도록 한다.

[표 4.11] 여드름의 관리 단계

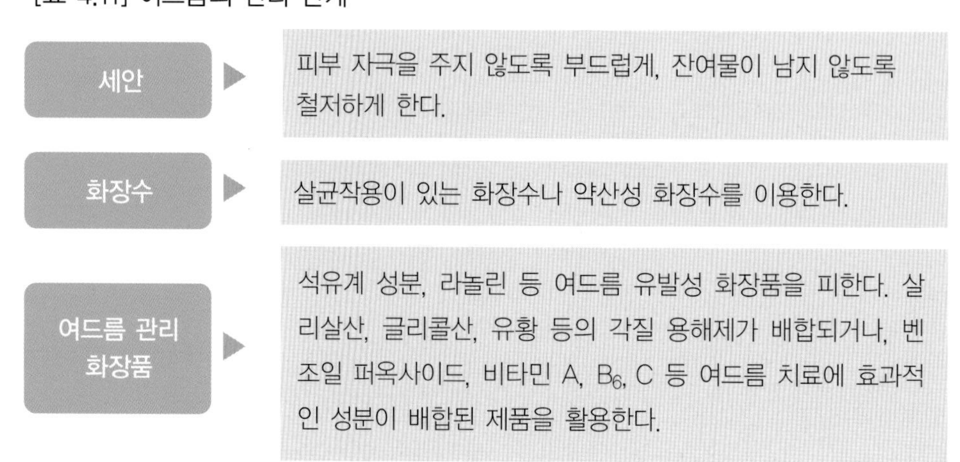

단계	관리 방법
세안	피부 자극을 주지 않도록 부드럽게, 잔여물이 남지 않도록 철저하게 한다.
화장수	살균작용이 있는 화장수나 약산성 화장수를 이용한다.
여드름 관리 화장품	석유계 성분, 라놀린 등 여드름 유발성 화장품을 피한다. 살리실산, 글리콜산, 유황 등의 각질 용해제가 배합되거나, 벤조일 퍼옥사이드, 비타민 A, B_6, C 등 여드름 치료에 효과적인 성분이 배합된 제품을 활용한다.

또 식생활에 있어서 비타민이 결핍되면 여드름이 생성되므로 비타민 섭취에 유의하고 지방이나 당분이 많은 음식은 피지 분비를 촉진시키므로 주의하도록 한다. 다량의 음주나 흡연도 절제해야 여드름 관리에 도움이 된다.

여드름의 관리 방법

① 항상 피부를 청결히 한다.

② 살균제가 함유된 세안제, 약산성 세안제로 깨끗하게 세안한다.

③ 두발이 이마나 얼굴에 닿지 않는 헤어 스타일을 유지한다.

④ 베개 커버 등 얼굴과 머리에 닿는 물건의 청결에 유의한다.

⑤ 손으로 만지지 않는다.

⑥ 유성이 강한 화장품을 줄이고 피지 억제, 각질 제거, 살균, 항염증 작용을 지닌 여드름용 화장품을 사용한다

⑦ 산뜻한 기초 화장품을 이용하고, 유성 파운데이션 등을 두껍게 도포하지 않는다.

⑧ 지방분이 많은 고기, 초콜릿, 커피, 코코아 등을 적게 섭취하고 당분이 많은 음식을 피한다.

⑨ 비타민을 충분히 섭취한다.

⑩ 스트레스가 쌓이지 않도록 하고 과로나 과도한 운동을 피한다.

2. 기능성 화장품

우리나라 화장품은 1999년 9월 7일 화장품법이 약사법에서 분리·독립되어 제정되었고, 기능성 화장품에 관해서는 2000년 7월 1일 시행된 화장품법 제2조 제2항에 다음과 같이 법적으로 정의되어 있다.

① 피부의 미백에 도움을 주는 제품.
② 피부의 주름 개선에 도움을 주는 제품.
③ 피부를 곱게 태워주거나 자외선으로부터 피부를 보호하는데 도움을 주는 제품.
④ 모발의 색상 변화·제거 또는 染영양 공급에 도움을 주는 제품
⑤ 피부나 모발의 기능 약화로 인한 건조함, 갈라짐, 빠짐, 각질화 등을 방지하거나 개선하는 데에 도움을 주는 제품

■ 기능성 화장품의 범위

① 피부의 멜라닌색소가 침착하는 것을 방지하여 기미·주근깨 등의 생성을 억제함으로써 피부의 미백에 도움을 주는 기능을 가진 화장품
② 피부에 침착된 멜라닌색소의 색을 엷게 하여 피부의 미백에 도움을 주는 기능을 가진 화장품
③ 피부의 탄력을 주어 피부의 주름을 완화 또는 개선하는 기능을 가진 화장품
④ 강한 햇볕을 방지하여 피부를 곱게 태워주는 기능을 가진 화장품
⑤ 자외선 차단 또는 산란시켜 자외선으로부터 피부를 보호하는 기능을 가진 화장품
⑥ 모발의 색상을 변화[탈염(脫染)·탈색(脫色)을 포함한다]시키는 기능을 가진 화장품. 다만, 일시적으로 모발의 색상을 변화시키는 제품은 제외한다.
⑦ 제모를 제거하는 기능을 가진 화장품, 다만, 물리적으로 제모를 제거하는 제품은 제외
⑧ 탈모 증상의 완화에 도움을 주는 화장품. 다만, 코팅 등 물리적으로 모발을 굵게

보이게 하는 제품은 제외

⑨ 여드름성 피부를 완화하는 데 도움을 주는 화장품. 다만, 인체세정용 제품류로 한정

⑩ 아토피성 피부로 인한 건조함 등을 완화하는 데 도움을 주는 화장품

⑪ 튼살로 인한 붉은 선을 엷게 하는 데 도움을 주는 화장품

1980년대 후반부터 인기를 끌기 시작한 기능성 화장품은 피부를 건강하게 유지시키며 노화를 지연하고 개선할 목적으로 사용되는 유용성이 강조된 제품이다. 기능성 화장품의 개념은 〈표 4.12〉과 같다.

[표 4.12] 기능성 화장품의 개념적 위치

법적분류 / 판매개념	화장품	의약외품	의약품
화장품		고약효 의약외품	
		약용 화장품	
	기능성 화장품	기능성 화장품	
	일반화장품		

전 세계적으로 기능성 화장품은 약용(藥用) 화장품, 코스메슈티컬(Cosmeceuticals) 등의 용어로 널리 쓰이고 있으며, 개념적으로 유사하지만 국제적으로 통일된 것은 아니다.

또 국내 화장품법에 명시되어 있는 기능성 화장품은 미백 제품과 주름 개선 제품, 자외선 관련 제품의 세 가지 분류로 한정되어 있는 반면에 미국이나 EU 등은 기능성 화장품의 범주를 특별히 규정하고 있지 않다.

코스메슈티컬(Cosmeceutical)이라는 용어는 미국에서 Cosmetics(화장품)와 Pharmaceuticals(의약품)의 합성어로 처음 사용되기 시작했다.

미국에서는 화장품과 의약품의 경계 사이의 제품으로 인체 구조 기능에 영향을 끼치거나 질병을 치료하거나 예방하기 위한 화장품은 화장품인 동시에 OTC(Over-The -Count Drugs)로 간주된다. 예를 들면 불소 함유 치약, 호르몬 크림, 화상 예방 선태닝제, 제한제, 비듬 방지 샴푸 등이다.

미국 내에서 제조 수입되는 모든 화장품은 몇 가지 금지 물질을 제외한 나머지 성분에 대하여 사전 등록 절차 없이 신고만으로 가능하고 안전성에 관한 책임은 전적으로 제조사에게 있다. 화장품의 분류는 의약품 / OTC drug / OTC cosmetic drug / 화장품으로 한다.

프랑스에서는 보건부장관의 허가를 받으면 탈모증, 발모 촉진, 피부 표면 내부의 작용에 의한 피부 보호, 저알러지성 화장품 등의 표현은 화장품으로서 무방하다.

EU 내의 모든 화장품은 'Cosmetics Directive' 에 따른 안전성 자료만 충족시키면 화장품업에 관해서 아무런 규제를 받지 않지만, 안전성 시험과 화장품 관련 정보관리는 전적으로 기업의 책임이다. EU의 화장품 분류는 의약품/화장품으로 분류된다.

일본에서는 비듬, 가려움, 진무름, 피부헐음, 피부 거칠음, 기미, 튼살, 여드름, 구토, 주근깨, 구취, 체취, 탈모 등을 완화하는 작용을 하는 화장품을 약용 화장품이라고 한다. 약용 화장품 중에 육모제, 땀띠분, 제모제, 욕용제, 약용치약, 퍼머넌트 웨이브제, 염모제 등은 의약부외품으로 지정 분류된다.

일본의 화장품의 분류는 의약품/의약부외품/약용화장품/화장품으로 되어 있다.

각국의 화장품의 분류는 [표 4.13]과 같다.

[표 4.13] 각국의 화장품 분류

	미국	유럽	일본
미백 화장품	OTC 또는 화장품	화장품	의약외품
주름 개선 화장품	OTC 또는 화장품	화장품	의약품 또는 화장품
자외선 차단제	OTC	화장품	의약외품

1) 미백 화장품

우리나라뿐만 아니라 일본, 중국, 동남아시아 시장에서 미백 화장품은 계속적으로 성장을 하고 있다. '피부 미인'이 미의 새로운 트랜드가 되어 많은 여성들이 자연스러운 피부 표현에 깨끗하고 하얀 투명한 피부를 꿈꾼다. 화장품 업계는 안전하면서 효과 및 효능이 높은 미백 화장품의 소재를 개발하며 미백 제품을 출시하고 있다.

흑화의 원인인 멜라닌(melanin) 색소의 생성 경로에 따라 많은 미백 화장품 연구가 진행되고 있으며, 기전별로 서로 다른 원료가 개발되고 있다.

멜라닌은 피부색을 결정하는 가장 중요한 요소로서 멜라노사이트 내의 멜라노솜에서 합성되어 주위의 케라티노사이트로 이행한다. 자외선의 조사를 받으면, 티로시나아제(tyrosinase) 활성이 증가되어 멜라닌 색소가 증가한다.

따라서 피부의 미백을 위해서는 다음과 같은 기전이 적용된다.

① 멜라닌 세포의 작용을 억제한다.
② 멜라닌 색소의 생성을 억제하도록 멜라닌 세포 신호 전달 물질을 차단하거나, 티로시나아제 효소 작용을 억제한다.
③ 이미 생성된 멜라닌 색소를 환원한다.
④ 신진대사를 촉진하여 멜라닌의 배출 속도를 증가시키거나, 각질을 제거하여 멜라닌 색소의 탈락을 돕는다.
⑤ 자외선을 차단하여 멜라닌 색소 생성을 방지한다.

티로시나아제의 활성을 억제하는 원료는 알부틴, 코직산, 상백피 추출물, 감초 추출물, 닥나무 추출물 등이 이용된다.

일본 시세이도 화장품사에서 개발하여 전 세계적으로 널리 쓰이는 미백제 중 하나인 알부틴(arbutin)은 하이드로퀴논에 글루코스라는 당이 결합된 물질로서 하이드로퀴논과는 달리 세포 독성은 보고되지 않았으며 티로시나아제의 활성을 저해하여 멜라닌 생성을 억제한다.

코직산은 일명 누룩산이라고도 하며 누룩이 발효될 때 생성되는 물질이다. 미백 원료 중에서 비교적 안정성이 높지만 온도가 높거나 공기와 접촉하면 황색으로 변한다. 티로시나제의 보조 효소인 구리이온을 봉쇄하여 티로시나제의 작용을 막는다고 알려져 있다.

비타민 C(ascorbic acid) 유도체는 가장 오래된 미백 원료로 강한 환원작용에 의해 미백 효과를 갖는다. 비타민 C 자체는 수용성이라 피부 흡수력이 떨어지며 안정성이 매우 나빠서 비타민 C에 지방을 결합하거나 인산 마그네슘으로 만든 유도체가 사용된다. 그러나 안정성이 향상된 유도체 역시 상당히 불안정한 물질이므로 주의가 필요하다.

[표 4.14] 미백 화장품의 작용기전에 따른 원료의 예

작용원리	미백 기능성 원료의 예
멜라노사이트 독성	하이드로퀴논
멜라닌 세포 신호 전달 물질 차단	사이토카인 조절 물질
활성산소, 자유래디컬 제거	비타민 E, SOD, 녹차 추출물, 코엔자임(조효소) Q10
티로시나제 생성 억제	알부틴, 코직산, 감초 추출물, 상백피 추출물, 닥나무 추출물, 글루코사민
멜라닌 색소 환원	비타민 C유도체, 토코페롤, 글루타치온
각질층 제거	AHA, 태반 추출물, 살리실산, 레조르신,레틴산, 아젤라인산

각질 탈락 촉진 기전으로 AHA(alpha-hydroxy acid) 등이 사용되며, 자외선을 차단하는 기전으로 징크옥사이드 등의 자외선 차단제도 활용된다.

천연물로서 피부에 자극이 거의 없으면서 미백 원료로 사용될 수 있는 원료 개발이 많이 진행되고 있다. 미백에 효과가 있는 천연 소재로는 상백피 추출 성분, 감초의 유용성 성분, 닥나무 뿌리 추출 성분, 월귤나무 추출물, 천궁 추추물, 상지 추출물 등이 이용된다.

민간요법으로 율무, 살구씨, 감초 등의 가루를 개어 팩을 하거나 오이 팩에 약간의 미백 효과가 있다고 알려져 있으나 그 실효성이 적고, 천연물의 피부 독성과 알레르기 반응을 확인하고 사용하는 것이 바람직하다.

INSIGHT 하이드로퀴논

멜라노사이트에 세포 독성을 주는 방법은 가장 확실하게 멜라닌 생성을 억제할 수 있다. 이에 가장 대표적인 약제가 하이드로퀴논(hydroquinone)과 그 유도체로 현재까지 알려진 미백제로는 가장 강력한 활성을 가지고 있는 것으로 알려졌으며, 약 50여 년 전부터 표백 크림에 사용되어 왔다.

그러나 이 물질들은 피부에 대한 자극이 심하고 피부 알러지를 유발하며, 멜라닌 세포에 독성을 나타내어 피부를 영구 탈색시키는 경우도 있을 정도로 심각한 피부 작용을 유발하므로 그 사용이 제한되고 있다. 하이드로퀴논 유도체 중 가장 강력한 활성을 갖는 하이드로퀴논 모노벤질 에테르(hydroquinone monobenzylether)는 백반증(vitiligo)을 유발하는 부작용 때문에 대부분의 나라에서 사용이 금지되어 있으며, 하이드로퀴논 자체도 현재는 각 나라별로 화장품에서의 사용을 전면 금지하거나, 그 함량을 한정하여 사용하고 있는 실정이다. 우리나라는 의약품 용도로써만 허가되어 있다.

2) 주름 개선 화장품

피부 노화의 가장 현저한 변화 중 하나는 주름(Wrinkles)이다. 주름은 20대 중후반으로 접어들면서 생기기 시작하여 나이가 들수록 점차 깊이가 깊어지고 그 수가 증가한다. 피부가 얇아지고 건조해지며 콜라겐 가교결합이 증가되면서 탄력이 감소하며 미세 주름이 생성된다.

주름 개선 화장품의 대표적 원료는 비타민 A 유도체인 레틴-A(RETIN-A)이다. 레틴-A는 1973년 펜실베니아대학의 클리그만(Kligman) 박사가 10대를 위한 여드름 치료제로서 존슨&존슨사의 의뢰를 받아 개발한 제품이다. 레틴-A는 비타민 A에서부터 여드름 치료제인 TRETINOIN 성분을 개발하여 명명한 것으로, 레노바(Renova), 레티노이드(Retinoid), 레티노익산(Retinoic acid)이라고도 불린다. 애초 여드름을 치료하기 위해 개발한 제품이지만, 환자들의 얼굴에서 피부 탄력과 주름이 개선되는 뜻밖의 놀라운 효능이 발견되었다. FDA가 약품으로 규정하여 시판 승인을 해주지 않아 첫 개발 이후 20년이 지난 뒤에야 약국 판매가 가능해졌다.

레틴-A는 화장품과 약품을 최초로 결합시켜 치료 기능을 가진 화장품의 첫 시대를 열었고, 이 제품의 개발자인 클리그만 박사는 화장품과 약품의 합성어인 코스메슈티컬(Cosmeceutical)이라는 용어를 명명했다.

레틴-A는 0.01~0.1%까지 다양한 농도의 제품이 크림, 젤, 로션 등의 형태로 판매되는데, 레틴-A는 각질층에 쌓인 늙은 세포를 녹여 빨리 떨어져 나가게 하여 세로운 세포 성장을 촉진시키며, 혈액순환을 왕성하게 하여 피부의 턴오버 주기가 빨라져서 피부는 젊은 세포로 탄력을 회복하게 된다. 그러나 이 과정에서 피부가 건조하게 되어 트거나 가려울 수 있고, 햇빛에 민감해지는 결점이 있으므로, 이를 사용하는 동안 햇빛을 피하거나 선스크린제를 반드시 사용해야 한다.

레틴-A가 유명해지면서 레티놀(Retinol), 레티닐 아세테이트, 레티닐 팔미테이트 등 많은 유사 제품이 출시되었다. 레티놀은 피부에 침투된 후에 서서히 레틴산으로 변화되므로 효과가 떨어지고 공기 중에 쉽게 산화되는 단점이 있으나 피부 자극은 상대적으로 적다. 레티놀의 안정성 확보를 위해 지방산과 결합한 레티닐 팔미테이트 등이 사용된다.

비타민 A를 통해 만들어진 레틴-A가 선풍적인 인기를 끌게 되자 또 다른 비타민 연구를 통해 셀렉스-C(Cellex-C)가 개발되었다. 이는 비타민 C의 콜라겐 생성작용 연구를 통해 개발된 제품으로, 콜라겐 생성을 촉진시키고 햇빛 노출로 생긴 주름을 완화하거나 방지하는 효과를 지닌 것으로 선풍적인 인기를 누렸다.

셀렉스-C와 AHA(Alpha Hydroxy Acid)를 함께 사용하면 효과가 상승된다. AHA는 과일산으로 미국의 피부전문의 스코트(Scott)박사가 1980년 중반 연구자료를 집대성하고 제품을 상품화하였다. 여러 과일산 중에서 사탕수수에서 얻은 글리콜산과 우유의 유산(Lactic Acid)이 피부 침투력이 우수하여 화장품에 가장 많이 사용되는데, 이 두 성분이 서로 보완되면 피부 노화를 방지하고 여드름 치료에 우수한 효과를 지닌다. AHA성분은 원료를 값싸게 얻을 수 있고 독성이 적고 그 효능이 우수할 뿐아니라 햇빛을 두려워할 필요가 없는 제품이다.

최근 업체들은 피부 과학의 연구를 통해 피부 내 노화에 관여하는 단백질의 기능 및 활성 변화에 관여하는 주요 인자를 탐색하고, 또 세포 신호 전달 체계에 대한 연구가 끊임없이 이루어지고 있다. 이러한 피부 세포 기능을 이용한 기능성 화장품은 신호 전달 체계 및 조절기전의 해석을 통하여 발전하고 있다.

[표 4.15] 주름 개선 화장품 작용기전에 따른 원료

작용원리	주름개선 원료의 예
콜라겐 합성 증가 (세포 재생 촉진)	비타민 C, 비타민 A(레티노이드), 펩타이드, 아데노신 등
과산화지질 생성 억제 (항산화 작용)	비타민 E(토코페롤), 플라보노이드, 폴리페놀, SOD, 코엔자임 Q10, 알파 리포익산 등
항염증 작용	감초산 유도체 등

3) 자외선 차단 화장품

자외선은 태양광선 중 200~400nm대의 파장대를 말하며, 태양광선의 약 6.1% 정도를 차지한다.

이 중에서UVB(280~320nm)는 약 0.5%이며, UVA(320~400nm)는 약 5.6%이다. UVB는 지표 도달량은 적지만 자외선의 세기가 강하며 피부 표피에서 산란, 반사되어 홍반이나 염증을 유발하고 피부 이상 각화를 발생시킨다. UVA는 파장이 길어 실내에 도달할 수 있으며 색소침착(Suntan)과 콜라겐 손상에 의한 주름 발생을 일으킨다.

최근 환경오염으로 인한 오존층의 파괴로 인해 자외선이 지표면에 도달하는 양이 점점 더 많아지고 있으며, 이는 피부에 유해작용을 하며 피부암 환자를 증가시키고 노화를 촉진하고 있다.

자외선에 의한 광노화(Photoaging)의 결과, 피부에는 깊고 거친 주름이 생성될 뿐만 아니라 불규칙한 반점이 형성되고 탄력이 상실되며 거칠어진다.

자외선이 피부 노화의 주범으로 알려지면서 자외선 차단제는 일종의 생활 필수품으로 자리 잡게 되고 다양한 제품이 출시되고 있다.

최근에는 피부 노화 등의 만성적인 자외선 영향에 대한 케어라는 관점을 결합하여, 스킨 케어와 UV 케어를 겸비한 화장품들이 많이 출시되고 있다.

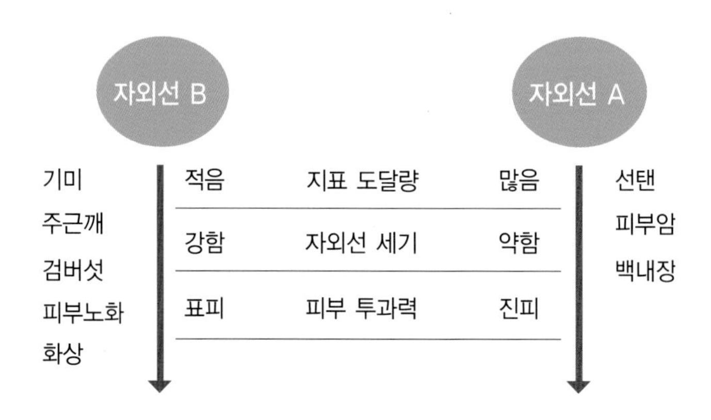

[그림 4.8] 자외선이 피부에 미치는 영향

자외선 차단제에는 인공 합성된 화학물질이 피부 표면의 자외선을 흡수하여 열에너지로 분산시키는 자외선 흡수제(화학적 작용)와 무기 물질이 자외선을 산란, 반사시켜 피부 침투를 막는 자외선 산란제(물리적 자용)로 구분할 수 있다.

현재 29종의 자외선 흡수제와 2가지의 자외선 산란제 성분을 함유한 자외선 차단 화장품이 출시되고 있다.

자외선 차단제는 280~400nm의 자외선 전역을 흡수하는 것이 바람직한데, 현재 쓰이는 자외선 흡수제는 중파장 자외선인 UVB를 차단하는 소재가 널리 쓰이고 있으며, 대표적 원료로는 신나메이트, 벤조페논유도체, 살리실산 유도체 등이 있다. 자외선 흡수제는 사용감이 가볍고 우수하여 널리 쓰이고 화장을 덧바르기 용이하지만 피부 부작용에 유의해야 한다.

자외선 흡수제의 조건

① 안전성이 높을 것, 독성이 없고 피부장애를 일으키지 않아야 한다
② 자외선 흡수 능력이 크고, 폭넓게 흡수해야 한다.
③ 자외선이나 열에 의한 분해 등의 변화가 일어나지 않아야 한다.
④ 화장품 기본 원료와 상용성이 좋아야 한다.

자외선 산란제는 이산화티탄과 산화아연이 대표적이며, 자외선을 산란시킴으로써 자외선이 피부에 직접적으로 닿지 않도록 하는 원료이다. 이러한 원료들은 자외선 산란 효과는 크지만 사용감이 떨어지고 두껍게 발리게 되며, 도포하였을 때 얼굴이 하얗게 되는 단점을 가지고 있다. 하지만, 피부 안전성은 흡수제보다 좋기 때문에 민감한 피부나 어린아이의 피부에 적합하다.

또 초미립자 이산화티탄을 개발하여 차단력을 높이면서 도포색을 희게 하지 않아 자연스러운 마무리 효과를 얻을 수 있도록 사용감을 향상한 제품이 만들어지고 있다.

자외선 차단제의 경우 가능하면 제품이 피부 내로 흡수되지 않도록 하는 것이 좋으며 내수성(water-proof)이나 지속성이 좋아야 한다. 이러한 제품은 물에 잘 씻기지 않는 W/O(water in oil) 타입의 에멀젼 제형이나 W/S(water in silicone)타입 에멀젼 제형이 있다.

이러한 제형을 바탕으로 최근 화장품 업체에서는 자외선 차단제를 사용하여 피부에 자극이 될까 고민하는 소비자들을 위해 유기농 성분을 이용한 자외선 차단제와 무기 자외선 차단제 성분을 이용해 모든 피부 타입에 자극이 적은 자외선 차단 제품을 연구 개발하고 있다.

[표 4.16] 자외선 차단 화장품 작용기전에 따른 원료

작용 원리	자외선 차단 원료	차단 자외선의 종류
자외선 흡수제 (화학적 작용)	신나메이트	UVB
	살리실레이트	UVB
	안트라닐레이트	UVA, UVB
	옥틸트리아존	UVB
	부틸메톡시디벤조일메탄	UVA, UVB
자외선 산란제 (물리적 작용)	티타늄옥사이드	UVA, UVB
	징크옥사이드	UVA, UVB

INSIGHT SPF와 PA

자외선 차단 화장품에는 UVA나 UVB에 대한 자외선 방지 효과의 정도가 표시되어 있다. SPF(Sun Protection Factor) 값은 UVB에 대한 차단 효과를 나타내는 수치이며, PFA(Protection Factor of UVA)는 UVA에 대한 차단 효과로서 PA+, PA++, PA++++로 표시한다.

SPF값은 자외선 차단 화장품을 도포했을 때 피부에 홍반이 나타나는 것과 도포하지 않았을 때 홍반이 나타나는 자외선량(최소홍반량, MED)을 비교하여 계산된다. 최소홍반량이란 자외선을 쬐어 약간 붉어지는 자외선량을 가리키는 것으로, 자외선 감수성이 높은 사람일수록 적은 자외선량으로 붉어지기 때문에 MED값은 작아진다.

$$SPF = \frac{\text{자외선 차단 화장품을 도포한 부위의 MED}}{\text{자외선 차단 화장품을 도포하지 않은 부위의 MED}}$$

UVB 방지 효과는 세계적으로 SPF 지수를 채용하고 있는데, 측정 기준은 각국마다 정하고 있지만 측정법의 개략은 거의 유사하다. 호주나 뉴질랜드에서는 31 이상의 경우에 SPF 30+로 표시하며, 우리나라와 일본의 경우 51 이상의 경우에 SPF 50+로 표시하여 무의미한 수치 경쟁을 막고 있다.

PFA지수는 1996년 일본에서 확립한 것으로 아직까지 전 세계적으로 표준화되어 채용된 단계는 아니다.

자외선 차단 제품을 고를 때는 UVA와 UVB가 모두 차단되는지 확인하고 자신의 피부 타입에 맞는 제품을 골라서 충분한 양을 도포해야 한다. 또 얼굴뿐만이 아니라 노출이 되는 모든 부위에 2~3시간마다 덧발라 주어야 하며, 물이나 땀에 지워지면 즉시 덧발라야 주어야 한다. 또 화장품에만 의존하지 말고 선글라스와 긴 옷, 양산 등을 부가적으로 활용하는 것이 효과적이다.

3. 메이크업 화장품

메이크업 화장품은 기초 화장품을 사용한 후 얼굴 등의 신체에 도포하여 색채감을 부여함으로써 피부색을 아름답게 표현하거나 피부의 결점을 보완하여 매력적인 자기 표현을 연출하기 위해 사용하는 제품이다. 메이크업 화장품은 용모의 결점을 보완하면서 아름다움을 표현하기 위해 사용하는 화장품으로 색조 화장품 또는 마무리 화장품이라고 불린다.

메이크업 화장의 역사는 매우 오래되어 고대부터 얼굴과 신체를 보호하는 목적이나 종교적 의미에서 천연의 소재를 이용해 신체에 도포하였다. 아이(Eye) 메이크업은 이미 고대 이집트에서부터 사용된 가장 오래된 메이크업 제품에 해당되며, 백분이나 연분, 파운데이션, 립스틱 등도 오랜 역사를 통해 개선, 발전되어 왔다.

현대에 이르러 메이크업 화장품은 피부를 아름답게 표현하는 미적인 역할뿐만 아니라, 자외선이나 공해 등의 외부 환경으로부터 피부를 보호하고, 화장 행위를 통한 심리적인 만족감과 자신감을 얻게 해준다.

[표 4.17] 메이크업 화장품의 사용 목적

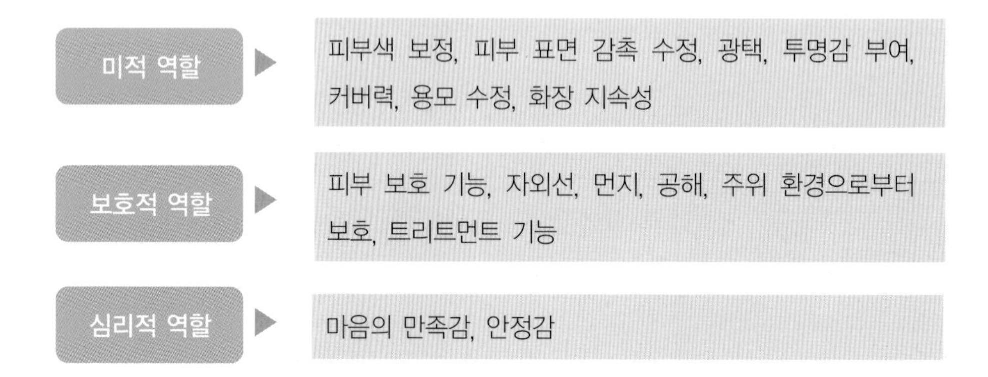

역할	내용
미적 역할	피부색 보정, 피부 표면 감촉 수정, 광택, 투명감 부여, 커버력, 용모 수정, 화장 지속성
보호적 역할	피부 보호 기능, 자외선, 먼지, 공해, 주위 환경으로부터 보호, 트리트먼트 기능
심리적 역할	마음의 만족감, 안정감

메이크업 화장품은 기미나 주근깨, 잡티 등의 피부 결점을 커버하거나 얼굴 전체의 피부색을 균일하게 정돈하거나 고정하는 베이스 메이크업(base make-up) 화장품과 입술, 눈, 볼이나 손톱 등에 부분적으로 사용하여 입체감을 주고 매력적인 용모를 표현하게 하는 포인트 메이크업(point make-up) 화장품으로 분류할 수 있다.

[표 4.18] 메이크업 화장품의 종류와 주요 기능

구 분	종 류	기 능
베이스 메이크업	메이크업 베이스	피부의 색조와 명암을 조절 기초 화장품과 색조 화장품의 밀착력 증대
	파운데이션류	피부의 결점을 커버하고, 광택과 투명감을 부여 피부의 색조 조정 및 피부 보호
	파우더류	땀과 피지를 억제하여 화장의 지속력 상승 피부색을 조정. 외부 환경으로부터 피부를 보호
포인트 메이크업	아이브로우	눈썹의 모양을 조정하여 눈매를 강조
	아이섀도우	눈에 음영을 주어 입체감을 표현
	아이라이너	속눈썹을 뚜렷하게 하여 눈의 윤곽을 강조
	마스카라	속눈썹에 볼륨을 주어 눈을 아름답게 보이게 함
	립메이크업	입술에 색을 주어 돋보이게 함 입술의 건조를 방지하여 아름답게 보이게 함
	블러셔	얼굴의 입체감, 혈색을 부여하며, 윤곽 수정
	네일 제품	에나멜, 리무버, 트리트먼트 등 손톱 채색 및 관리

메이크업 화장품은 유성 또는 수성의 기제에 안료가 분산 배합되어 있는데 이들의 배합 비율 변화에 따라 여러 가지 제형의 제품이 만들어 진다.

1) 기제

메이크업 화장품을 구성하고 있는 기제는 유성원료, 수성원료, 계면활면성제 등이 있다.

기제
- 유성원료 : 유동 파라핀, 왁스류, 스쿠알란, 실리콘 오일, 합성 에스테르 등
- 수성원료 : 글리세린, 프로필렌글리콜, 점증제, 정제수 등
- 계면활성제, 산화방지제, 방부제, 향료 등

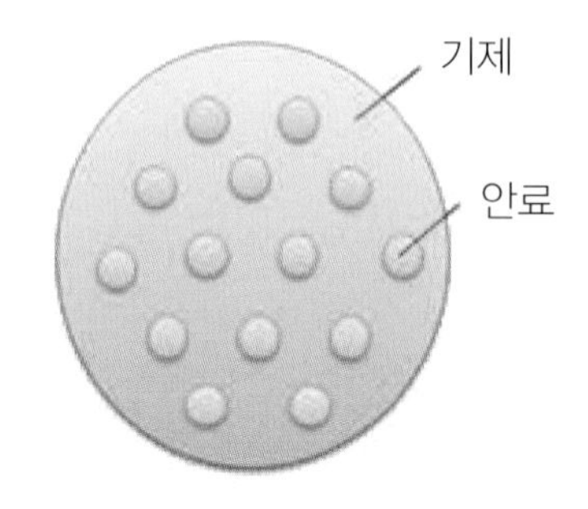

[그림 4.9] 메이크업 화장품의 구성 원료

2) 안료

[표 4.19] 메이크업 화장품에 사용되는 안료의 특징

구 분		특징, 배합목적	주 원료	주 사용제품
백색안료	백색안료	커버력이 높음	이산화티탄, 산화아연	파운데이션
	체질안료	사용감, 퍼짐성, 부착성, 흡수성, 광택 등을 조정	탈크, 마이카, 카올린	메이크업 전제품
	유기분말	소프트한 감촉, 부착성 개량	아미노산, 셀룰로오스 분말 등	고형(Press) 제품 전체
착색안료	무기 착색 안료	채도는 낮으나 빛, 열에 우수하며 제품의 명도를 조절	산화철, 군청	메이크업 전 제품
	유기안료	색상이 선명하고 착색력, 투명감 우수	법정 타르색소류	포인트 메이크업

백색안료는 커버력 및 부착성, 흡수성, 감촉 등을 조정하며 피부 결점을 보완할 수 있도록 사용되며, 착색안료는 제품에 색감을 부여하고 색조를 조정하여 메이크업을 아름답게 완성하게끔 한다.

메이크업 화장품은 화장이 들뜨거나 칙칙하거나 지워지지 않도록 우수한 화장의 지속성이 요구된다. 반면에 화장을 지우는 것도 용이하여야 하며, 도포 시에도 우수한 사용감이 필요하다. 제품의 외관 색이나 도포 색의 차이가 없는 것이 좋고 광원의 종류에 의해 도포 색이 뚜렷하게 변하지 않는 것이어야 한다.

사용 중 변색, 변취나 제품의 분리나 변형 등의 품질 변화가 생기지 않아야 할 뿐 아니라 무엇보다 제품의 안전성이 우선시되어야 한다. 특히 피부나 점막에 자극이 없고 유해물질이 함유되지 않아야 한다.

메이크업 화장품의 지속성 향상 기술 변천과정

1970	1980	1990	2000	2010
	• 실리콘 처리 분체 • 다공성 실리카	• 불소 처리 분체 • 실리카코팅 색소	• 2중코팅 분체 -실리콘, 불소 • 고분자코팅 분체	

(1) 메이크업 베이스(Make-up Base)

색상이나 명암이 고르지 못한 얼굴을 고른 톤으로 정리해 주는 제품으로 파운데이션이나 파우더의 효과를 상승시키기 위한 보조 파운데이션으로 선택적으로 이용된다. 기본적인 처방이나 구성은 파운데이션과 유사하지만, 파운데이션에 비해 안료의 양이 훨씬 적게 사용된다

메이크업 베이스는 자신의 피부색의 단점을 커버하여 본래 피부보다 훨씬 생기 있고 깨끗한 피부로 연출한다. 그리고 기초 화장품과 색조 화장품이 들뜨는 것을 막아 더욱 밀착될 수 있게 하여 화장을 오래 지속시켜 준다. 또 피부막을 형성하여 수분 증발을 방지하거나 파운데이션이 피부에 주는 부담이나 손상을 막으며, 자외선으로부터 피부를 보호해 주는 역할도 한다. 메이크업 베이스를 선택할 때는 자신의 얼굴 상태나 색조에 따라 적합한 색상을 선택해야 한다.

[표 4.20] 색상별 메이크업 베이스 특징

제품의 색상	적합한 피부
초록색(green)	기미, 주근깨, 여드름 등 잡티가 많거나 울긋불긋한 피부에 적합
파랑색(blue)	붉은 기를 중화시켜 자연스러운 피부를 표현
분홍색(pink)	창백한 피부에 혈색을 부여하여 화사한 피부색을 부여
노란색(yellow)	어두운 피부를 중화시켜 자연스러운 혈색을 표현
보라색(purple)	노란 피부를 중화시켜 자연스러운 피부를 표현
오렌지색(orange)	햇볕에 그을린 듯한 피부를 표현

(2) 파운데이션(Foundation)류

파운데이션은 베이스 메이크업의 주류로서 피부색을 조절 · 보정하고, 기미나 주근깨, 흉터 등 피부의 결점을 커버하여 아름답고 매력적인 용모를 갖도록 도움을 주는 제품이다.

최근에는 자외선이나 추위 등 외부 자극으로부터 피부를 보호하며 트리트먼트 기능을 지니는 제품이 출시되는 등 더욱 다양한 종류가 나오고 있는 추세다.

파운데이션은 색상과 종류에 따라 커버력이나 사용 효과가 다르므로 자신의 피부색이나 피부 상태, 목적에 맞는 제품을 선택한다.

[파운데이션류 품질 요건]

- 안전성이 뛰어나야 하며, 중금속이나 미생물 문제가 없어야 한다. 피부의 생리작용을 저해하지 않아야 한다.
- 경시적 변화가 없고, 미생물 오염이나 안정성이 우수해야 한다,
- 화장 효과 : 기대되는 화장 효과가 있고 지속성이 우수해야 한다.
- 색상 : 도포 색과 외관 색의 차이가 없고, 광원에 따른 색상 차이가 없는 것이 좋다
- 사용감 : 도포 시 사용감이 우수해야 하고 또한 지우는 것이 용이해야 한다.
- 부자재 또한 우수해야 좋은 사용감을 얻을 수 있다.

파운데이션은 제형별로 크게 O/W 유화형 제품과 W/O 유화형 제품이 있고, 종류별로는 리퀴드 파운데이션, 크림 파운데이션, 스킨 커버, 컨실러 등이 있다.

리퀴드 파운데이션(liquid foundation)은 안료가 균일하게 분산되어 있는 형태로 대부분 O/W 유화형 타입이다. O/W형은 수상에 유상과 분체를 유화, 분산시킨 것으로 크림형보다 퍼짐성이 좋으며 촉촉한 사용감과 트리트먼트 효과를 부여하지만, 화장의 지속성이나 커버력은 약하다.

크림 파운데이션(cream foundation)은 크림에 안료가 균일하게 분산된 형태로 유분이 많아 사용감이 부드러우며, 리퀴드 파운데이션보다 커버력과 내수성이 우수한 제품으로 O/W형과 W/O형이 있다. O/W 유화형은 사용감이 좋고 피부 이질감이 없어서 매우 선호되는 제품이며, W/O 유화형은 유분감이 많고 끈적이는 단점이 있지만 땀으로 화장이 쉽게 흐트러지지 않는 우수한 지속성이 장점이다.

W/O 유화형의 일종인 이층 분산 타입 파운데이션은 저점도에서 사용 시에 흔들면 W/O 유화형이 되는 제품이다. 청량감 있고 촉촉하여 여름용으로 주로 사용된다.

그런데 W/O 유화형 파운데이션은 외상이 유분이어서 사용 감촉이 끈끈한 것이 결점이었는데, 실리콘계 계면활성제가 등장함에 따라서 실리콘 오일을 외상으로 한 안정성이 좋은 W/S 유화형이 개발되었다. 이는 종래의 W/O 유화형에 비해서 실리콘 오일이 갖는 산뜻한 사용 감촉을 지니며, W/O 유화형 파운데이션에는 없는 우수한 화장 지속성을 가진다.

W/O 유화형 파운데이션을 고형화한 솔리드 에멀션이 있는데, 유화형 파운데이션의 특징인 마무리가 좋고 트리트먼트 기능이 우수하며 콤팩트가 갖는 간편성 때문에 인기를 누리고 있다. 이것은 크림 타입에다 왁스를 가하고 케이스에 충전하여 고형상으로 만든 것이다.

스틱 타입은 안료를 오일과 왁스에 골고루 혼합 분산시킨 것으로, 크림 파운데이션보다 밀착감이나 내수성, 커버력이 우수해서 피부의 결점을 가릴 수 있는 반면에 두터운 느낌을 줄 수 있는 것이 단점이다.

(3) 파우더(Powder)류

얼굴의 베이스 메이크업 기능을 갖는 파우더(Powder)류 화장품은 파우더 안료(powder pigment)를 주축으로 한 제품으로서, 땀과 피지로 인해 화장이 번지거나 지워지는 것을 막고, 피부의 잡티를 보완하여 얼굴의 색조를 조정하여 아름답게 보이게 하려는 목적으로 사용된다. 또 파운데이션의 유분기를 제거하여 메이크업의 지속성을 높이기 위해서도 사용된다.

파우더류 메이크업은 파우더라는 분체가 갖는 본래의 성질을 유지하여 화장효과를 기대하는 제품으로서 파우더의 성상을 일정한 형태로 유지하기 위해 결합제나 색소, 향 등을 사용하지만 제품의 대부분을 차지하는 것은 파우더이다.

파우더는 크게 가루분(Loose powder)과 고형분(Compact powder, Pressed powder), 파우더 파운데이션(powder foundation)류로 구분할 수 있다.

INSIGHT 파우더 메이크업에 사용되는 분체의 특성

① 은폐력(커버력) 향상

분체의 굴절률이 높거나 분체 입자의 지름이 0.2~0.3㎛이면 은폐력이 최대로 높아진다. 메이크업 화장품의 피복력을 부여하기 위해 고굴절률의 이산화티탄과 산화아연이 이용된다.

② 퍼짐성 향상

퍼짐성이란, 피부상에서 잘 펴 발라지고 매끄러운 감촉을 주는 특성이며, 탈크나 마이카계의 원료를 쓰면 퍼짐성이 향상된다.

③ 부착성 향상

피부에 잘 부착되는 특성이며, 피부에의 부착과 마무리감 및 화장 지속성에 관계된다. 예전에는 부착성을 높이기 위해 금속비누를 사용하였으나, 최근에는 분체에 표면 처리를 하여 부착성을 향상시킨다. 또 땀과 섞여 화장이 흐트러지는 것을 방지하기 위해 분체의 발수 처리도 한다. 발수처리에는 금속비누, 지방산, 고급알코올, 실리콘 등이 이용된다.

④ 흡수성 향상

땀과 피지를 흡수하는 특성으로 피부의 기름기를 제거하면서 화장 흐트러짐을 방지한다. 화장의 흐트러짐은 지성피부나 T존 부위와 같이 피지량이 많을수록 빠르다. 카올린, 탄산칼슘, 탄산 마그네슘은 땀과 피지의 흡수가 우수하며, 또 같은 분체라도 미세화하면 흡수량과 흡유량을 증가시킬수 있다. 흡수능을 갖는 분체로 다공성 분체가 있다. 다공성의 실리카비드나 다공성 셀룰로오스 파우더 등이 있으며, 이들은 구상이기 때문에 퍼짐성 향상도 기대할 수 있다.

⑤ 자외선 방어기능

입경 0.03㎛ 정도의 미립자 이산화티탄은 자외선 방어 효과가 우수하고 미립자이므로 가시광선이 투과해도 도포색이 희게 되지 않아 자연스런 마무리 효과를 얻을 수 있다. 이 밖에 아연화, 지르코늄 등이 자외선 방어기능을 부여한다.

① 페이스 파우더(가루분, Face powder, Loose powder)

체질안료에 적당량의 색소와 향을 배합하여 미세하게 분쇄한 가루상의 제품으로 퍼프(puff)나 솔로 도포하는 형태이다. 투명한 피부 표현으로 얼굴을 자연스럽게 보이게 하며, 땀과 피지에 의해 화장이 지워지거나 번들거리는 것을 막고 화장의 지속성을 향상시키기 위해 사용된다.

탈크(Talc)를 주성분으로 탄산 칼슘, 탄산 마그네슘 등을 첨가하여 땀과 피지의 흡수로 번들거림을 방지하고, 미리스틴산 아연과 스테아린산 아연을 첨가하여 부착력과 지속성을 높인다.

② 콤팩트(고형분, Compact powder, Pressed powder)

콤팩트는 가루분을 압축, 성형하여 휴대하기 간편하게 한 고형분이다. 소량의 결합제(유분 등)를 5% 전후로 사용하여 케익(cake)의 형태로 성형한 후, 분첩과 솔을 이용하여 편리하게 사용할 수 있도록 한 것이 특징이다.

바인더(binder)는 가루분을 압축시켜 갈라지거나 깨어지지 않게 하는 기능을 하므로 제품의 경도(硬度)에 영향을 미친다. 고형분이 너무 단단하게 압축되면 딱딱하고 반질거려 잘 묻어나지 않아 사용감이 떨어지고, 너무 무르면 쉽게 부서지고 지나치게 묻어나게 되어 제 기능을 발휘하지 못하게 된다.

③ 파우더파운데이션(powder foundation)

분말 고형 파운데이션의 대표적인 제품으로 화장 기능이 강조된 것이다.

안료에 오일을 스프레이하여 흡착시킨 후 압축시켜 고형으로 한 파우더와 투웨이 케익의 중간 형태로서, 얼굴의 잡티를 커버하며 자외선으로부터 피부를 보호해준다. 쉽고 간편하게 피부 표현을 할 수 있으며 매트한 느낌을 준다. 또한, 콤팩트보다 높은 피복력과 은폐력을 가지며, 오일의 함량도 많고, 부가 기능이 강조된 제품이라고 할 수 있다.

④ 투웨이 케이크(Two way cake)

파운데이션과 컴팩트의 이중 효과를 지닌 트윈 케이크(twin cake)은 투웨이 케이크(two way cake)라고도 불리는데, 마른 스펀지, 젖은 스펀지를 모두 사용하여 건식이나 습식의 2가지 방식으로 이용될 수 있다는 의미와 콤팩트와 파우더 파운데이션의 기능을 모두 갖추었다는 의미를 갖고 있다. 파우더 파운데이션과 마찬가지로 안료에 오일을 스프레이하여 흡착시켜서 케이크 형태로 만든 것으로 내수성이 뛰어나다. 파운데이션과 콤팩트 기능을 복합하여 빠르게 화장할 수 있으며 물에 적신 퍼프를 이용하여 화장 시에 청량감과 파운데이션의 기능을 동시에 부여해준다.

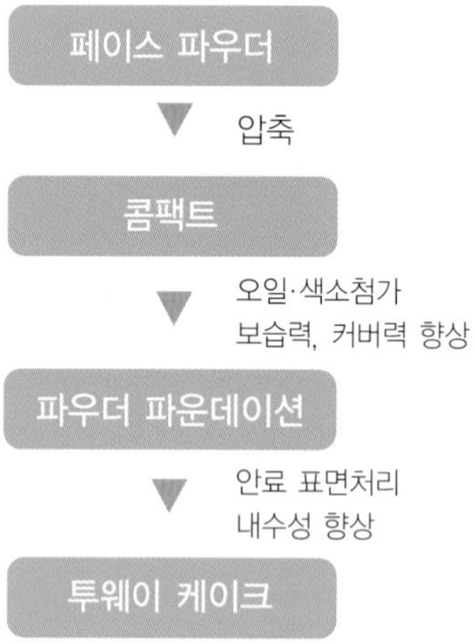

페이스 파우더
▼ 압축
콤팩트
▼ 오일·색소첨가 보습력, 커버력 향상
파우더 파운데이션
▼ 안료 표면처리 내수성 향상
투웨이 케이크

페이스 파우더를 압축한 것이 콤팩트이다. 가루분 파우더에 결합체를 쓴 것으로, 결합체는 오일 바인더(oil binder), 또는 유화 바인더(emulsion binder)를 이용되거나, 오일을 사용하지 않는 드라이 바인더(dry binder)로 한다.
콤팩트와 파우더 파운데이션은 외관상 차이가 없으며, 파우더 파운데이션은 콤팩트에 오일 함량을 높여 보습력도 향상시키고, 색소도 더 많이 들어가서 커버력과 색상 표현을 충분히 할 수 있게 한 것이다. 파우더 파운데이션에 안료를 발수성 실리콘으로 표면 처리를 하고, 자외선 차단 효과 등의 부가 기능을 추가한 것이 투웨이 케이크이다. 최근에는 내수성 및 내유성 강화 외에도 미백 기능 등 다양한 부가 기능 제품들이 출시되고 있다.

[표 4.21] 페이스 파우더, 콤팩트와 파우더 파운데이션, 투웨이 케이크 비교

	페이스 파우더	콤팩트	파우더 파운데이션	투웨이 케이크
성상	가루분	압축분	압축분	압축분
특성	피지 조절 투명 메이크업 휴대 불편, 지속성 부족	휴대 간편 투명 메이크업 파손유의	높은 커버력, 보습력 향상 조금 두꺼운 화장 피부 색상 조절	내수성 향상, 자외선 차단 스피디한 화장 기능 조금 두꺼운 화장 과거에는 하절기용

INSIGHT 파우더와 파운데이션의 색상 호수

국내 화장품 브랜드의 파우더나 파운데이션을 보면 13호, 21호, 23호, 31호 등으로 구분되는데, 이런 숫자는 어떤 의미를 담고 있는 것일까?

통상적으로 이들 두 자리 숫자 중 앞의 수는 1-핑크, 2-베이지, 3-짙은 베이지(또는 브라운)를 뜻한다. 두 번째의 수는 좀 더 단계를 세분화하여 나타내는 것으로, 1~9까지 9단계로 나뉘는데, 숫자가 커질수록 더 짙어진다.
예) 11호- 앞자리의 1은 핑크색을 의미, 뒤의 1은 핑크색의 세부 단계를 뜻한다.

그런데 이런 색상 호수는 정해진 규칙이나 기준이 있는 것이 아니며, 국제적인 표준이 정해져 있는 것도 아니다. 대개 해당 국가의 평균 피부색을 측정하여 선정한다. 일본의 경우 우리나라와 비슷한 경우도 있기는 하지만 대체적으로 색상 호수는 국가별로 다르고, 특히 외국의 경우 인종이 다양하기 때문에 훨씬 더 다양해진다.

국가별 차이뿐만 아니라 회사에 따라서도 다르게 표현하고 있는데. 어떤 회사는 11호, 23호, 33호로 표기하고, 어떤 경우에는 1, 2, 3호 등으로 표시하기도 한다. 또 대부분이 색상 계열에 따라 호수를 다르게 하는데 반해 어떤 회사에서는 10대가 주로 사용하는 색상을 1호, 20대의 경우 2호, 30대를 3호로 표기하는 경우도 있다. 이는 10대 피부는 화사하고, 20대 피부는 핑크색이 가미된 건강한 피부이고, 30대는 약간 어두운 피부이기 때문이다.

요즘에 나오는 투웨이 케이크 제품만 하더라도 과거의 색상 계열과 달리 베이지 계열뿐만 아니라 핑크, 블루, 펄까지 여러 가지 제품들이 출시되고 있지만, 일반적으로는 숫자가 낮은 것은 옅은 계열 색상이고 높은 숫자는 짙은 계열 색상이다. 이렇게 호수를 표기하는 것은 색상 자체를 표시하는 것보다 훨씬 편리하기 때문이다.

(4) 아이 메이크업(Eye make up)류

얼굴 화장에 있어서 가장 많은 화장품을 사용하며 가장 정성을 들이는 부분이 눈이다. 아이 메이크업은 포인트 메이크업의 하나로서 눈의 결점을 보완하여 풍부하고 다채로운 이미지 연출과 표정을 가능하게 한다.

마스카라나 아이라이너 등의 아이 메이크업은 아름다움을 가장 돋보이게 해 주기도 하지만 동시에 인체에 가장 직접적인 피해를 줄 수 있는 화장품이기 때문에 제품의 생산이나 소비 행위에 있어 신중함이 필요하다.

눈은 인체에서 외부의 자극이나 물질에 대하여 가장 민감하게 반응하며, 특히 눈 주위는 점막질로 되어 있어 쉽게 외부 자극을 받을 수 있다. 눈꺼풀은 다른 피부보다 훨씬 얇아서 외부 자극이나 이물질이 깊이 침투하기가 쉽다. 그러므로 제조 시에 미생물의 오염이나 불순물이 들어가지 않도록 해야 하며, 제조 용기도 제품 투입 전에 반드시 멸균 처리를 해야 한다. 또 민감한 눈 부위에 자극을 줄 수 있는 알데하이드(Aldehyde) 계통의 향료는 사용하지 않으며 어떤 화장품용 향료보다 철저한 검사를 한다.

눈 화장법은 메이크업 화장품들 중에 가장 어렵고, 화장기법이 세밀해 초보자들이 힘들어 한다. 다른 사람과 함께 사용하지 않는 등 소비자도 제품의 사용 및 관리에 주의가 필요하다.

[아이 메이크업류의 구비 조건]

- 아이 메이크업 제품에는 특별히 안전성에 대한 충분한 배려가 필요하다. 눈의 점막에 가까울수록 안전성이 더 중요시된다. 아이라이너 〉 마스카라, 아이섀도우 〉 아이브로우 순으로 안전성이 우선시된다.
- 아이 메이크업 제품에는 다양한 색상이 사용된다. 아이 메이크업 안료는 무기안료, 체질안료 등과 천연색소 및 사용이 허가된 법정 색소를 이용할 수 있다. 특히 미국에서는 유기안료가 용인되지 않는 등 국가나 시대별로 사용 여부가 다르다.
- 눈 주위 제품은 눈물의 pH 7.4에 맞추는 것이 좋다. 이는 눈에 발라서 눈 안에 들어갈 경우에 대비하여 눈물의 pH에 맞추는 것이다.
- 미생물 오염과 불순물 유입을 철저히 방지한다. 원료의 멸균 처리, 제조 환경 및 공정 정비, 포장재 멸균과 2차 오염에 대비한 향균 처리가 필요하다.

아이 메이크업에는 아이라이너, 마스카라, 아이섀도우, 아이브로우 등이 포함된다.

① 아이라이너

아이라이너는 속눈썹 주위에 라인을 그려서 눈의 윤곽을 또렷이 하며, 눈의 모양을 수정하고 개성 있고 매력적인 눈매를 연출하기 위해 사용된다. 아이 라이너는 눈의 점막에 가장 가까이 사용되는 제품이므로 안전성에 특히 유의한다.

[아이라이너의 구비 조건]

- 눈에 자극이 없어야 한다.
- 건조가 빨라야 한다
- 그리기 쉬워야 한다
- 피막에 유연성이 있어야 한다
- 지속성, 내수성이 우수해야 한다.
- 안료가 침강되거나 분리되지 않아야 한다.
- 미생물 오염이 없어야 한다.

아이라이너는 비교적 늦게 개발된 제품으로 1960년대 미국에서 상당한 소비가 시작된 것인데, 초창기에는 물과 계면활성제에 안료만 분산시킨 제품이어서 제품이 뭉치거나 분리되었다. 이후 유화 형태의 아이라이너가 개발되었으나 부착력이나 내수성이 떨어졌고, 이를 보완하기 위해 수용성 수지를 첨가한 아이라이너가 개발되어 부착력이나 내수성이 향상되기는 했으나 유화제품으로서의 한계가 존재했다. 그래서 왁스나 오일 등을 제거하고 수상 베이스의 아이라이너가 개발되어 내수성, 지속성, 부착력 등이 크게 향상되었으나 수용액으로서의 한계가 있었다. 그래서 수용성 수지에 안료를 분산시킨 필-오프 타입이 개발되면서 부착력과 내수성뿐만 아니라 우수한 피막을 만들어 한 개의 피막으로 손쉽게 제거할 수 있는 제품이 개발되었다.

이와 같이 아이라이너는 그 종류가 많아서 자기 피부에 알맞은 형태를 선택해서 사용하는 것이 무엇보다 중요하다. 시판되는 아이라이너는 크게 액상 타입과 고형 타입이 있는데, 액상 타입은 수성 베이스와 유성 베이스의 제품이 있고, 고형 타입에는 분말 고형(케이크 형태)과 펜슬 형태가 있다.

② 마스카라 (Mascara)

마스카라는 가장 오래된 화장품의 하나로 고대 이집트에서 콜(Kohl)을 손눈썹에 발라 눈썹을 진하게 보이게 했던 것이 기원이다.

마스카라는 속눈썹에 도포하여 색상을 부여하거나 속눈썹을 길고 진하게 보이도록 하여, 크고 깊이 있는 눈매를 연출함으로써 풍부하고 매력적인 눈을 만들기 위한 목적으로 사용한다.

그런데 개인마다 속눈썹의 길이나 굵기, 조밀함, 눈썹의 방향 등의 속눈썹 조건이 상당히 다르다. 이런 속눈썹 조건의 영향과 붙인 속눈썹에 사용 가능 여부에 따른 영향이 있기 때문에 마스카라 타입에 대한 기호는 천차만별이다.

이 밖에 점성이나 브러시 등의 용기 조건도 매우 중요하다.

[마스카라의 구비 조건]

- 눈에 자극이나 부작용이 없고 안전성이 우수하여야 한다.
- 균일하게 도포되고 부착력이 좋아야 한다.
- 속눈썹을 뭉치거나 딱딱하게 하지 않아야 한다.
- 적절한 광택과 건조성이 있어야 하며, 건조 후 아래 눈시울에 붙거나 땀, 눈물, 비에 떨어지지 않아야 한다.
- 컬링 효과가 좋아야 한다.
- 화장을 지우기가 용이해야 한다.
- 미생물 오염이 없어야 한다.

마스카라는 실상 모발의 염료로 볼 수 있으며 케이크, 크림, 액상 형태로 만들어진다. 케이크 형태의 마스카라가 시초이지만 사용이 번거러워 거의 쓰이지 않는다.

액상 마스카라가 바르기 쉽기 때문에 가장 일반적으로 사용된다. 보통 나선형의 브러시나 봉 모양의 도포 용구를 내장한 특수 용기에 담겨져 있고 도포하기 쉽도록 점액질이 배합되어 있다.

마스카라는 종류별로 워터 프루프 마스카라(water proof mascara)나 롱래시 마스카라(long lash mascara) 등 선택의 폭이 넓다.
워터 프루프 마스카라는 내수성에 중점을 둔 비수용성 형태(solvent type)의 제품으로서 건조가 빠르고 여름철에 사용하기에 적합한 제품이다. 물 대신에 휘발성 용매를 사용한 제품으로 아이 전용 제품의 클렌징을 이용해야 잘 닦인다.
롱래시 마스카라는 나일론과 같은 합성의 짧은 섬유를 3~4% 첨가하여 속눈썹이 길어 보이고, 숱을 많아 보이게 해 인기가 높다. 그러나 잘 엉겨붙거나 시간이 지남에 따라 섬유소가 떨어지기 쉽다.
이 밖에 젤리 타입으로 눈썹 결을 정리하거나 눈썹을 올릴 때 사용하는 투명 마스카라도 있다.

[그림 4.10] 다양한 형태의 마스카라 솔

③ 아이섀도우(Eye Shadow)

아이섀도우는 눈꺼풀이나 눈초리에 음영을 주어 입체감을 연출하여 눈의 개성과 아름다움을 강조하기 위해 사용하는 제품이다.

기본적으로 파운데이션의 처방과 같으나 다채로운 색상 표현이 추가된 것이다. 유색 펄안료를 첨가하여 광택을 주고 신비스러운 색채 효과와 다양한 질감을 표현할 수 있는 제품들도 있다. 또 안료 표면을 금속염을 처리하여 우수한 화장 지속성을 갖는 제품들도 있다.

[아이섀도우의 구비 조건]

- 눈 주위에 사용하므로 안전해야 한다.
- 바르기 쉽고, 밀착감 있어야 하며, 도포막에 기름 광택이 없어야 한다.
- 땀이나 피지로 번지지 않고 화장 지속성이 좋아야 한다.
- 색상의 변화가 없어야 한다.

케이크 타입(cake type)의 아이섀도우는 사용하기 편리하여 가장 대중적으로 이용되며 색상이 매우 다양해서 색을 혼합하기 쉬운 반면, 시간이 지나면서 색이 지워질 수 있으며 가루 날림에 주의해야 한다.

크림 타입(cream type)은 유분이 많아서 부드럽고 잘 펴지는 반면에, 뭉치면서 얼룩지기 쉽다. 파우더 타입(powder type)은 주로 펄 타입으로 광택을 부여하고자 할 때 사용하고, 펜슬 타입(pencil type)은 발색력이 우수하고 휴대가 간편하지만 유분이 많아서 뭉치기 쉽다.

④ 아이브로우 메이크업(Eye Brow make-up)

아이브로우는 눈썹을 자르거나 뽑아서 정돈한 후 아름다운 모양새로 수정하거나 더 짙거나 옅은 색상으로 표현하기 위해 사용하는 제품이다.

아이 메이크업 중에 가장 단순해 보이지만 사실 가장 중요한 메이크업 표현이 눈썹의 연출이라고 할 수 있을 만큼, 눈썹 라인이나 색채를 결정하는 것은 메이크업의 출발점인 동시에 완성점이 될 수 있다.

고대 이집트인들은 눈썹을 아예 밀어버리고 그 위에 검정색 한 가지로만 눈썹을 그렸다고 한다. 현대에는 다양한 색상과 다양한 제형의 제품들이 있다. 동양에서는 다크 브라운 계열의 색상이 가장 선호되며, 블랙이나 다크 그레이 계열도 많이 이용되고 있으며 눈썹 색을 옅게 보이게 하는 담색 제품도 있다.

제형별로는 연필이나 샤프펜슬 타입이 사용하기 쉬워서 가장 많이 이용되고 있는데, 오일-왁스- 색소로 구성된 내용물을 압출하여 제심한 것이다.

케이크 타입(cake type)은 색조와 바인더로 구성된 반제품에 압력을 가하여 만든 것이다. 이는 파우더 타입의 아이섀도우보다 오일이 더 많이 함유되어 사용감이 부드럽고 자연스럽다.

크림 타입(cream type)은 오일이나 왁스 및 색소로 구성된 반제품을 접시에 몰딩한 것이다.

[아이브로우의 구비 조건]

- 피부에 대한 안전성이 좋아야 한다.
- 부드러운 감촉으로 피부에 균일하게 그려져야 한다.
- 선명하고 미세한 선이 그려져야 한다.
- 지속성이 높고, 화장 흐트러짐이 없어야 한다.
- 안정성이 좋고 발분이나 발한이 없어야 한다.
- 부러지거나 더러워지지 않아야 한다.

(5) 립 메이크업(Lip-make up)류

립 메이크업의 대명사인 립스틱(Lipstick)은 20세기에 만들어진 신조어이다. 그 전까지는 볼이나 입술에 바르는 제품을 루즈(rouge, 연지)라고 불렀다. 루즈(Rouge)은 프랑스어로 빨간색을 뜻하며, 20세기 초까지 입술 연지(Rouge)나 볼 연지(Blusher)를 뜻하는 말로 사용되었다.

루즈가 처음 사용된 것도 고대 이집트인데, 당시 빨간색은 왕족과 귀족의 신분을 표시하는 색상으로서 서민들은 사용할 수 없었다. 빨간색은 Henna(헤나)에서 추출하였으며 시대의 흐름에 따라 약간의 색상만 변화하며 연고 형태와 액체 형태로 계속 그 원형이 유지되었다. 1915년에 금속통에 막대형(Stick) 제품이 발명되어 현대 립스틱의 원형이 되었는데, 편리한 사용성과 휴대성으로 인해 선풍적인 인기를 끌었다.

현재에는 다양한 종류의 립 메이크업 제품이 있는데, 립 메이크업 제품은 기본적으로 입술에 색채 효과를 부여하여 아름답게 보이게 하며, 입술이 건조하고 갈라지는 것을 방지하거나 갈라진 틈새에 세균의 침입을 막고 입술을 보호하여 매력적으로 보이게 하기 위해 사용된다.

립 메이크업은 불가피하게 먹게 되는 제품인데다가 입술의 점막에 사용되기 때문에 안전성에 유의해야 한다. 립 제품에 사용되는 색소는 인체에 무해하며 고순도의 성분이어야 한다. 립스틱을 바를 때는 매끄럽고 부드러워야 하면서도 부러지지 않을 만큼 단단해야 할 것이다. 립 메이크업에 요구되는 조건은 다음과 같다.

[립 메이크업의 요구 조건]

- 인체에 무해하고 무자극이어야 한다. 먹었을 경우에도 안전해야 한다. 맛과 냄새가 일치하고, 불쾌한 맛이나 냄새는 없어야 한다.
- 외관 색과 도포 색이 일정해야 하고, 쉽고 부드럽게 발라지며, 지속력이 있어야 한다.
- 입술에 얼룩이 남지 않아야 하며, 매끈하게 묻고, 바른 후 변색되지 않아야 한다.
- 발한(Sweating)이나 발분(Blooming)이 없고, 산화 · 산패 등 시간에 따른 물성의 변화가 없어야 한다.

립스틱은 이와 같은 요구 조건에 부합하기 위해 왁스나 오일, 착색제를 합리적으로 조합하여 사용하게 된다.

그뿐만 아니라 립스틱이 쉽게 발라지고 적당히 부드러움을 가지려면, 융점을 잘 관리해야 한다. 융점(녹는점)에 따라 너무 무르게 되거나 딱딱하게 될 수 있다. 립스틱은 보통 60~67℃의융점을 갖는데, 융점이 높으면 립스틱 표면에 물방울이 나타나는 발한(스웨팅, sweating) 현상은 적게 일어나고 온도 변화에는 강하지만, 딱딱해지며 사용감이 떨어지고 광택이 안난다.

발한(sweating) 현상이라는 것은 오일과 왁스의 열 팽창률 차이에 의해서 오일이 왁스의 매트릭스에서 빠져나온 것으로, 여름철에 경험할 수 있듯이 오일이 립스틱 표면으로 번져나오게 되는 것이다. 오일과 왁스 간의 상용성이 나쁜 경우나 안료가 많이 첨가될수록 발한 현상이 많이 나타난다. 또 제조 공정상 급랭을 시키지 않고 서랭을 시키게 되면 오일, 왁스, 안료의 매트릭스 구조가 엉성해져서 발한 현상이 더 나타난다.

발분(Blooming) 현상이란 것은 표면에 밀가루를 뿌린듯이 뿌옇게 나타나는 현상으로 추운 장소에 오래 있을 때 나타나는 현상이다. 이는 시간이 변화함에 따라 오일, 왁스, 안료가 스테아릭 애시드(stearic acid)를 표면 바깥으로 밀어내어 나타나는 현상으로, 스테아릭 애시드의 순도에 따라 정해진다. 립스틱뿐만 아니라, 스틱상 아이섀도우나 아이브로우 제품도 발한이나 발분 현상이 나타나지 않도록 제조 시 유의해야 한다.

립 메이크업에는 모이스처 립스틱, 매트 립스틱, 롱래스팅 립스틱, 립 글로즈 등 다양한 종류가 있다. 특히 롱래스팅 립스틱은 해조류의 알긴산을 추출하여 고분자 피막을 입혀 안 묻어나게 하거나 염착성 염료를 사용하여 입술에 색소를 침착시키는 타입이 있다. 이때 립 클렌징 제품 사용이 반드시 필요하며, 입술이 건조해지지 않도록 입술에 트리트먼트를 줄 수 있는 제품을 병행 사용하는 것이 좋다.

또 식사 시 잘 지워지지 않고 묻어나지 않도록 제조할 수 있는데, 휘발성인 환상 실리콘과 피막제인 실리콘레진을 배합하여 유분이 휘발되면서 실리콘레진이 피막을 형성하여 잘 지워지지 않고 묻어나지 않는 립스틱이 만들어진다.

립 글로즈는 고분자 물질을 사용하여 광택을 주면서 입술도 보호할 수 있도록 만들어진 제품이다. 립 크림은 립스틱에서 착색제를 뺀 제품이다.

QUIZ 립스틱, 하루에 얼마나 먹게 될까요? 위험하지는 않을까요?

동양인의 경우 한 번에 50mg 정도의 립스틱을 바를 시 20% 정도가 섭취된다고 보면, 하루 종일 3번 정도 덧바르는 경우 하루 30mg 정도의 립스틱을 먹게 된다.
그런데 타르색소를 최대한 2% 정도까지 사용한다고 하더라도 하루에 0.06mg 정도의 타르색소를 먹는 것이다.

LD_{50}을 비교하면 소금은 8g, 설탕 12g, 립스틱 15~18g 정도이므로, 립스틱은 소금이나 설탕보다 안전하다고 보인다.

(6) 블러셔(Blusher)류

블러셔(Blusher)는 볼터치라고도 하며, 블러셔라는 단어가 치크루즈(Cheek rouge)를 대신해서 사용된 시기는 1970년대부터이다.

영어로 '홍조'를 뜻하는 'Blush'에서 온 용어이며, 단어의 뜻처럼 메이크업 마무리 단계에서 얼굴 윤곽에 음영을 주어 입체감을 부여하거나, 얼굴 혈색을 건강하고 생동감 있게 표현하여 아름다움을 주기 위해 사용된다.

또한, 돌출된 광대뼈를 은폐하여 얼굴형을 보정하기도 하며, 부드러운 감촉과 화장의 지속성을 부여하는 메이크업의 마무리 기능을 수행한다.

볼 터치의 피복력은 파운데이션보다는 낮고, 색이 선명하게 표현되는 것보다는 자연스러운 것이 좋다. 블러셔에는 파운데이션과의 친화성이나 적당한 피복력, 부착성 등이 필요하다.

[블러셔의 구비 조건]

- 파운데이션 등과 친화성이 좋고 바르기 쉬워야 한다.
- 적당한 커버력, 부착성, 광택이 있어야 한다.
- 색 변화가 없어야 한다.
- 제거 시 쉽게 닦이고, 피부에 염착되지 않아야 한다.

과거에는 주로 적색계 안료가 사용되었으나 현재는 색상의 폭이 다양해져 갈색이나 청색 안료도 사용된다.

파우더 타입, 케이크 타입, 크림 타입, 스틱 타입 등으로 다양한 종류가 있다. 케이크 타입은 파우더를 압축한 형태로 사용이 편리하고 색감 표현도 용이하다. 크림 타입은 그라데이션이 용이하여 윤곽 표현이 쉽게 된다.

(7) 네일 메이크업

손톱과 발톱은 머리카락과 같이 표피세포가 변화된 것으로 케라틴을 주성분으로 한 경단백질로 만들어져 있다. 손가락과 발가락의 끝에 붙어 있어 그 끝을 보호하는 것이 주목적이다.

손톱의 모양새나 물리적인 성질은 사람에 따라 다르다. 손톱의 경도는 손톱에 함유된 수분의 양이나 케라틴의 조성에 따라 다른데, 보통 영유아의 손톱은 유연하고 탄력 있지만 노인의 손톱은 단단하고 부서지기 쉽다. 건강한 사람의 경우에 손톱은 1개월에 3mm 정도 자란다고 하는데, 손톱과 발톱이 노화하거나 무르지 않게 성장하려면 항상 표피 세포가 케라틴화하여 손톱과 발톱 세포로 변해야 한다. 매니큐어와 페디큐어는 손톱, 발톱이 청결하고 건강하게 유지되도록 손질해 주며, 약한 손톱과 발톱을 보호해 준다. 또 네일 에나멜을 이용하여 채색함으로써 아름답게 돋보이게 한다.

네일 화장품은 크게 조갑을 보호 관리하는 트리트먼트용 제품과 메이크업 기능이 강조되는 제품으로 나눌 수 있다.

[표 4.22] 사용 순서별로 본 주요 네일 제품의 기능

제품 및 사용 순서	기 능
네일 트리트먼트	손톱 및 손가락 끝의 손질, 유분·수분 보급
베이스 코트	손톱의 굴곡을 매워 접착성을 향상시킴
네일 에나멜	손톱 착색, 미적 완성
톱 코트	손톱 광택과 내구성 향상
네일 드라이어	건조 촉진 및 도포막 광택 부여
에나멜 리무버	네일 에나멜 제거

① 네일 에나멜(Nail Enamel)

손톱과 발톱에 광택과 색채를 주어 아름답게 할 목적으로 사용되는 제품으로 흔히 매니큐어(manicure), 네일 락카(nail lacquer), 네일 컬러(nail color)라고도 한다.

네일 에나멜은 니트로셀룰로오스 락카를 주성분으로 하여 조갑표면에 딱딱하고 광택이 있는 피막을 형성하는데, 네일 에나멜로 형성된 피막은 견고하여 조갑을 보호하면서 아름다움을 돋보이도록 하는 제품이다.

[네일 에나멜이 갖추어야 할 조건]

- 바르기에 적당한 점도가 있어야 함
- 가능한 한 신속히 건조하고 균일한 막을 형성해야 함
- 건조된 막에 현탁이나 핀 홀이 생기지 않아야 함
- 안료는 균일하게 분산되고 색조나 광택을 유지해야 함
- 피막이 견고하여 잘 접착되고 쉽게 벗겨지지 않아야 함
- 에나멜 리무버로 제거 시, 쉽고 깨끗하게 제거되어야 함

네일 에나멜을 만들기 위해서는 피막을 만드는 성분과 다양한 색상을 만드는 착색 성분, 또 이들을 용해시키거나 분산시키는 용제가 필요하다.

피막을 형성하기 위해 니트로셀룰로오스가 가장 널리 사용된다. 가장 우수한 성분이지만 취급상 화기나 열에 가까이 하지 않도록 주의해야 한다. 니트로셀룰로오스만으로는 접착이나 광택이 완전해지지 않으므로 수지를 첨가하여 밀착성과 광택성을 향상시키다. 또 가소제를 첨가하여 막에 유연함을 주고 내구성을 유지시킨다.

색재로는 염료나 무기안료, 유기안료와 천연 소재나 인공 펄 등의 펄제가 사용되어 아름다운 색감을 나타낸다.

피막 형성제를 용해시키고 색재를 분산하는 용제로서 점도와 휘발 속도를 조절하게 된다. 핀 홀이나 붓의 흔적을 남기지 않고 마무리되면서 건조 속도, 사용감 등을 모두 충족시키기 위해서는 한 종류의 용제만으로는 부족하며 다양한

용제를 혼합하여 사용하는 것이 일반적이다. 이 밖에 무기안료나 펄안료 등의 침전을 방지하기 위한 침전 방지제가 첨가된다.

③ 베이스 코트(Base Coat)

손톱의 주름을 메워서 네일 에나멜의 부착성을 높이기 위해 미리 도포하는 제품이다. 색소를 제외하면 네일 에나멜과 유사한 처방 구성을 가지지만, 수지 성분이 네일 에나멜보다 많고 건조 속도가 빠르며, 니트로셀룰로오스가 더 적게 배합된다.

④ 톱 코트(Top Coat)

네일 에나멜을 도포하고, 굳기와 광택을 증가시키기 위하여 추가적으로 도포하는 제품이다.

미리 도포한 네일 에나멜의 피막을 용해시키지 않도록 건조 속도가 빨라야 하되, 점도는 낮게 하여 도포가 쉬워야 한다. 견고한 피막을 만들기 위해 니트로셀룰로오스가 더 많이 배합된다.

[표 4.23] 네일 에나멜의 주요 성분과 기능

피막 형성	피막형성제 – 니트로셀룰로오스 수지류 – 밀착성과 광택을 향상시킴 가소제 – 막에 유연성을 주어 내구성을 유지시킴
착색	색소 – 색재와 펄재로 아름다운 색감을 나타냄
용제	피막 형성제 등을 용해하여 점도를 조절하고 적당한 휘발 속도 조절함
침전 방지	침전 방지제 – 겔화제로 분산 안전성을 향상시킴

⑤ 에나멜 리무버(Enamel Remover)

네일 에나멜 등의 막을 제거하는 제품으로 니트로셀룰로오스와 수지 등의 피막 형성제를 용해하는 용제로 구성된다. 에나멜 리무버의 작용으로 인한 조갑의 탈수나 탈지를 막기위해서 수분과 유분을 보충하는 기능을 첨가한 제품도 있다. 아세톤, 초산에틸, 초산 부틸 등의 리무버의 주요 성분들은 인화성이 강하므로 화기에 주의하여야 한다.

⑥ 네일 트리트먼트(Nail Treatment)

네일 에나멜이나 네일 리무버를 자주 사용하면 네일 주변의 피부가 건조해지고 네일의 광택도 약해지므로 네일 관리가 필요하다.

트리트먼트 제품은 유화형과 크림형, 펜슬 튜브 타입 등이 있는데, 손톱 상태에 따라 주 2~3회 정도 손질을 하면 좋다. 취침 전에 에나멜을 제거하고 따뜻한 비눗물에 손을 씻고 수분을 완전히 제거한 후에 사용하면 효과적이다. 비타민 A등을 함유하여 네일의 케라틴 형성에 도움을 주는 제품도 있다.

⑦ 큐티클 리무버(Cuticle Remover)

네일 주위를 둘러싸고 있는 외피를 유연하게 만들어서 제거하기 쉽도록 하는 제품이다. 약알칼리성 용액에 글리세린을 혼합한 제품과 스크럽제를 사용해 물리적인 효과를 이용한 제품이 있다.

⑧ 큐티클 오일(Cuticle Oil)

건조해진 큐티클이나 손발톱에 유수분을 공급하여 촉촉하고 부드럽게 관리할 수 있도록 돕는 제품이다. 평상시 사용하면서 손발톱 주변의 건조함이나 딱딱함을 예방하거나 개선할 수 있으며, 또한 네일케어 마지막 단계에 도포하여 시술의 아름다움을 돋보이게 할 수도 있다.

주요 성분으로는 아보카도 오일, 포도씨 오일, 스위트 아몬드 오일 등의 식물성 오일이나 조조바(Jojoba), 비타민 E 등이 함유된다.

4. 모발 화장품

모발 화장품은 사용 용도에 따라서 세정제, 컨디셔닝제, 스타일링제, 양모제, 염모제, 펌제 등으로 구분이 된다.

[표 4.24] 모발 화장품의 분류

구분	종류
세정제	샴푸, 투인원 샴푸
컨디셔닝제	린스, 헤어 트리트먼트, 헤어 오일, 헤어 크림, 헤어 블로, 코팅 로션, 헤어 필링, 헤어 앰플
양모제	헤어토닉
스타일링제	헤어 폼, 헤어 무스, 헤어 스프레이, 헤어 미스트, 세팅 로션, 헤어 글레이즈, 헤어 젤, 헤어 스틱, 헤어 왁스
퍼머넌트웨이브	티오 웨이브, 콜드 웨이브, 히트 웨이브, 스트레이트 펌
염모제	일시 염모제, 반영구 염모제, 영구 염모제(산화염모제)
탈색제	분말 블리치, 크림 블리치
제모제	제모 왁스, 제모 젤, 제모 테이프 크림 타입, 페티스트 타입, 에어로졸 타입

1) 세정제

모발 세정제는 모발과 두피의 피지와 더러움을 씻어내는 제품이다.

(1) 샴푸(Shampoo)

샴푸는 '머리를 씻는다' 는 의미를 지니며, 샴푸 제품은 모발과 두피에 존재하는 각질과 피지, 환경 요인으로 한 먼지와 각종 오염물질 등을 깨끗하게 세정하여 모발을 청결하고 쾌적한 상태로 유지하기 위해 사용하는 두발 화장품이다.

샴푸는 모발의 광택과 유연성을 부여하는 제품으로 모발의 세척뿐만 아니라 두피를 세정하고, 두피의 묵은 각질이나 피지 등을 제거하여 가려움증을 완화하고 두피를 이상 질환으로부터 보호하는 역할을 한다.

샴푸는 모발과 두피 위의 피지, 땀의 노폐물, 과잉 각질(비듬)과 먼지 등 외부에서 부착된 물질, 두발용 화장품의 잔유물 등을 제거하는 화장품이지만, 오염을 충분히 없애면서도 두발에 필요한 피지를 지나치게 제거하지 않는 적당한 세정력을 필요로 한다.

또한, 풍부한 거품의 지속성이 요구되는데, 샴푸의 기포는 세정액이 흘러내리지 않도록 유지시키며 세정이 쉽게 되도록 도움을 주고, 모발 간의 헝클어짐을 방지하는 쿠션 역할을 한다. 물론 기포력과 세정력이 비례 관계에 있는 것은 아니다. 샴푸는 두피와 눈에 대한 자극이 없어야 하는 등 요구 조건은 다음과 같다.

[샴푸의 요구 조건]

- 적당한 세정력과 사용 시의 발림성과 헹굼 용이
- 풍부하고 지속력 있는 거품이 형성되고 연수나 경수에서 사용 가능
- 사용 시 마찰로 인한 모발 손상 방지
- 사용 후 모발에 자연스러운 윤기와 유연성 부여
- 눈이나 피부에 자극이 없는 안전성
- 장기간 변질 없이 보관 가능한 보존성
- 샴푸 시에나 샴푸 후에도 좋은 향기를 가질 것

현대적인 샴푸가 등장하기 이전에 영국의 미용사들은 잘게 자른 비누를 끓인 물에 모발에 윤기를 부여하기 위해 허브와 향을 첨가하여 사용하였다고 한다.

미용실에서 사용되는 샴푸는 그 제형과 용도에 따라 세분화되어 있는데, 이제는 소비자가 일상적으로 사용하는 샴푸도 모발 타입과 두피 타입별로 세분화되어가고 있다.

샴푸에는 계면활성제와 컨디셔닝제, 점도 조절제와 기타 유효 성분들이 배합되어 있는데, 물에 녹기 쉬운 친수성기와 기름에 녹기 쉬운 소수성기를 동시에 지니는 계면활성제의 작용이 샴푸의 기본 성질을 좌우한다.

샴푸에는 세정력이 좋은 음이온 계면활성제가 일반적으로 많이 사용되고 있다. 음이온 계면활성제보다 자극이 적은 양쪽성 계면활성제나 비이온 계면활성제는 베이비 샴푸나 저자극성 샴푸에 많이 이용된다.

베이비 샴푸의 경우, 눈에 들어가도 자극이 없는 샴푸를 만들기 위해 샴푸의 pH를 눈물의 pH에 맞추어 자극을 줄이는 등의 연구도 많이 진행되고 있다.

양쪽성 계면활성제 등을 사용함으로써 기포나 세정력은 다소 저하될 수 있지만, 손상 모발용 샴푸에는 비이온이나 양쪽성 계면활성제가 많이 함유되어 있고, 보호 보습 성분이 많이 들어가 있다.

트리트먼트 샴푸에는 비타민, 단백질, 아미노산 등이 함유되며, 비듬 방지용 샴푸에는 특수 원료 등이 함유되어 있다.

샴푸에 배합되는 컨디셔닝제는 모발 단백질 성분인 아미노산 및 폴리펩티드를 사용해 모발에 화학적으로 흡착하는 성분, 모발의 피지와 유사한 성분 또는 보습제를 통해 모발에 피막을 형성하여 모발의 수분 증발을 억제해 모발의 수분 보유력을 높이기 위해 사용되는 물리적으로 흡착하는 성분을 비롯하여 이온성 흡착 성분인 4급 암모늄이 결합된 양이온성 계면활성제와 양이온성 고분자 물질을 주로 배합하여 샴푸 후 모발에 유연함과 윤기를 부여한다.

이 밖에 프로필렌글리콜이나 폴리올 등의 점도 조절제를 비롯해 아미노산과 케라틴 등의 모발 손상 복원 성분, 피록톤올라민과 징크피리티온과 같은 비듬 방지 성분 등이 샴푸에 사용된다.

INSIGHT 샴푸와 비누

샴푸와 비누의 특성을 비교하면 다음과 같다.

샴푸 : 두피나 모발의 지나친 탈지 억제, 세정력, 모발 광택, 유연성을 부여한다.
두피, 모발, 눈에 자극이 적다.

비누 : 경수에서 세정력 낮고 pH 10 정도의 알칼리성이다.
비누로 모발을 씻을 경우, 큐티클층의 간층물질이 빠져나와 세발 후 빗질에 손상될 수 있고, 두피의 자극을 유발할 가능성이 있다.

샴푸의 작용 원리

음이온성 계면활성제 등의 샴푸 분자가 오염물질 주변을 둘러싼다.

➡ 샴푸 분자의 밀어내는 힘(또는 표면장력)에 의해 오염물질이 모발에서 이탈 시작

➡ 샴푸 분자에 의해 둘러싸인 오염물질이 모발에서 완전히 떨어져 나감

➡ 오염물질이 더욱 잘게 쪼개져서 물속으로 녹아듬(미셀 형성 가용화)

(2) 투인원 샴푸(린스 일체형 샴푸, Two-in-one Shampoo)

샴푸와 린스를 하나로 제품화한 것으로, 종래 콘디셔닝 샴푸에 모발 표면의 마찰계수 저하, 정전기 방지 효과, 모발 보호 효과 등의 기본적인 린스 기능을 갖게 한 린스 일체형 샴푸이다. 린스 인 샴푸라고도 하며, 현대의 라이프 스타일의 변화에 따라 간편성을 추구하며 생겨난 제품이다.

양쪽성 계면활성제 또는 음이온 계면활성제가 주 세정제로 작용하며 컨디셔닝제로 양이온 계면활성제, 실리콘이나 그 유도체 등과 유분이 사용된다.

2) 헤어 컨디셔닝제(Hair Conditioning Agent)

헤어 트리트먼트는 모발의 손상을 방지하고 손상된 모발을 회복시키는 제품이다. 손상된 모발에 유분과 수분을 공급하여 모발을 보호하고 모발을 정상적인 상태로 회복시키는데 도움을 주는 것을 목적으로 한다.

(1) 린스(Rinse)

린스는 샴푸 후 모발의 표면에 매끄러움을 더하고 표면 상태를 정돈하는 것을 목적으로 하는 화장품이다. 린스에는 적절한 유분이 함유되어 모발 세정 시에 과도하게 탈지된 유분을 보충하고, 보습 성분으로 모발에 윤기와 광택을 부여하며 모발을 보호하기 위해 사용하는 두발 화장품이다.

특히, 샴푸 후에 모발에 남아 있는 금속성 피막과 비누의 불용성 알칼리 성분을 제거하여 모발이 엉키는 등의 모발 손상을 방지한다.

샴푸 후 물로 충분히 헹구지 않으면, 샴푸의 주성분인 음이온 계면활성제가 모발이나 두피에 잔존하여 탈모나 가려움을 유발할 수 있는데, 린스는 양이온 계면활성제를 주성분으로 하여, 샴푸 후에 중화되지 않은 채 남아 있는 음이온 계면활성제를 중화하여 정전기 발생을 막는다.

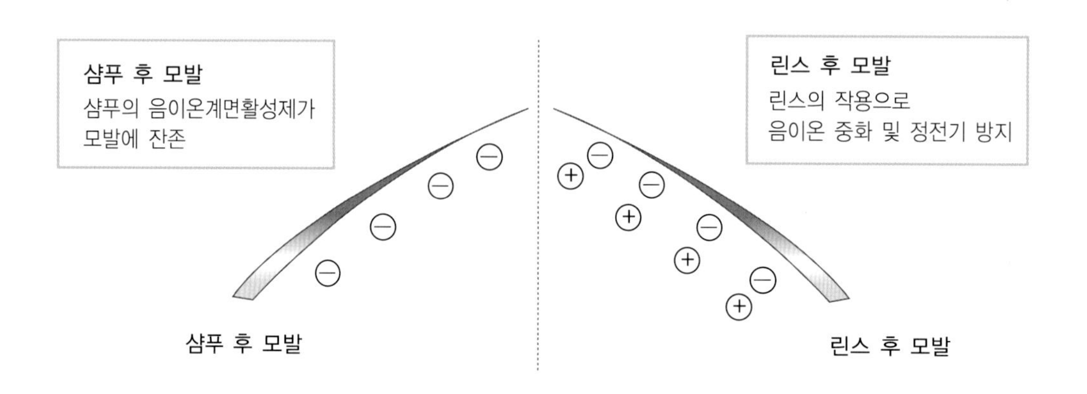

[그림 4.11] 린스의 중화작용

린스에 사용되는 양이온성 계면활성제는 모발에 잘 흡착하여 모발 표면을 매끄럽게 한다. 린스 후에 모발 표면에 얇은 보호막을 형성하여 모발을 보호하고 모발이 물에 젖어 있거나 혹은 완전히 마른 경우에도 빗질감을 용이하게 하며 모발의 푸석거림을 방지한다.

린스는 컨디셔닝 성분, 유분과 보습제 등을 함유하여 제형과 용도별도 다양한 제품이 개발되고 있다. 린스에는 주로 양이온 계면활성제와 프로테인과 라놀린, 양이온성 폴리머나 고급 알코올·오일 등이 첨가되어 모발에 유분감을 준다. 또 글리세린과 프로필렌글리콜 등이 함유되어 보습 효과를 준다.

(2) 헤어 크림(Hair Cream)

두발에 윤기, 유연성, 광택을 주고 빗질이 잘 되게 하기 위해 사용되는 유화형태의 제품이다. 유화 형태이므로 헤어 오일보다 산뜻한 사용감을 지니며 유분에 의한 컨디셔닝 효과와 함께 보습 효과를 지닌다.

유화 상태에 따라 O/W형과 W/O형이 있는데, O/W형은 끈적임이 적고 산뜻한 사용감을 지니며, W/O형은 유성감이 있으며 윤기와 정발 효과가 우수하다.

(3) 헤어 블로우(Hair Blow)

블로 드라이 하면서 머리 정돈을 마무리할 때 열이나 브러싱에 의한 자극으로부터 모발을 보호하려는 목적으로 사용되는 제품이다. 헤어 블로는 디스펜서 형태의 펌프식 스프레이 용기에 담겨 있으며, 분무하면 컨디셔닝 효과와 헤어스타일링 효과를 준다. 컨디셔닝 효과를 중시한 것을 트리트먼트 로션(Treatment Lotion) 또는 블로우 로션(Blow Lotion)이라고 한다.

린스제와 같이 양이온 계면활성제를 함유하여 유분과 수분을 공급하고 정전기 발생을 개선하기도 한다.

(4) 헤어 코팅 로션(Hair Coating Lotion)

긴 머리를 가진 여성들이 흔히 겪는 고민인 갈래모의 예방을 목적으로 한 제품이다. 머리카락은 옆으로는 끊어지기 어렵지만 세로로 갈라지기는 쉽다. 수분이 부족한 경우 모표피가 벗겨지기 쉬운 상태가 되고, 물리적 자극 등이 더해지면 모발 끝이 쉽게 갈라지게 된다. 주성분으로 고분자 실리콘을 배합하여 코팅함으로써 모발이 갈라지는 것을 막도록 하며 윤활성, 밀착성, 내수성을 증대한 제품이다.

(5) 헤어 오일(Hair Oil)

헤어 오일은 모발에 유분을 공급하고 광택과 매끄러움을 주는 것을 목적으로 사용되는 제품이다. 동백유나 올리브유 등의 식물유나 유통 파라핀 등의 광물유를 주성분으로 하고 오일의 산화를 막는 산화방지제 등이 첨가된다.

(6) 헤어 필링제

샴푸 전 모발과 두피의 묵은 각질을 제거하기 위해 사용한다. 리퀴드 타입과 크림 타입의 필링제를 두피 사이사이에 도포하여 일정 시간 방치 후에 씻어내어 모공을 청결히 하고, 두피의 과각화 현상을 방지하여 두피의 혈액순환과 모공의 호흡을 돕는다.

(7) 헤어 앰플

모발 및 두피에 집중적인 영양 공급을 위해 사용하며 화학 시술 시에 전처리나 후 처리제로 사용하기도 한다. 액상 및 겔형으로 바르고 용도에 따라 리브 온 타입과 워시오프 타입 등이 있다.

3) 헤어 토닉(Hair Tonic)과 양모제

헤어 토닉은 에탄올 용액에 양모 성분을 가하여 두발과 두피에 영양을 주면서 두피의 혈액순환을 좋게 하고 피부 기능을 향상하여 탈모를 예방하는 목적으로 사용되는 제품이다. 양모제로 쓰이는 헤어토닉은 에탄올(50~80%)을 용제로 하여 멘톨이나 보습제 등이 첨가되어 있기 때문에 소독작용을 하며, 두피에 청량감을 주고 비듬이나 가려움증을 제거하는데 도움을 준다.

이들 제품은 약효 성분의 종류나 그 배합량, 효능이나 효과에 따라서 화장품, 의약외품, 의약품으로 나뉜다.

[표 4.25] 두피 · 모발 관리 제품의 효능 범위와 성분

구분	양모제	육모제	발모제
효능 범위	비듬, 가려움 방지, 탈모예방	발모촉진, 모발 생육 촉진, 육모, 비듬, 가려움, 탈모예방	원형탈모, 지루성 탈모, 발모 부전 개선
주요 성분	에탄올, 보습제, 생리활성물질	에스트라디올 (여성호르몬의 일종)	미녹시딜 (고혈압 치료제 성분)
법적 분류	화장품	의약외품	의약품

INSIGHT 탈모의 원인

아직까지 탈모를 예방하거나 탈모증을 완전히 치료할 수 있는 치료제는 개발되지 못하고 있다. 탈모의 원인은 다양하고 복합적이라고 볼 수 있는데, 지금까지 알려진 주된 탈모의 원인은 아래와 같다.

① 남성호르몬에 의한 모포 기능 저하

모발의 헤어 사이클의 성장 기간이 단축됨에 따라 외관상 숱이 적어지는 상태로 머리 정수리나 머리 앞부분부터 시작되어 나이가 들어서 진행되는 남성형 탈모(male pattern baldness)로, 이는 원형탈모증 등의 병적인 탈모와는 다른 것이다. 남성형 탈모는 남성호르몬과 유전적인 원인 때문이라고 알려져 있으며, 모발을 성장시키는 모유두나 모모세포의 활동이 억제되며 모발이 가늘어져 숱이 적어지게 된다. 즉 모발의 개수가 감소하는 것이 아니라, 모발이 가늘어지고 짧아져 숱이 적어지는 것이다.

② 모포, 모유두의 신진대사 기능 저하

모발의 생장에 관여하는 모유두와 기저세포가 영양물질의 공급을 충분히 받지 못하여 신진대사가 저해되고 이에 모발 성장에 이상이 일어나 탈모가 발생하는 경우도 있다.

③ 두피의 생리기능 저하

두피에 비듬이 너무 많아서 모구가 막히거나 피지가 과잉 분비되면, 두피의 세균에 의해 비듬이나 피지가 분해되면서 지나치게 두피를 자극하게 되고 모발의 성장이 나빠진다.

이 밖에 갱년기 이후의 여성들에게 발생하는 경우가 많은 여성 탈모의 경우는 일반적인 헤어 사이클에 비해서 휴지기가 길어져서 모발이 빠져도 다음의 모발이 생겨나지 못하는 것이 그 원인으로 알려져 있다.

남성형 탈모가 성장기가 단축되어 모발이 가늘어지기 때문인데 반하여, 여성형 탈모는 모발의 개수가 감소하기 때문이다.

하루에 70~100개 정도 빠지는 자연 탈모는 정상적인 것이다. 탈모를 예방하기 위한 관리법은 다음과 같다.

① 두피와 모발을 청결히 한다. 비듬이나 피지가 쌓이면 탈모의 원인이 된다.
② 두피 마사지 등을 통해 혈액순환을 좋게 한다.
③ 지나친 물리적·화학적 자극을 피한다. 머리카락을 강하게 묶거나 웨이브나 컬 등의 시술이나 자극을 줄인다.
④ 균형 잡힌 식사를 하고 양질의 단백질을 섭취한다.
⑤ 과로를 피하고 충분히 휴식한다.

4) 헤어 스타일링제

헤어 스타일링제는 두발을 고정하고 세팅하는 방법으로 두발에 광택, 질감, 촉감을 부여한다.
과거 빳빳하게 고정된 헤어 스타일의 추구에서 최근에는 보다 유연하고 자연스러움을 추구하는 방향으로 제품이 변화해 가고 있는 추세이다.

(1) 헤어 폼(Hair Foam), 헤어 무스(Hair Mousse)

무스는 거품을 뜻하는 프랑스어이고, 폼은 거품을 뜻하는 영어로서 거품 상태의 정발제를 총칭한다.

에어로졸 금속용기 등에 정발 기능이 있는 조성물(원액)과 분사제(액화석유가스(LPG))가 혼합되어 있어서, 원액이 분사됨과 동시에 원액부에 내포되어 있는 분사제가 기화되면서 원액을 부풀려 거품상으로 변하게 된다. 주요 성분으로 세팅제와 유분, 보습제, 물, 분사제가 포함된다.

(2) 헤어 스프레이(Hair Spray), 헤어 미스트(Hair Mist)

세팅한 모발 위에 분사하여 모발의 형태를 유지하기 위해 사용하며 통상 에어로졸 타입은 헤어 스프레이, 가스가 없는 것을 미스트로 정의한다.

주성분은 피막형성제로 에탄올에 용해시키고 적당한 가소성을 부여하며 폴리비닐 피롤리돈 또는 이것의 초산비닐 공중합체나 아크릴수지알카놀아민액이나 비닐메칠에텔, 말레인산부틸공중합체 등이 피막형성제로 사용된다. 용제로는 대부분 에탄올을 사용하나 1989년 프레온 규제 이후 제품의 화염성을 억제시키기 위해 일부 정제수를 사용하기도 한다. 한편, 분사제의 선택 및 배합 시 수지 용해성, 압력이나 분무 상태, 캔의 부식 등 충분한 검토를 행할 필요가 있다. 분사제로는 액화석유가스(LPG)나 디메칠에텔(DME)가 사용된다. 주요 성분은 에탄올, 세팅레진, 가소제, 분사제이다.

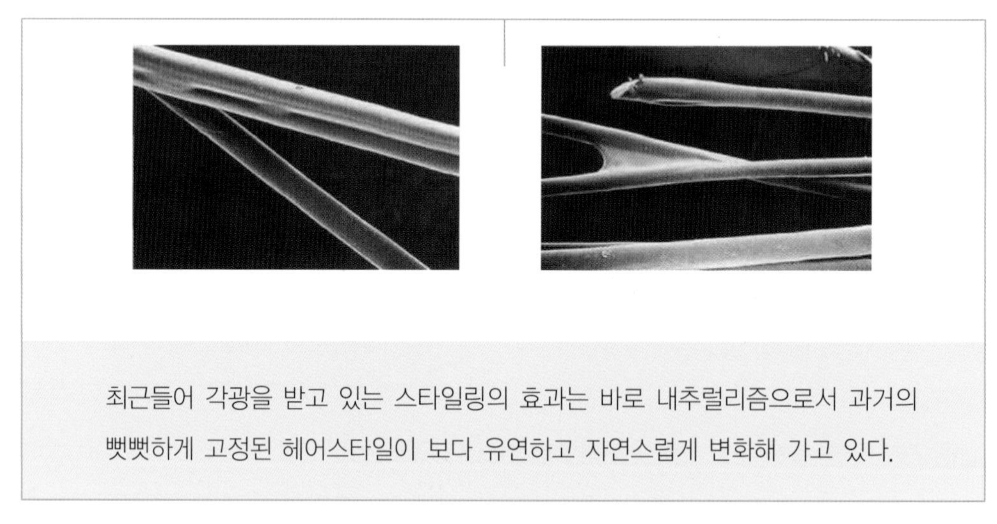

최근들어 각광을 받고 있는 스타일링의 효과는 바로 내추럴리즘으로서 과거의 뻣뻣하게 고정된 헤어스타일이 보다 유연하고 자연스럽게 변화해 가고 있다.

[그림 4.12] 자연스러운 경향의 스타일링제

(3) 헤어 젤(Hair Gel), 글레이즈(Hair Glaze)

수용성 고분자에 가까운 점증제 정발 성분을 가미한 젤상의 투명 정발료를 말한다. 수용성 고분자로는 카르복시비닐폴리머, 메틸셀룰로오스, 카라기난 등이 이용된다. 하드 타입 헤어젤은 정발 성분으로 수지가 첨가되고 드라이한 마무리감을 주며, 웨트 타입 헤어 젤은 정발 성분으로 글리세린 등의 보습제가 다량 첨가되어 촉촉한 마무리감을 준다. 주요 성분은 수용성 고분자, 세팅제, 보습제, 계면활성제, 알코올, 물이다.

(4) 세팅 로션(Set Lotion), 컬러 로션(Curler Lotion)

브러시나 컬러(Curler)를 이용해 모발을 스타일링하는 경우에 사용하는 세팅 로션이나 컬러 로션은 검류나 수지류 등을 에틸 알코올과 정제수 용액에 용해시킨 것이다. 세팅 성분은 초기에는 천연 검류가 이용되었지만, 현재에는 안정화된 합성 고분자가 이용되고 있다. 수지를 선정할 때는 세팅력, 피막 특성과 더불어 디스펜서의 막힘에도 주의할 필요가 있다. 수지만으로는 피막이 박리되어 흰 가루가 날리는 듯한 경향이 있으므로 보습제나 가소제를 세팅력에 유의하면서 첨가한다.

(5) 헤어 리퀴드(Hair Liquid)

정발 성분을 용해시킨 에틸 알코올 수용액으로 포마드나 크림에 비해 부드러운 정발 효과가 있고, 헤어 오일에 비해 깔끔한 마무리감을 주며 세발이 용이하다. 정발제로는 주로 폴리알킬렌글리콜이 사용되며, 안경줄이나 빗 등의 셀룰로이드를 상하지 않게 하고, 옷에 묻어도 쉽게 제거할 수 있는 끈적임이 적은 제품으로 개선되고 있다.

(6) 포마드(Pomade), 헤어 스틱(Hair Stick)

포마드는 젤리와 같은 딱딱한 반고형의 오일로서 모발에 광택을 주고 헤어스타일을 정돈하기 위해 사용된다.

포마드에는 식물성 포마드와 광물성 포마드가 있는데, 식물성 포마드는 반투명으로 광택이 있고 적당한 경도와 점성을 유지하고 있어 모발이 뻣뻣한 사람들이 선호하며, 피마자 오일이나 목납을 주원료로 한다. 광물성 포마드는 끈적이지 않는 산뜻한 타입의 정발제로서 원료의 냄새가 적으며, 모발에 향기를 주는 목적으로 이용되며 바세린이 주원료이다.

헤어 스틱은 스틱상의 고형 정발제로서 특히 뻣뻣한 모발을 정돈하는데 사용된다. 헤어 스틱은 포마드에 비해 단단함을 증가시키기 위해 고형의 유지원료를 많이 사용하며, 카본 블랙을 적당량 첨가해 백발이 눈에 띄지 않게 하는 목적으로도 사용된다.

(7) 헤어 왁스(Hair Wax)

모발에 적당한 윤기를 주며, 내추럴한 세팅력을 지녀 흐트러진 모발을 정돈하며, 재정발이 가능하도록 만들어진 고형 정발제이다. 최근들어 모발을 자연스럽게 정발할 수 있는 왁스 제품이 더욱 대중화되면서 새로운 제형과 다양한 타입들로 개발되고 있다. 왁스의 주요 구성 성분은 고형의 유분으로, 납류, 고급알코올, 고급지방산, 탄화수소와 유동 파라핀, 보습제, 계면활성제 등이 첨가된다.

5) 퍼머넌트 웨이브(Permanent Wave)제

메이크업(Make-up) 과 같이 모발에 웨이브를 주는 것도 고대 이집트 시대에 이미 있었다는 기록이 있다. 이집트인들은 머리카락을 나무봉에 말고 나일강 유역의 진흙을 발라서 태양열에 말려 모발에 웨이브를 만들었는데, 이는 알칼리성 성분의 토양이 직사광선의 열로 인해 화학 변화를 일으켜 웨이브가 형성되는 원리인 것이다.

그리스 로마인들은 불로 데운 막대기로 웨이브를 만들었고 이러한 방법은 19세기까지 지속되었는데, 이러한 웨이브는 곧 풀리고 말았다.

1905년 네슬러(Nestler)가 알칼리 수용액과 전기가열을 이용하여 열 퍼머(Heat Wave)를 개발하였다. 1923년 Startory가 전열대신에 화학반응열을 이용한 펌을 개발하였고, 이후 Goddard, Michelis에 의해 티오글리콜산염을 이용한 펌이 개발되었다.

1936년에는 J.B 스피크먼(Speakman)이 기존에 100℃ 정도의 가열이 필요했던 시술을 40℃ 정도 온도에서도 가능하도록 하여 콜드 퍼머넌트 웨이브(Cold Permanent Wave)의 시대를 열었다. 이후 1940년경 미국에서 티오글리콜산을 주제제로 하는 콜드 퍼머넌트 웨이브 로션의 개발과 1950년대 시스테인이 사용되면서 현재에 가까운 제품들이 정착되었다.

(1) 펌의 원리

모발은 케라틴 단백질로 구성되어 있는데, 이들 단백질 분자가 단단히 결합하고 있어서 모발의 형태가 유지된다. 모발 단백질 간 존재하는 결합의 형태는 염결합, 펩타이드 결합, 시스틴 결합, 수소 결합으로 그물 구조를 취하고 있는데, 이중 시스틴 결합(-S-S-)은 다른 섬유에서는 볼 수 없는 측쇄결합으로 케라틴을 특징짓는 것이다.

모발에 웨이브를 형성시키는 원리는, 바로 시스틴 결합을 절단시켜서 모발을 원하는 형태로 만든 후에, 다시 시스틴 결합을 복원함으로써 웨이브 형태를 유지하게 하는 것이다.

모발은 산에는 강한 저항력을 지니는 반면 알칼리에는 약하다. pH가 상승하면 안정성이 떨어져 pH 12에서는 시스틴 결합이 끊어져 용해되기 시작한다. 가장 견고한 시스틴 결합을 1제인 환원제로 절단하고, 2제인 산화제로 다시 새로운 시스틴 결합을 생성하는 것이 퍼머넌트 웨이브의 작용기전이다.

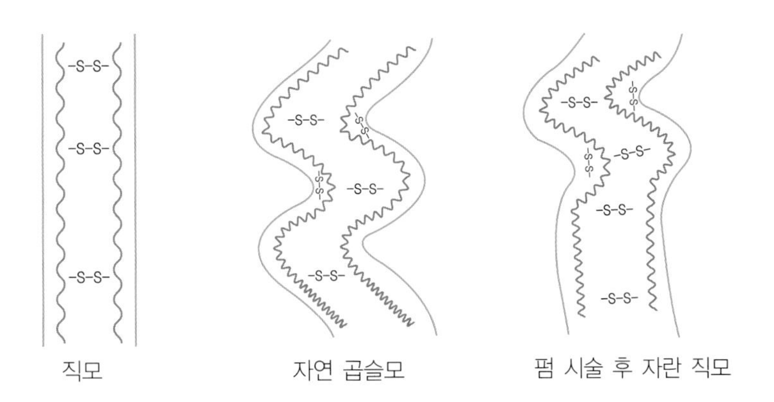

[그림 4.13] 직모와 퍼밍모의 다리 결합

처리 전

자연 상태의 모발로서 시스틴 결합 (-S-S-)이 정상적인 상태다.

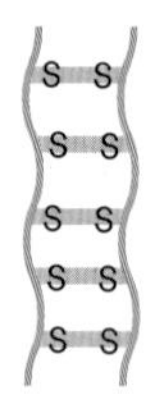

▼

1제(환원제) 도포

1제에 함유된 환원제(H)의 작용으로 시스틴 결합이 절단되고 티올(-SH)기로 환원된다. 이때 컬을 말아 고정시킨다.

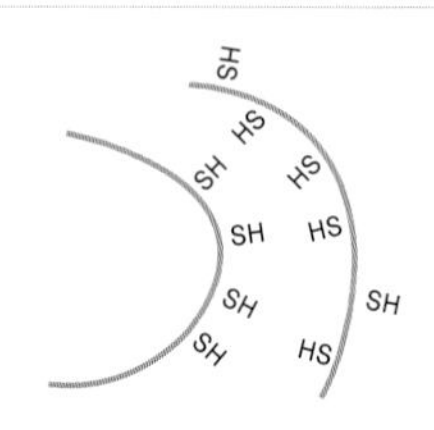

▼

2제(산화제) 도포

환원된 티올(-SH)기가 산과 결합하여 그 위치에서 새로운 시스틴 결합을 형성함으로써 웨이브가 고정되고 탄력이 회복된다.

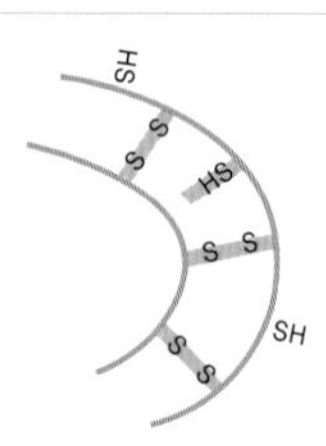

[그림 4.14] 펌의 원리

(2) 펌제의 성분

1제의 작용은 환원작용으로, 1제 중에 함유되어 있는 알칼리 성분에 의해 모발을 팽윤시켜 모표피가 열리고, 환원제가 모피질 내에 침투한다. 모피질의 단백질 섬유를 횡으로 연결하고 있는 시스틴 결합이 절단되어 시스테인(Cysteine)으로 환원되어 모발 본래의 탄력이 상실된다. 즉 모발이 부드럽고 변형되기 쉬운 상태로 변한다. 이때 모발을 로드로 감아 일정 시간 환원작용의 진행을 기다리면 시스틴 결합의 배열이 화학적, 물리적으로 불안정하게 변한다.

1제에는 주제인 환원제와 알칼리제, 안정화제, 계면활성제, 보습제, 향료 등이 첨가된다.

① 환원제로서 티오글리콜산류를 주성분으로 하거나 또는 시스테인류를 주성분으로 하는 경우가 있다. 티오글리콜산 및 그 염류는 환원력이 강하며 티오글리콜산의 양과 알칼리제를 조정하여 웨이브의 강약을 조절할 수 있다. 시스테인류는 티오글리콜산계와 비교하여 냄새 자극이 적고 모발 손상이 덜하지만 웨이브 형성력이 약하다는 단점이 있다. 티오글리콜산이나 시스테인을 주성분으로 하는 펌제를 알칼리성 퍼머제라고 한다. 티오글리콜산의 글리세린에스테르를 주성분으로 하는 것을 산성 퍼머제라 하며, 알칼리성 퍼머제보다 웨이브 형성은 약하지만 탄력이 풍부한 웨이브를 만들 수 있고 모발 손상도 줄일 수 있다.

② 알칼리제는 pH 상승에 따라 모발의 팽윤을 증가시켜 환원제의 효력 증대하고 웨이브 형성력을 강하게 한다. 알칼리제로서 암모니아, 유기아민, 모노에탄올아민 등이 사용된다. 암모니아(Ammonia)는 웨이브 형성 효과가 우수하고, 휘발성이므로 모발에 잔류하지 않아 안전성 면에서 유리하여 많이 사용되지만, 냄새가 자극적인 것이 단점이다. 모노에탄올아민(MEA, Monoethanol amine)은 냄새가 없고 웨이브 형성력이 강하지만, 휘발되지 않기 때문에 모발에 잔류하여 자극이 될 수 있으므로 물로 잘 씻어내야 한다. 중성염은 냄새나 자극에 있어서 암모니아수나 아민류의 결점 보완한 것인데 웨이브 형성력이 낮다.

③ 이 밖에 안정화제로 금속이온 봉쇄제와 유효 성분 침투와 유화를 위해 계면활성제, 유분, 향료 등이 배합된다.

2제의 작용은 산화작용으로, 모발 내부의 시스틴 결합을 재결합시켜 웨이브를 고정하고, 모발의 탄력을 원래대로 회복시킨다. 여기에는 산화제와, 안정제, 계면활성제와 유분, 향료 등이 적절히 배합된다.

① 산화제로서 브롬산나트륨, 브롬산칼륨 등을 주성분으로 하거나 과산화수소수를 주성분으로 하는 제품이 있다. 브롬산나트륨은 과산화수소에 비해 산화력이 부드럽고 액성도 중성에 가까우므로 1제 처리 후의 모발에 무리한 부담을 주지 않으며 산화 작용이 이루어진다. 과산화수소수는 강산화제로서 서구에서 많이 사용되나 우리 나라에서는 탈색작용이나 모발의 손상 등의 이유로 많이 사용되지 않는다.

② 이 밖에 pH 완충제를 배합하여 일정한 pH하에서 산화반응이 진행되도록 하고, 안정제나 계면활성제, 유분 등이 첨가된다.

펌을 시술할 때 1제를 도포하는 방법에는 두 가지가 있는데, 1제 도포 후 와인딩을 하거나, 와인딩과 동시에 1제를 도포하는 방법이 있다.

건강한 모나 발수성 모의 경우는 1제를 먼저 도포하여 로드에 말거나, 1제 도포 후 열을 쏘여 전처리 후 도포하는 방법을 쓰고, 손상된 모나 흡수성 모의 경우에는 말면서 1제를 도포한다.

손상이 심한 모는 트리트먼트가 함유된 제품으로 코팅해 줄 수 있는 펌제를 선택한다.

한편, pH에 따라 펌제를 선택할 수 있는데, 굵은 모발은 티오글리콜산(pH 9.0~9.5)을 주제로 한 제품을 사용하고, 보통모나 손상모의 경우 시스테인(pH 7.5~9.0)을 주제로 한 제품을 선택하고, 극손상모의 경우 pH 4.5~7.0의 약산성 제품을 이용할 수 있다.

6) 염모제(Hair Color)

천연 광물이나 식물을 이용하여 모발을 염색하는 것은 고대 이집트에서 이미 행해지고 있었다. 이집트 인들은 헤나(henna) 가루를 다른 식물성 추출물이나 금속 합성물질과 혼합하여 모발 색을 바꾸기 위해 사용하였다고 전해진다.

1863년에는 호프만(Hofman)이 인공 합성 염료인 파라페닐렌디아민(*p*-Phenylenediamine) 만들어 인공 합성염모제의 발전에 박차를 가하였고, 1872년 Griess가 오르토 페닐렌디아민을 합성하여 두발 염색의 중간체가 현대적으로 완성되게 되었다.

그러나 파라페닐렌디아민 성분이 피부염 문제를 일으켜 1960년 독일에서 판매금지되고 뒤이어 프랑스에서도 사용이 금지되었다. 유럽에서 금지된 성분이 미국이나 국내에서는 아직까지 사용되고 있다.

모발 염색으로 다양한 색상 표현이 가능하다.
국내에도 PPD와 암모니아가 포함되지 않은 제품이 출시되고 있다.

[그림 4.15] 모발 염색 제품

모발 염색은 백발이나 새치를 커버하기 위한 목적이나 두발에 다양한 색감을 줌으로써 패션 수단으로 활용하기 위해서 빈번하게 시술되고 있다.

염모제는 모발과 화학반응을 일으키며 작용성이 강하기 때문에 약사법상 의약외품에 해당되며 피부와의 접촉을 피하는 등의 사용상 엄격한 주의가 요구된다.

염모제의 구비 조건

- 안전성 : 피부와 접촉해 접촉성 피부염을 일으키지 않아야 하며, 피부나 모발을 손상시키지 않아야 한다.
- 물리·화학적인 안정성 : 염색 후 공기, 햇빛, 마찰, 땀에 의해서 안정하여 변색이나 탈색이 되지 않아야 한다. 또 펌제나 샴푸나 린스 등의 두발 제품 사용으로 인해 변화되지 않아야 한다.
- 균일한 효능 : 모발의 굵기, 색상 등에 따른 차이는 있으나 사람과 모발에 따라 현저히 색상 차이가 나지 않아야 한다.
- 색상의 발현 : 염색이 잘 되고 자연스럽고 아름다운 색조가 나타나야 한다.
- 사용의 편리성 : 사용이 간편하고, 단시간 내에 원하는 효과를 얻을 수 있어야 한다.

염모제는 모발의 가장 외층인 큐티클층과 접촉한다. 액체인 염모제가 고체인 모발에 흡착하고 다음단계로서 세포막(Cell Membrane Complex)를 통하여 큐티클을 통과하여 모피질(Cortex) 내부로 침투하여 확산된다. 염모제가 발색을 하는 부위, 염모 효과의 지속성에 따라 크게 일시 염모제, 반영구 염모제, 영구 염모제로 분류할 수 있다.

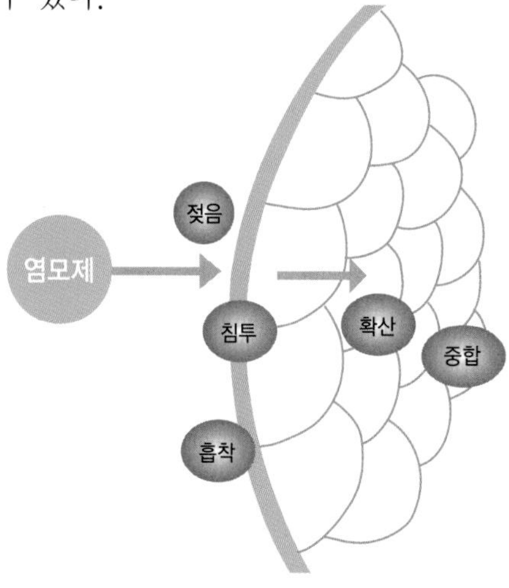

[그림 4.16] 염모제의 작용원리

(1) 모표피(큐티클) 최외층의 표면을 염색

모발의 최외층에만 안료나 염료가 착색되어서 물리적인 방법으로 모발이 염색되는 것이다. 유지로 부착(컬러 스틱)하거나, 수용성 폴리머의 젤로 부착(컬러 젤)하거나 고분자 수지로 접착(컬러 스프레이, 컬러 무스)시키는 등 다양한 방식과 제형이 있다. 이런 물리적 매커니즘에 의한 염모제를 일시 염모제로 분류하며, 색의 지속력이 약해 1~2회의 샴푸로 간단히 씻겨 나가지만, 사용법이 간단하고 안전성이 높다.

(2) 모표피(큐티클) 내부와 모피질 내의 일부를 염색

산성 염료가 모소피 내층과 모피질 내의 일부에 까지 침투되어 이온결합으로 침착·염색되는 원리이다. 염색 지속 효과는 1개월 정도로 반영구 염모제로 분류한다. 통상 4~6회 샴푸로 사라지며, 코팅 컬러, 산성 컬러, 매니큐어 등의 제품이 있다.

(3) 모피질(Cortex) 내부를 염색

모피질 내부로 저분자 색소를 침투시키고 고분자 염료로 반응시켜 모발 외부로 색소가 빠져나갈 수 없게 함으로써 장기적인 염모 효과를 가지는 것이다. 영구 염모제로 분류하며, 산화염모제, 금속성염모제, 식물성염모제 등이 있다

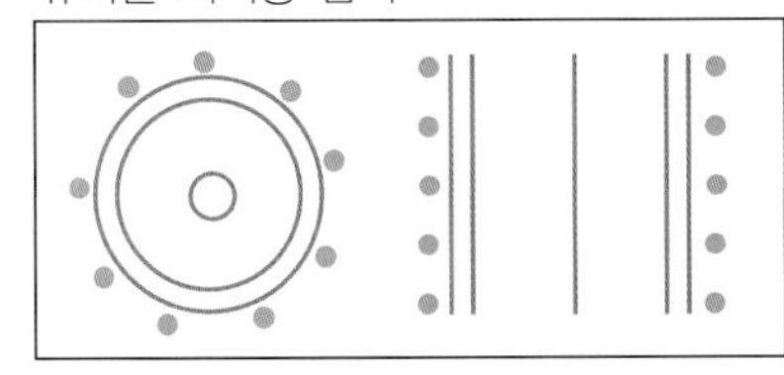

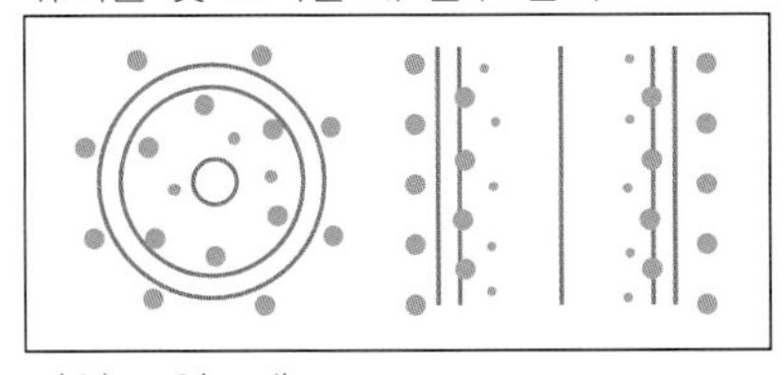

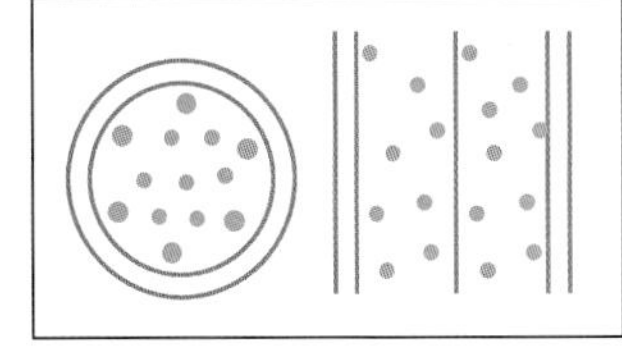

[그림 4.17] 염모제의 종류에 따른 메커니즘

[표 4.26] 염모제의 종류와 특징

구분	작용 부위	염모 원리	지속력	pH	명칭
일시적 염모제	모표피	일시흡착	2~3일	다양	다양한 형태 색소침착 우려
반영구 염모제	모표피, 일부 모피질 내부	이온결합	1개월	3~5	저자극성 물빠짐 우려
영구 염모제	모피질 전체	산화중합 반응	장기간	9~10	다양한 색상과 명도 조절 가능 부작용 우려

① 일시 염모제 (Temporary Hair Color)

모발 표면에 착색제가 부착되어 물리적으로 염색이 되기 때문에 법적으로 화장품류로 분류된다.

새치를 커버하거나 모발 색에 하이라이트를 주는 용도로 주로 사용되며, 스틱, 젤, 스프레이, 무스 등 다양한 제형이 있고, 컬러 스틱, 컬러 스프레이, 컬러 젤, 컬러 무스, 컬러 마스카라 등 여러가지 명칭으로 불린다.

스틱 타입의 경우 왁스나 오일을 베이스로 하고 스프레이나 액상 제품은 에틸 알코올 등을 베이스로 하는 등 각각의 제형에 따르는 용제 베이스를 바탕으로 원하는 모발의 색을 만들기 위한 착색제가 배합된다. 배합되는 색재는 카본 블랙, 안료가 주를 이루며 산성 염료가 이용되는 경우도 있다.

모발에 부착된 착색제가 의복에 이염되거나 땀이나 비로 흘러 내리는 것을 방지하기 위해 고분자(Resin)를 배합하기도 한다.

② 반영구 염모제(Semipermanent Hair Color)

약사법상 화장품으로 분류되며, 모발이 손상되지 않고 사용법이 비교적 간편하여 널리 사용되고 있다. 착색제로 아조계 산성 염료가 사용되며 용제로 벤질알코올이 배합되어 염료가 모발에 쉽게 침투되게 하여 염모성을 향상시키고 색상도 유지한다. 산성에서 염색하면 염모 효과가 뛰어나 구연산 등을 배합해 pH를 조정한다. 손이나 두피에 염착이 되기 쉽기 때문에 염착성과 염모 효과 간의 균형적인 설계가 필요하다.

보통 1회 사용으로 완전히 염모시킬 수 있도록 처방되지만 수회 사용으로 서서히 염모되는 컬러 린스도 이에 속한다.

③ 영구 염모제(Permanent Hair Color)

영구 염모제는 약사법상 의약외품으로 분류되며 크게 산화염모제, 식물성 염모제, 금속성 염모제가 있다. 식물성 염모제는 헤나의 잎이나 카모마일의 꽃을 원료로 하는데 염색 효과가 낮다. 광물성 염모제는 납, 철 등 금속 산화물을 이용하는 것인데 유독하여 사용되지 않는다.

산화형 염모제는 염모의 색조가 풍부하고 선호하는 색조로 염색이 가능하면서 색이 변치 않기 때문에 널리 사용되고 있다. 산화형 염모제는 염모제(1제)와 산화제(2제)로 구성되는데, 저분자량의 산화 염료(아민계, 페놀계화합물)에 산화제를 작용시켜, 1제의 염료가 2제에 의해 산화 중합 반응을 일으켜 염색의 효과가 나타난다.

[표 4.27] 산화 염모제의 주요 성분

1제(염모제)	2제(산화제)
염료 중간체(염료 전구체)	과산화수소
염료 조색제(Coupler)	pH 조절제
알칼리제	
겔화제	
용제	

산화형 염모제로 모발을 염색하기 위해서는 1제와 2제를 혼합하여 모발에 도포하여 방치하면 된다. 이는 1제에 배합된 염료 조색제(Dye Intermediate)와 염료 수정체(Coupler)가 중합하여 염료가 발색이 되면서 모발이 염색되는 원리이다. 염료 중간체 자체는 색상이 없고, 산화될 때 색상이 발현되는 염료의 전구물질이다. 염료 조색제는 산화 시 단독으로는 색상이 발현되지 않으며, 염료 중간체와 결합하여 색상을 다양하게 변화시키는 물질이다.

염료 중간체와 염료 조색제가 모발 내부로 침투되기 위해서는 알칼리제가 필요하다. 모발이 알칼리제의 작용에 의해 팽윤되어 큐티클 층이 열리면 염모제의 성분이 모발 내부로 침투한다.
알카리제로 주로 쓰이는 것은 암모니아(Ammonia)인데, 냄새가 자극적이지만 휘발성이어서 모발에 거의 잔류하지 않아 모발 손상이 적다.
크림 타입인 모노에탄올아민(MEA)도 사용되는데,
냄새는 적지만 비휘발성이어서 모발에 잔류하여 모발 손상을 줄 수 있다.

팽윤작용
알칼리제에 의해 모발이 팽윤한다.

팽윤되어 열린 표피층 사이로 1제와 2제의 혼합액이 모피질 내부로 침투한다.
1제의 염모제는 아직까지는 무색이다.

침투작용
모발 내부로 1제와 2제가 침투한다.

알칼리제가 2제의 과산화수소의 반응을 활성화시켜 산소의 발생을 촉진한다. 여기서 생성되는 산소는 염료 중간체와 결합을 이루게 된다.

결합작용
알칼리제와 과산화수소가 반응하여 산소 발생

알칼리제와 과산화수소에 의해 모발 속의 멜라닌 색소가 파괴되어 모발이 탈색된다. 동시에 과산화수소에 의해 무색이던 염료가 산화되어 발색이 된다.
통상 6%의 과산화수소가 사용된다.

과산화수소에서 분해된 산소에 의해서 작은 입자를 가진 염료가 중합하여 유색의 큰 입자로 바뀌고, 멜라닌 색소가 탈색된 모발에 자리 잡아 착색된다.
염료는 분자량이 큰 불용성 색소로 변했으므로, 샴푸 등에 의해 색소가 빠져나올 수 없어 염색 효과가 지속된다. 염료가 모피질 내 균일하게 분산되어 자리 잡으면 큐티클층을 정돈하고 염색을 마무리한다.
이러한 염색의 과정은 각 성분의 연속적이면서도 동시적인 작용의 결과이다.

● 알칼리제 ⊕ 과산화수소 ⬮ 색료

염색 전	염색 후
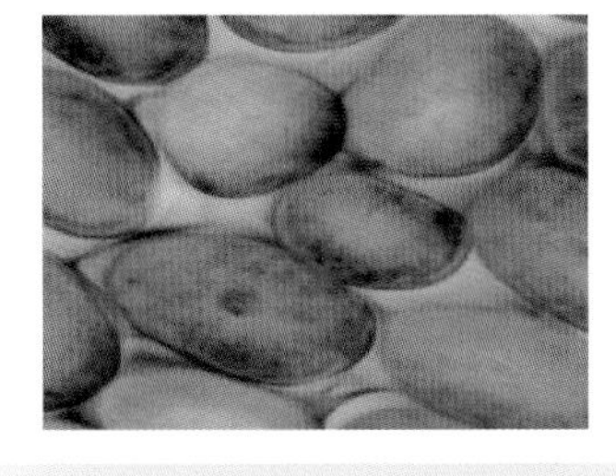	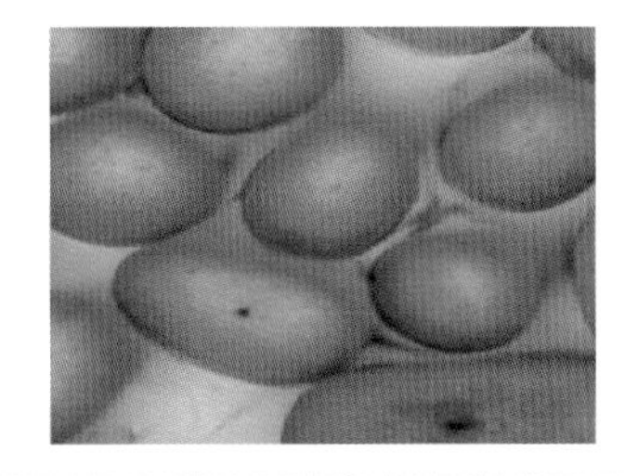
큐티클층엔 색소가 없고 코텍스층에 색소가 분산됨	큐티클층과 코텍스층에 염색이 완료됨

[그림 4.18] 염색 전후의 멜라닌

동양인은 거의 흑색의 모발이기 때문에 산화제의 작용 또한 중요하다.

염료 중간체나 염료 조색제에 의해서 원하는 염료가 생성되더라도, 모발 자체가 어둡기 때문에, 우선 산화제에 의해 멜라닌 색소가 탈색되어야 원하는 색상의 염료가 발현될 수 있는 것이다. 때문에 산화 염모제를 이용하면 백발머리 염색뿐만 아니라, 어두운 모발이라도 다양한 패션 염색(Fashion Dye)이 가능해 진다.

염료 중간체와 염료 조색제의 조합, 중합도에 차이에 따라서 다양한 색조를 얻을 수가 있다. 같은 염료 중간체를 쓰더라도 단독으로 쓰는지, 혹은 다른 염료 중간체나 염료 조색제와 배합하여 쓰는지에 따라서 다른 색조를 얻을 수 있다.

염료 중간체를 단독으로 사용하는 경우의 염모 색조는 아래와 같다.

[표 4.28] 염료 중간체(염료 전구체)의 색상

염료 중간체	산화 색상
파라 페닐렌디아민	암갈색
파라 아미노페놀	밝은 황갈색
오르토 페닐렌디아민	오렌지색
오르토 아미노페놀	진황색

염료 중간체와 염료 조색제를 배합하는 경우의 발색 색상은 다음과 같다.

[표 4.29] 염료 중간체와 염료 조색제의 색상 조합

염료 중간체	염료 조색제	조합 산화 색상
p-페닐렌디아민	m-페닐렌디아민	청자색
p-아미노페놀	m- 아미노페놀	밝은 갈색
	레조르신	녹갈색
	하이드로퀴논	밝은 회갈색
	m- 페닐렌디아민	청색
	m- 아미노페놀	적갈색

파라페닐렌디아민(p-Phenylenediamine, PPD)은 산화형 염모제에서 가장 많이 사용되는 염료 중간체이다. 단독으로 사용하는 경우 암갈색으로 모발을 염색시키지만, 염료 조색제를 배합하는 경우 다양한 색상으로 모발을 염색할 수 있다.

산화형 염모제는 단점은 모발을 손상시킬 수 있다는 것이다. 알칼리제에 의한 모발 손상이나 과산화수소에 의해 모발 강도 저하나 탄력성 저하가 올 수 있다. 또 감촉도 나쁘게 된다. 따라서 염색 후에는 세심한 헤어 케어나 트리트먼트가 필요하다.

특히 산화 염료에 대하여 알레르기 반응을 일으키는 사람이 있기 때문에 사전에 패치 테스트(Patch test)를 하도록 한다.

7) 탈색제(Hair Bleach)

탈색제는 모발을 탈색하는 제품으로, 모발을 염색하는 제품이 아니지만 모발의 자연 색소인 멜라닌을 산화 분해하여 모발의 색상을 변화시키는 제품이다. 약사법상 의약외품의 염모제로 구분된다.

영구 염모제와 같이 주로 1제와 2제로 구성되어 있다. 1제는 알칼리제를 주성분으로 하고, 2제는 산화제인 과산화수소를 주성분으로 하여 사용 시 혼합한다.

모발의 기본 색상과 멜라닌의 양에 따라 모발의 탈색 정도가 변화되는데, 강력한 블리치 효과를 위해 부스터(Booster)를 첨가하기도 한다.

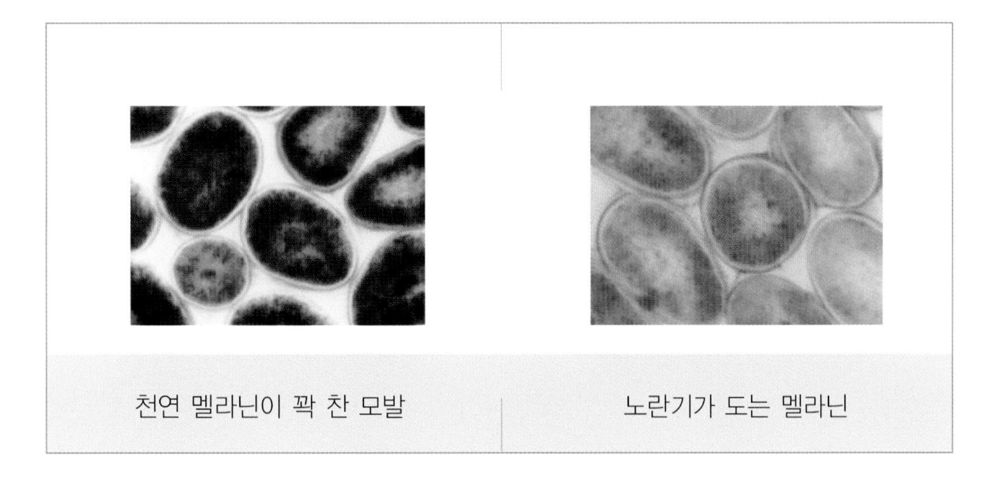

[그림 4.19] 탈색 전후의 멜라닌

탈색제는 파우더 제형과 크림 제형이 대표적이며 액상, 오일, 에멀션 타입이나 샴푸에 과산화수소수를 섞어서 사용하는 샴푸 블리치도 있다.

탈색 시에는 탈색을 원하는 정도와 모발의 상태에 따라서 적적한 제형을 선택하여 사용하며, 탈색제는 pH가 9~11 정도로 매우 높으므로 모발 손상이나 사용 시의 주의가 필요하다.

탈색제를 흔히 탈염제와 혼동되기도 하는데, 모발의 자연 색소인 멜라닌을 제거하는 탈색제와는 달리, 탈염제는 인공 색소 작용인 염색으로 인해 변화된 모발 색을 제거하는데 사용하는 제품이다.

8) 탈모제(Epilatory)와 제모제(Depilatory)

미용상의 이유 등으로 체모를 제거하는 방식에는 피부 표면의 털만을 제거하는 방법과 모근까지 제거하는 방법이 있다.

피부 표면의 모발만을 제거하는 제품을 제모제(Depilatory)라고 하며 여기에는 화학적 방법이 사용된다. 물리적인 힘을 이용하여 모근부터 털을 제거하는 제품을 탈모제(Epilatory)라고 하며, 그 효과 지속성은 제모제보다 길다.

하지만, 모발의 성장기는 부위마다 다르고, 같은 부위에서도 모의 종류에 따라 모주기가 다르며 개인 간의 차이도 존재하므로 실제로는 2~3주간마다 처치가 필요하다.

(1) 탈모제(Epilatory)

탈모제에는 왁스를 털에 도포한 채 냉각하여 고화된 왁스와 함께 털을 제거하는 왁스 타입, 물엿 상태의 점착성 있는 젤을 얇게 발라 부직포로 밀착시켜서 제거하는 젤 타입, 강력한 접착 테이프를 이용하는 접착 시트 타입의 제품이 있다.

모두 약간의 숙련이 필요한데, 겨드랑이의 굵은 모의 경우 왁스 타입이 적당하고, 가는 모는 젤 타입이나 접착 시트 타입으로도 효과를 볼 수 있다.

탈모제는 모근을 제거하는 것이므로 지속성이 제모제보다 길지만, 접착력이 강한 시트 타입은 피부에 손상을 주는 경우가 있으므로 같은 부위를 여러 번 탈모하지 않도록 한다. 또 탈색한 모를 탈모할 시에는 모근에서 뽑히지 않고 도중에 잘리는 경우가 많다.

(2) 제모제(Depilatory)

화학적인 방법으로 털을 제거하는 제품으로 탈모제에 비해 통증이 없고, 왁스 타입과 같이 가온할 필요가 없어서 가장 널리 이용되고 있다.

모의 케라틴 단백질의 시스틴 결합을 환원하여 절단하는 원리를 이용하는 것으로, 신속하고 효과적인 제모를 위해 모를 팽윤시켜야 하므로 알칼리(pH 11~13) 상태이다. 환원제로 널리 쓰이는 것은 티오글리콜산염으로, 농도는 4% 이상, pH는 12 이상으로 하여, 제모제를 바른 후 5~8분 이내에 모를 제거하도록 한다. 화학적 작용이기 때문에 염증을 일으키는 경우가 있어 사용상 주의가 필요하다.

INSIGHT 제모의 올바른 상식

미용을 목적으로 신체의 불필요한 부분의 털을 제거하는 제모는 이제는 필수적인 에티켓이 되었다. 제모의 방법으로는 일시적 제모인 면도기나 핀셋을 이용한 방법, 털을 용해시켜 화학성분을 첨가한 액체 연고, 크림, 로션, 거품 형태를 이용한 화학적 제모 방법, 모근부터 털을 제거하는 왁스(Wax) 이용하는 방법, 반영구적 제모인 털이 자라는 뿌리를 없애주는 레이저를 이용한 방법이 있다. 어떠한 제모법이라도 잘못된 제모법은 피부에 자극을 주게 되어 모낭염이나 피부 트러블을 유발할 수 있으므로 반드시 주의하여야 한다. 제모는 여름철에 더 많이 하게 됨으로 자외선에 노출이 되면 제모한 부위에 색소침착이 생길 우려가 있다. 그러므로 제모하기 전에는 제모 크림이 피부에 자극이 있는지 먼저 테스트를 하여 면역반응이 있는지 확인을 하는 것이 바람직하다. 제모 후에는 바로 자외선 노출은 피하는 것이 좋으며, 로션을 발라서 피부를 진정해 주는 것이 좋다. 제모하기 전 제모 크림을 피부에 자극이 있는지 먼저 테스트를 해서 면역반응이 있는지 확인을 하는 것이 바람직하다. 또한, 피부에 상처나 피부염이 있거나, 정맥류나 혈관에 이상이 있는 경우, 일광으로 홍반이나 화상이 입은 경우, 당뇨병이나 간질 환자, 모세혈관 확장증이 있어 민감한 경우는 제모를 금해야 한다.

5. 전신관리 화장품

1) 목욕용 화장품

(1) 보디 샴푸(Body Shampoo)

보디 샴푸는 피부 표면의 오염을 제거하여 청결을 유지하는 목적으로 사용되는 제품이다. 가장 오래된 피부 세정제인 고형 비누의 기능에 부가하여 풍부한 기포력과 기호성 높은 향을 지니면서 사용감이 우수한 액상 보디 세정료가 1970년대 초부터 보급되기 시작했다.

보디 샴푸는 기포 그 자체를 즐기려는 욕구 만족을 위해서 크리미(creamy)하고 매끄러운 기포의 질과 높은 기포 지속성이 요구된다.

전신에 사용되는 세정제로서의 충분한 세정력을 지니고 있어야 하면서도 피부 생리 기능에 악영향을 주지 않고 오염만을 잘 제거할 수 있어야 한다.

얼굴에 비해 몸의 피지량이나 발한량은 적지만 아포크린선의 분포 부위는 대부분 몸에 있고, 인체의 지질 성분은 피지막을 형성하여 피부를 보호하지만 시간이 지나면 산화되므로 오염화된다. 또 각질층의 세포가 피지나 먼지와 함께 피부에 오래 잔류하게 되면 세균 번식이나 피부 질환의 원인이 된다. 수분이 증발된 땀은 염분이나 요소가 피부 표면에 남아 피부를 자극하게 된다.

따라서 피부 위의 여러 가지 오염 성분을 적절히 제거해야 할 필요가 있다.

그런데 피지선 유래의 지질은 세정에 의해 제거되어도 비교적 단시간에 회복이 되지만 각질층 유래의 지질은 회복 시간이 훨씬 더 걸리기 때문에, 세정제가 각질층 내로 침투하여 각질 유래 지질을 용출시키면 좋지 않다. 또 세정으로 인해 NMF가 손실되는 것도 바람직하지 않다. 따라서 보디 세정료는 각질층 세포간에 존재하는 지질이나 수분 보유 성분을 가능한 보호하면서도 피부 위의 여러 가지의 오염 성분만을 효과적으로 제거하는 것이 필요하다.

액체 보디 세정료의 주성분으로는 기포 세정제로 쓰이는 음이온 계면활성제가 사용된다. 또 음이온 계면활성제의 자극성을 완화하면서 기포력이나 기포 성질 개선하며 사용감을 조정하도록 비이온 계면활성제와 양쪽성 계면활성제 등이 조합된다.

(2) 버블 바스(Bubble Bath)

버블 바스는 목욕용품 판매 시장에서 가장 인기 있는 상품 중 하나인데, 일반적으로 리퀴드, 겔, 분말 형태로 시판된다.

처방이 잘된 버블 바스는 세정력 외에도 피부 컨디셔닝 효과와 방취 효과를 주며 신체와 욕실에 좋은 향기를 풍기고, 감각 기관을 자극하며 신체를 이완시켜준다.

보디 클렌저와 버블 바스는 물에 젖은 먼지, 때, 피부의 기름기 등을 현탁시켜서 흔히 비누를 사용하여 욕조 안에 때가 끼는 것을 방지해준다.

좋은 버블 바스는 다음과 같은 특성을 지니고 있어야 한다.

① 버블 바스는 최소 세척제 농도에서도 풍부한 거품을 형성할 수 있어야 한다.

② 거품은 안정되어야 하며, 특히 비누를 사용하거나 때가 섞여도 안정되어야 한다. 또 다양한 온도 범위에서도 안정된 거품이 일어날 수 있어야 하고 헹굼도 잘 이루어져야 한다.

③ 비누를 버블 바스와 함께 사용할 경우에는, 비누를 나중에 사용해야 거품이 미리 부서지는 것을 막을 수 있다. 또 거품이 주는 미적인 요건을 목욕자에게 충족시켜줄 수 있으며, 더러워진 물을 욕조에서 제거하기가 쉬워진다.

④ 버블 바스는 욕조에 때가 끼어서 만들어지는 테두리가 생기지 않는 것이어야 한다.

⑤ 버블 바스는 눈, 피부, 점막에 자극이 없어야 한다. 버블 바스가 요도관의 하부에 자극 증상을 나타낸다는 주장이 있으므로 버블 바스 제품을 시판하기 전에 충분히 자극 물질에 대해 점검하는 것이 필수적이다.

⑥ 버블 바스는 신체를 효율적으로 씻어줄 수 있는 적당한 세정력을 지니고 있어야 한다. 피부에 심한 자극을 주는 것을 상쇄시키기 위해서 약간의 피부 에몰리언트를 첨가하는 것이 좋다.

(3) 바스 오일(Bath Oil)

바스 오일(Bath Oil)은 전체적으로 건조해진 피부를 윤활시키는 가장 간단하고 효과적인 방법이다. 바스 오일의 기능은 클렌징에 있는 것이 아니라 피부 윤활 작용에 있는 것이며, 때때로 신체에 방향을 주기 위해서도 사용된다.

젊은층과 노년층에 모두에 나타날 수 있는 건성피부의 경우에 심하지 않은 형태일 때는 피부가 약간 거칠어지고 인설이 떨어지는 것으로 나타난다. 그러나 심하게 피부가 건조하면 소양증(가려움증)이 올 수 있고, 이는 나이가 들수록 소양증의 발생 빈도와 소양증의 정도가 심해진다.

나이가 들면서 표피와 피하층에서 일어나는 퇴화 현상으로 피부가 얇아지고 한선과 피지선의 기능이 저하되므로 피부 표면이 건성화되고 표피가 일어나며 균열이 쉽게 일어나는 경향을 보인다. 이렇게 피부가 쇠퇴하는 이유는 각질층에서 수분을 대기 중으로 빼앗기는 속도가 표피 아래층이나 진피층에서부터 각질층으로 수분이 공급되는 속도보다 빠르기 때문이다. 특히 겨울철 난방을 한 실내에서는 피부 건조가 상당히 악화될 수 있다.

따라서 피부 표면의 기름기나 지질의 피막이 피부의 수분 손실을 지연시킨다는 것에 근거하여 건성피부를 보호하기 위해서는 바스 오일의 역할이 중요하다.

세계 최초의 팩은?

로마 황제 네로(재위 54~68)의 아내 포파에아 사비나는 벌꿀, 곡물, 빵 부스러기 등을 섞어 뷰티 마스크를 만들었다. 워낙 독특한 마스크여서 후대 사람들은 이를 '포파에아 마스크'라고 불렀다. 밤새 호화로운 마사지를 받고 난 다음날 아침에는 나귀의 젖으로 그 마스크를 닦아냈다.

그녀는 또한 나귀 젖, 요즘으로 말하자면 우유로 목욕을 한 문헌상 최초의 인물이기도 하다. 이에 대해 로마 역사서 《박물지》는 "나귀 젖은 얼굴의 주름을 없애고 하얀 피부를 유지하게 해준다."라고 적고 있다. 사비나는 평소 500여 마리, 여행할 때 50여 마리의 암나귀를 미용용으로 데리고 다녔다고 한다.

2) 데오도란트(Deodorant)

(1) 체취의 발생 요인

체취라는 것은 몸 전체에서 느껴지는 자연스러운 냄새를 말한다. 두발의 냄새, 겨드랑이의 냄새, 발 냄새 등 체 부위에 따라서 그 냄새의 질은 다르다.

인간의 체취는 개인이나 집단마다 다르고, 섭취한 음식의 복합 작용이나 신체적·심리적 조건에 따라서도 다르다. 사람의 체취는 사실상 자연스러운 것이며, 두 여성이 똑같은 옷을 입고, 씻고, 똑같은 향수를 사용했다 할지라도 체취가 다를 수 있는 것이다. 비록 사람은 체취의 차이를 쉽게 인식할 수는 없더라도 후각이 발달한 개(Dog)는 쉽사리 알아낸다. 체취라는 것은 지문이나 목소리처럼 전적으로 개인적인 특성이다.

체취는 피지선 및 한선의 분비물 때문에 생기는 것이지만, 피지의 구성 성분들이나 한선에서 발한된 땀 자체는 냄새가 없다. 피부 상재균에 의해서 발한선과 피지선 분비물이 분해되고 표피의 단백질이 분해되면서 강한 냄새가 나는 여러 가지 물질 발생하게 된다. 이 혼합체가 피부에서 자연스런 냄새를 형성하는 것이다. 최근 액취나 족취의 원인 물질의 하나로 저급 지방산이 규명되고 있다.

(2) 겨드랑이의 발한

발한은 피부 표면의 습기가 증발되며 열을 발산하여 체온 조절을 돕는 작용이며, 또 피부가 건조하지 않도록 보호하는 작용도 한다. 인체 표면에는 약 2,380,000여 개의 한선이 분포되어 있다고 추정되고 있다.

겨드랑이는 아포크린 조직이지만 통상 '과잉 발한'이라 부르는 땀의 홍수는 아포크린선보다는 에크린선의 작용 결과이다. 각 겨드랑이에 25,000개쯤 되는 에크린선은 다량의 땀을 분비할 수 있다. 땀을 많이 흘리는 사람의 경우에, 겨드랑이 한 쪽에서 단 시간당 12g 이상의 땀이 흘러나온다. 이렇게 국소적으로 과잉 발한이 생기면 개인의 침착성에도 영향을 미치고 옷감에도 영향이 간다.

에크린땀과 아포크린 땀은 방출 시에 무균·무취이며, 냄새가 나는 것은 유기

물이 풍부하고 세균 성장에 적합한 기질인 아포크린에서 세균 활동이 일어난 결과이다.

훨씬 더 양이 많은 에크린 땀은 꽤 묽은 수성 용액이고 액취의 근원으로는 덜 중요하지만, 에크린 땀 역시 간접적으로 냄새를 촉진시킬 수도 있다. 또 겨드랑이 털 역시 냄새를 촉진시키는데, 이는 아포크린을 집결시키며 세균 증식에 알맞은 표면을 더 넓게 해주기 때문이다.

(3) 데오도란트 제품의 작용 원리

좋은 체취를 갖는다는 것은 생물학적으로나 사회학적으로 대단히 중요하다.

체취의 강도는 개인적 상황이나 환경, 사회 · 심리적 조건에 따라 개인차가 있는데, 액취를 줄이거나 조절할 수 있는 몇 가지 조절 기전은 다음과 같다.

- 겨드랑이의 아포크린 발한을 줄이는 것
- 가능한 한 빨리 아포크린이나 에크린 한선에서 나오는 분비물을 제거하는 것
- 세균 성장을 저해시키는 것
- 발생한 체취를 억제하고, 냄새를 제거하는 것
- 향료를 첨가하여 마스킹(Masking)하여 체취를 가리는 것

데오도란트 제품은 이러한 작용 메커니즘으로 겨드랑이의 습기를 억제하거나 냄새를 제거하기 위해서 피부 단백 수렴제, 살균제, 취기 방지제 등의 유효 성분이 배합된다.

시중에는 스틱 타입, 로션 타입, 파우더 타입, 스프레이 타입 등의 제품이 출시되어 있다.

3) 핸드 크림(Hand Cream)

사람의 신체 중에서 손이나 목 부위처럼 의복으로 가려지지 않는 부위가 그 사람의 연령을 가장 쉽게 나타낸다고 한다. 손은 얼굴보다도 더 많이 노출되는 신체 부위이다. 여러 가지 점에서 손은 얼굴보다 환경에 의한 영향에 훨씬 더 취약하므로 손을 감싸고 있는 피부를 부드럽고 매끄럽게 유지하고 관리해주는 것은 중요하다.

핸드 케어(Hand Care) 화장품은 건조에 의한 피부 거칠음이나 물에 의한 거칠어짐으로부터 손을 보호해 주는 제품이다.

손에 가장 해를 주는 환경 중 하나는 뜨거운 세척제 용액일 것이다. 왜냐하면 이 세척제 용액은 지질을 용해시키기 때문에 세포막에 손상을 줄 수도 있기 때문이다. 또 피부 본래의 보습 인자와 보호 물질이 분비되는 것을 세척제가 제거시켜 피부가 건조해지고, 비듬 같은 것이 일어나서 일명 '설겆이 손'이라고 하는 거친 상태가 되도록 만든다. 핸드 크림은 손상된 피부를 유연하게 해주고 보습 작용을 해서 이런 거칠어진 상태에서부터 손의 피부를 회복시켜 준다.

좋은 핸드 크림이나 핸드 로션의 주된 특징은 빠르고 쉽게 발라지며, 끈적끈적한 막을 남기지 않는다. 또 핸드 케어 제품은 손을 부드럽게 만들어 주면서 손의 정상적인 발한 작용을 방해하지 않는 것이어야 한다. 대개 크림에 사용되는 원료들이 핸드 크림에도 사용될 수 있다. 손의 피부는 금이 가거나 터지기 쉬운 부분이므로 이런 피부를 진정시키고, 치유하기 위한 에몰리언트나 보습제, 소독용 방부제를 핸드 크림에 첨가 해주는 것이 일반적이다. 우수한 보습 효과를 갖기 위해 보습제나 바세린을 배합하고, 실리콘 오일이나 실리콘 고분자를 배합하기도 한다. 치유제로 가장 인기가 있는 것은 알란토인(allantoin)인데, 알란토인의 세포 증식, 세포 내 청소, 진정 작용은 이미 잘 알려진 것이다. 또 손을 희게 유지하거나 자외선으로부터 방지하기 위해 미백제나 자외선 방지제가 배합되기도 한다. 보통 핸드 크림에는 색소가 들어가 있고 사용 시에 상쾌한 기분을 주기 위해서 가벼운 향이 첨가되기도 한다.

6. 향수

향수를 뜻하는 영어 퍼퓸(perfume)은 라틴어 per(through라는 의미)와 fume (smoke라는 의미)의 합성어로 '연기를 통하여' 라는 어원을 지니고 있다.

인류에게 향은 종교의식과 결부되어 있는데, 고대 인도에서 처음으로 이용되었다고 하며, 향나무들을 태워나는 연기가 향수의 시초라 볼 수 있다. 종교의식을 행할 때 신체를 청결히 하고, 신에 대한 경의를 나타내기 위해 향을 사용하였다.

또 고대 그리스에서는 질병을 없애기 위해 아테네 광장에서 향나는 식물을 태우기도 하였고, 고대 이집트에서는 제물을 바치는 동물의 냄새를 제거하거나 죽은 사람의 시체에서 나오는 냄새를 없애기 위해 향을 사용하였다.

이집트 투탄카멘의 미이라 옆에서는 향고(향수 항아리)가 발견되어 세상을 놀라게 했는데, 고대 이집트 왕조들은 마르지 않는 나일강처럼 자신의 영혼을 지키기 위해 향을 애용하고 사체의 부패 방지와 보존을 위한 약품으로 사용했다.

우리나라 단군신화에 의하면 우리나라 사람들의 첫 생활 근거지가 태백산 꼭대기 신단수 아래로 전해지고 있는데, 태백산은 지금 묘향산으로 추측되는 바 묘향산은 야릇한 향내나는 산이라는 뜻이다. 하늘에 제사를 지내거나 기원할 때에 향나무 가지를 사르거나 향나무 잎의 즙을 몸에 발랐다.

삼국시대 우리나라에 불교가 들어오면서 불교와 함께 향료도 수입되었다. 절에서는 향을 피우게 되었고, 이것이 점차 민간의 상류계층으로 퍼지게 된 것이 향을 사용한 시초가 되었다.

신라시대 귀부인들은 향료 주머니를 몸에 지녀 좋은 향이 나게 했으며, 고려와 조선 시대 여인들로 이어지며 아름다운 향이 몸에서 배어나게 하였다.

900년경에 아랍인들이 증류하여 향을 얻는 방법을 발명하여 장미향이 최초로 만들어졌다. 14세기에 향료를 에틸 알코올에 녹인 '헝가리 워터' 가 개발되어 헝가리 여왕을 다시 젊어지게 하였다고 하는데, 이것이 최초의 현대적인 향수이다.

1560년경에는 프랑스 남부 '그라스' 지방에서 향료 원료에 사용되는 향료 식물을 재배하기 시작하였다. 그라스 지방은 현재까지 향료 식물의 주산지가 되고 있다. 이후 새로운 형태의 향수라고 할 수 있는 오데코롱이 탄생하였으며 폭발적인 인기를 누렸다. 향의 성분에 관한 연구가 진행되면서 바닐라향, 계피향, 무스크향, 재스민향의 주성분들이 화학적으로 합성되기 시작하였다. 1900년대 이후 향의 조향기술이 발달하게 되어 시대에 맞는 다양한 향수가 개발되었다.

프랑스의 시인이자 사상가인 폴 발레리(Paul Vallery)는 "향기가 없는 여성에게는 미래가 없다."라고 했는데, 샤넬 역시 평소 이 말을 즐겨하며 단순히 악취를 가리는 향이 아니라 여성을 여성답게 만들어 줄 특별한 향을 개발하고자 노력했다.

그래서 탄생한 것이 향수의 고전이라고 불리는 샤넬 No.5라고 한다. 1921년 조향사 에르네스트 보가 개발한 샤넬 No.5는 알데히드 향에 플로럴 향이 복합된 플로럴 알데히드 계열로 영화배우 마릴린 먼로가 애용한 향수로도 유명하다.

1889년 겔랑이 열렬히 사랑하던 여인을 추억하면서 만든 향수 지키(Jicky)는 과감하고 발랄한 느낌을 주며, 밝고 아름다운 여성을 표현하는 향수의 혁명을 일으켰다. 지키의 포뮬라에는 바닐린과 쿠마린과 같은 합성 오일을 사용하였는데, 지키는 최초의 근대 향수로 인정받고 있다.

또 겔랑의 대표적인 향수 샬리마는 동방의 약속이란 의미를 담고 있는데, 1925년 뭄타즈 마할(Mumtaz Mahal) 공주와 샤 자한(Shah Jahan)의 러브 스토리를 모티브로한 황홀하고 웅장한 인도의 정원 이름을 본뜬 제품이다. 샬리마는 앰버(amber) 제품군 중 최초의 향수로 지금까지도 베스트셀러로 판매되고 있는 고품격 향수이다.

향기에 관한 말, 말, 말

향기가 없는 여성에게는 미래가 없다 –폴 발레리
나는 샤넬 No 5를 입고 잔다 – 마릴린 먼로
여인의 향기만으로 그녀가 어떤 사람인지 알 수 있다
– 알 파치노, 영화 여인의 향기 중에서

여인의 향기(Scent of a Woman, 1992)
맹인인 알 파치노가 아름다운 젊은 여인과 탱고를 추는 유명한 장면이다. 국내 화장품 CF에서 리메이크 되기도 했다.

1) 향수의 요건과 분류

대부분의 화장품에는 향기가 있고 그 최정점에 있는 것이 향수이다. 향수는 향기의 보석이라고 하며 예전에는 귀중품으로 취급되었다. 향수는 향기의 예술품으로 여겨서 음악과 회화에 비유하는 경우도 있다. 따라서 향수에는 예술가적 감성도 요구된다. 좋은 향수는 다음과 같은 요건을 구비해야 한다.

- 아름답고 세련되며 격조 높은 향기여야 한다.
- 향기에 특징이 있어야 한다.
- 향기의 조화가 잘 이루어져야 한다.
- 향기의 확산성이 좋아야 한다.
- 향기가 적절히 강하고 지속성이 좋아야 한다.
- 향기가 제품의 구상과 일치해야 한다.

1. 겔랑의 지키

2. 샤넬 No.5

3. 겔랑의 샬리마

4. 전설의 향수 용기
디자이너 라리끄의 향수

5. 코디
마크제이콥스

향수는 조합 향료와 에틸 알코올을 일정 비율로 혼합하여 만든다. 가용화제를 사용하지 않고 향료를 알코올에 녹이기 때문에 향료의 용해성이 충분해야 한다. 혼합된 것을 밀폐 용기에 넣어 냉암소에 두어 일정 기간 숙성시키면 알코올의 자극적인 냄새가 없어지고 부드럽고 은은한 향기가 된다.

조합 향료인 향수는 향료의 농도, 즉 부향률에 따라 퍼퓸(Perfume Extrait), 오데

퍼퓸(Eau de Perfume), 오데토일렛(Eau de Toilette), 오데코롱(Eau de Cologne)의 4종류로 나누어지고, 향수 메이커 브랜드에 따라서 Eau de Cologne보다 약간 낮은 농도인 Shower Cologne이나 Splash Cologne도 있으며, Eau de Parfum에 가까운 농도인 Esprit de Parfum도 새롭게 출시되고 있다.

일반인들은 통상 모든 알코올 베이스의 향료를 향수라고 부르지만 조향사들은 Perfume Extrait만을 향수로 여기는 경향이 있다. 향수 원액인 Perfume Extrait를 제외한 나머지 향수들은 알코올과 증류수를 섞어서 희석하는데, 단순히 농도만을 묽게 한 것이 아니라 부향률에 맞는 가장 아름다운 향으로 재조정된다.

향료를 맡았을 때의 느낌은 꽃향, 풀향, 과일향, 나무향, 이끼 냄새, 바닷냄새, 동물의 배설물 냄새, 달콤한 향, 카레향, 흙냄새 등 셀 수 없이 다양하다. 이처럼 향료

[표 4.30] 농도에 따른 향수의 분류

종류	향료 함유율	지속시간	특징
퍼퓸	15%~30%	5~7시간	가장 완성도가 높은 향으로 중후하고 화려하면서 짙다. 품질이 좋은 향이 장시간 지속, 라스트 노트가 다음날까지도 남아 있는 경우가 많다.
오데퍼퓸	10~15%	5시간 전후	향수에 가까운 완성도 향수보다 가볍게 즐길 수 있다. 향은 비교적 길게 유지된다. 한나절용 향수로써 향을 즐기고 싶을 때 효과적
오데 토일렛	5%~10%	3~4시간	향수보다 캐주얼하게 사용할 수 있다. 많이 사용하여도 향기는 약하다. 우리나라의 경우 향수보다 압도적으로 많이 사용한다.
오데코롱	3%~5%	2~3시간	가벼운 감각의 향 아침부터 점심까지 유지되므로 기분에 따라 바꿀 수 있다. 향수의 기본으로 부담 없이 사용할 수 있고, 퍼스트 노트의 자극적인 면도 적다.
샤워코롱	1%(2~3%)	1시간	몸에 사용하는 스킨류에 향을 첨가한 것으로 방향 효과와 스킨의 이중 효과를 볼 수 있다.

를 맡았을 때의 느낌, 다시 말해 향료가 지닌 냄새의 성격이나 후각적 인상을 노트(Note) 또는 향조(香調)라고 하는데, 일반적으로 크게 14노트로 분류된다. 각 노트는 좀 더 세분화되어 다양하게 분류할 수 있다. 이처럼 비슷한 느낌의 향들을 하나의 그

[표 4.31] 노트(Note)의 특징

노트	특 징
Citrus	감귤계에서 느낄 수 있는 신선하고 상큼한 향으로 휘발성이 크다.
Aldehydic	천연에는 존재하지 않는 지방족 알데히드의 향으로 확산성과 풍부한 느낌을 주는 합성향이다.
Herbaceous	그린 느낌과 약초의 느낌이 어우러진 냄새를 말한다. 약간 우디한 느낌을 주기도 하는데, 우리나라에서는 쑥을 예로 들 수 있다.
Green	녹색의 이미지로 나뭇잎, 풀, 초원 등을 연상시키는 싱그럽고 풋풋한 향이다.
Floral	각종 꽃 향을 말한다.
Spicy	계피, 후추 등에서 느낄 수 있는 신선하고 끈끈하며 자극적인 느낌의 향이다.
Culinary	카레 향, 즉 마늘, 양파, 조미료, 양념 등에서 나는 냄새로서 주로 식품 향료에 많이 사용된다.
Fruity	시트러스계 이외의 달콤한 과일 향을 말하며, 시트러스계, 그린계, 플로랄계 등에 액센트를 주기 위한 변조제로 많이 사용된다. 사과, 복숭아, 바나나, 메론 등이 있다.
Burnt	담배나 타르 냄새처럼 타거나 그을린 듯한 냄새이다.
Animal	동물의 우리에서 나는 배설물, 분비물 등 역겨운 냄새나 암내 따위를 말한다. 그러나 적절한 비율로 희석되면 따뜻한 느낌의 고급스러운 향으로 바뀐다.
Balsamic	나무의 수지 향으로 신선하면서도 부드럽고 숙성된 느낌의 향이다.
Powdery	분가루에서 느낄 수 있는 부드럽고 달콤한 향이다.
Woody	신선하고 부드럽고 따뜻하며 드라이한 나무 향이다.
Earthy	흙, 거름, 곰팡이, 이끼 등에서 느낄 수 있는 깊이 있고 숙성된 느낌의 향이다.

룹으로 묶어서 노트로 분류하는 것은 조향사들이 향을 스멜링(Smelling)할 때 기억하기 편리하고, 새로운 향을 창작할 때 어떤 향을 사용해야 할지 바로 찾아내기 쉬우며, 같은 노트끼리 향료를 조합할 경우 시너지(Synergy) 효과에 의해 향이 더욱 풍부해지기 때문이다.

향수를 몸에 뿌리면 시간이 경과함에 따라서 향의 느낌이 조금씩 달라지는데, 이것은 조합되어 있는 여러 향료들의 발향 속도가 각기 다르기 때문으로, 시간의 흐름에 따라 향수에서 다른 향기가 난다.

발향 순서에 따라 톱 노트(Top Note), 미들 노트(Middle Note/Heart Note), 베이스 노트(Base Note/Last Note)로 분류하는데, 톱 노트 → 미들 노트 → 베이스 노트로 갈수록 향의 확산력은 떨어지지만 지속력이나 보유력은 강해진다.

톱 노트는 짓이겨진 풀 냄새와 같은 Green Note나 Citrus Note, Fruits, Herbs와 가벼운 봄꽃향 등이 많이 사용되는데, 향료로는 Lemon, Mandarin, Peach, Orange, Lime, Bergamot, Pineapple, Cassis, Aldehydes, Coriander, Pine, Vetiver 등이 있다.

[표 4.32] 발향 순서에 따른 향의 구조

구분	설명
톱 노트 (Top note)	향수의 첫인상, 첫 느낌을 나타낸다. 향을 뿌린 후 5~10분 이내에 맡을 수 있으며 약 30분 정도 지속되며 확산성이 강하다. 주로 휘발성이 있고 상큼한 향이 나는 시트러스계 향료나 그린, 알데하이드, 프루티계 향료 등이 사용된다.
미들 노트 (Middle note)	조합 향료의 심장부와 같은 향기로서 조향사의 창작 의도, 컨셉, 조합 향료의 성격 및 특징 등을 잘 나타내 주는 Main Body이다. 향을 뿌린 후 30분~1시간 정도 지나 맡을 수 있으며, 보통 4~8시간 지속된다.
베이스 노트 (Base note)	향을 뿌렸을 때 마지막까지 남아 있는 조합 향료의 잔향을 말한다. 향을 뿌린 후 2~3시간 정도 지나 맡을 수 있는 향이며, 체취와 섞여 나오는 맨 마지막 잔향이다. 지속력이 강한 향취로, 보통 4~24시간 지속되며, 라스트 노트(last note)라고도 한다.

미들 노트는 약간의 Spicy Note와 Woody Note가 가미된 Floral Note가 대부분이며, 향료로는 Jasmine, Rose, Lily-of-the-Valley, Carnation, Ylang-Ylang, Tuberose, Orchid, Lilac, Geranium, Clove, Neroli, Gardenia, Freesia 등이 있다.

베이스 노트는 관능적인 Animal Note, Spices, Resins, Woody Note 등이 사용되며, 향료로는 Amber, Musk, Oakmoss, Vanilla, Tonka Bean, Orris, Cinnamon, Sandalwood, Cedarwood, Benzoin, Styrax, Leather Note, Labdanum, Patchouli 등이 있다. Chypre나 Oriental 계열의 향수는 베이스 노트가 풍부하기 때문에 일반적으로 처음부터 강한 느낌을 받는다.

흔히들 향수 얘기를 할 때 오리엔탈 계열, 시프레 계열 등을 말하곤 하는데, 이런 특성은 노트와 연관되어 있다. 계열은 향수의 향기가 가진 특성을 말해 주는 것이다. 향수의 계열을 알면, 그 향수가 어떤 향을 지녔는지 어떤 이미지인지 알 수 있어서 향수의 선택에 있어 중요하므로 다음의 내용을 참조하면 도움이 된다.

■ 향수를 처음 사용하는 사람도 부담 없는 플로럴 계열

모든 향수가 플로럴 향수라고 말을 해도 과언이 아닐 만큼 향수의 원료가 되는 꽃향이 주를 이루는 향수다. 단 한 가지 꽃이 아니고 여러 종류의 꽃이 어우러져 만들어내는 꽃 향기를 의미한다. 장미나 재스민, 백합, 라일락, 히아신스 등 여러 가지 등이 사용된다. 향이 진하지 않고 거부감이 없으면서 달콤한 것이 특징이며 처음 사용하는 사람이 부담 없이 사용할 수 있다.

■ 가벼운 향이 좋은 그린 계열

이름에서처럼 풀이 연상되는 향수, 시원하고 상쾌한 느낌을 주며 향으로 바이올렛 에센스나 피스타치아 렌티스루스, 갈바늄 등이 포함된다. 오데토일렛 종류의 가벼운 향을 즐기는 사람에게 어울린다.

■ 남성적이며 건강미 넘치는 시프레 계열

지중해의 사이프러스섬에서 느낀 향의 이미지를 따서 이름 붙인 코티사의 '시프레' 향수에서 유래된 이름이다. 시프레란 젖은 듯하면서 그을린 나뭇잎의 이미지로, 떡갈나무에서 서식하는 오크모스와 베르가못의 향기가 사용되면 시프레 계열이라고 말할 수 있다. 건강미 넘치고 개성적인 향이므로 남성 향수나 여름용 여성 향수에 많이 사용된다.

■ 분위기를 이끄는 오리엔탈 계열

식물의 수지와 동물성 향료를 주조로 만들어 무겁고 어두운 느낌을 주는 반면 여성의 신비함과 우아함을 표현해 주는 향수로 알려져 있다. 짙은 향이고 섹스어필적인 느낌을 주며 밤에 잘 어울린다.

■ 깊고 강한 개성의 스파이시 계열

시나몬, 정향 나무, 너트맥, 후추 등을 연상시키는 향수, 톡 쏘는 느낌이 강한데 프로럴이나 우디 계열의 향에 깊이를 더해줄 때 주로 사용된다.

■ 상큼한 이미지의 시트러스 계열

오렌지, 베르가못, 레몬, 귤, 자몽 등 감귤류의 향기로 상큼한 이미지를 준다. 가벼운 향이 특징이며 휘발성이 크다.

■ 나무처럼 은은한 우디 계열

나무 껍질, 향목 등 나무를 연상시키는 은은한 향이 특징. 오래 지속되는 성격으로 베이스 노트에 많이 사용되며 백단향, 샌들우드, 페촐리, 삼목, 목단 등을 원료로 한다.

INSIGHT 향수의 선택 요령

향수를 선택할 때는 자신의 기호만 생각하지 말고, 주위 사람들도 생각하여 선택하는 것이 현명한 방법이다. 향수의 계열을 잘 이해하고 계절이나 자신의 체질에 맞는 향수를 선택하는 것이 좋다.

① 계절에 따른 선택 요령

땀이 많이 나는 무더운 여름철에는 강한 느낌을 주는 향수는 피하고, 양도 조금만 사용하는 것이 중요하다. 계열로는 싱그러운 그린이나 플로럴 계열이 적당하고 레몬, 라임, 베르가못, 오렌지 등 감귤계 향수로 유니섹스한 분위기를 연출하여 시원한 느낌을 만드는 것도 좋다.

② 피부 타입이나 체질에 따른 선택 요령

향수도 기초 제품과 마찬가지로 피부 타입에 따라 달리 선택한다면 생소하겠지만, 피부 타입에 따라 향이 오래 남는 정도가 다르기 때문에 신중히 골라야 한다. 민감한 피부라면 향수에 들어 있는 알코올 성분에 의한 알레르기에 주의하고, 향수를 피부에 직접 뿌리지 말고, 솜에 묻혀 속옷에 살짝 터치해 주거나 옷장 속에 살짝 분사하면 안전하게 자신이 좋아하는 향을 즐길 수 있다.

지성피부인 사람은 향이 피부에 남는 성향이 가장 강하기 때문에 여러 향이 섞인 복합적인 향보다는 그린이나 오션 등 단순한 향이 좋고, 특히 여름에는 농도가 가장 약한 오데 코롱을 사용하는 것이 바람직하다. 반대로 건성피부의 사람은 향이 금방 날아가는 경향이 있으므로 3~4시간마다 한번씩 향수를 뿌려주거나 향수와 같은 라인의 바스 오일이나 보디 로션을 사용하면 향을 더 오래 지속시킬 수 있다.

② 체형에 따른 선택 요령

작고 통통한 체형의 경우에는 귀엽고 사랑스러운 이미지를 살려 체형의 결점을 감춰주는 상큼한 그린 계열의 향을 선택하는 것이 좋다.

키가 크고 그래머한 체형은 자칫하면 건장해 보일 수 있기 때문에 본래의 섹시한 분위기를 어느 정도 가라앉혀 은은한 분위기를 살려주는 향수를 선택하는 것이 좋다. 볼륨 있는 사람이 샤프하고 활동적으로 보이기 위해서는 시원하고 상쾌한 플로럴이나 시프레 계열의 향을 사용해 이지적인 모습으로 코디하는 것도 좋다.

2) 향수의 활용과 보관

향료를 이용한 대표적인 악취 제거 방법을 매스킹(Masking)이라고 하는데, 나쁜 냄새를 느끼지 못하도록 향기를 이용하는 것이다. 최근 방향제에 사용되는 향은 보통 나쁜 냄새를 잘 매스킹하도록 고안되는데 이는 빨간 색안경을 쓰면 빨간색이 잘 보이지 않는 원리와 비슷하다고 할 수 있다. 레몬향이 부엌에서 요리 후 나는 기름 냄새를 잘 매스킹 하는 것이 좋은 예이다.

향을 이용한 또 하나의 악취 제거 방법은 화학적 성질을 이용한 중화이다. 산과 염기가 만나면 물이 되듯이, 악취를 내는 악취 성분을 향료 중에 포함된 화학 성분으로 중화시켜 냄새를 없애는 방법이다. 카페트에서 나는 나쁜 냄새를 베이킹파우더를 이용해 없애는 것도 이와 같은 방법의 예이다.

하지만, 향수를 이용해 겨드랑이 등의 땀 냄새를 매스킹하려는 것은 좋은 생각이 아니다. 향수의 최대적은 햇빛과 땀으로, 특히 겨드랑이와 같이 땀이 많이 나는 부분과 섞이면 역한 냄새가 나기 때문에 유의한다. 겨드랑이에는 전용 데오도란트를 사용하여야 한다.

또한, 구두 냄새 제거를 목적으로 향수를 뿌리는 경우 역시 향수 냄새와 땀 냄새가 뒤섞여 오히려 더 심한 악취가 나므로 좋은 방법이 아니다.

올바른 향수 사용법은 다음과 같다.

- 향수 자체가 하나의 완성품이므로 다른 향과의 믹스는 향과 향이 충돌해 역효과를 가져올 수 있으므로 주의한다.
- 향수 뿌리는 위치는 귀 뒤끝, 손목, 팔굽, 목줄기나 원하는 곳 어디든지 가능하다. 하지만, 신체 부위 중 앞 가슴 부위나 겨드랑이, 신발, 모발 등 악취가 풍기는 부위에 향수 사용을 피한다.
- 향수 자체의 색에 의해 얼룩이 질 수 있기 때문에 실크 옷이나 흰옷, 모피, 가죽 제품에는 직접 사용하지 않는 것이 좋다. 또 보석류는 향수와 닿을 경우 광택을 잃거나 변색되기 쉬우므로 각별히 조심해야 한다.
- 피부가 약한 부위나 상처 난 부위, 그리고 손상된 피부에는 직접 사용하지 않는다.

자신에게 맞는 향수를 잘 선택하려면 후각이 가장 예민한 배란기가 가장 좋고, 생리 전과 후반에는 냄새에 대한 감각이 평상시와 달라지므로 이 시기에는 향수를 구입하지 않는 것이 좋다. 또 하루 중에서 낮보다는 초저녁 이후가 후각이 예민해지므로 해가 진 후에 선택하는 것이 좋은 방법이다. 아프거나 약물 치료를 받고 있을 때에는 향수 구입을 되도록 피하고, 향수를 이미 뿌리고 있는 상태에서는 향을 선택하지 않으며 새로운 향수를 구입하는 날엔 향수를 뿌리지 않고 외출한다

향수 뚜껑을 열고 처음에 맡게 되는 향은 본래의 향취가 아니므로,병 입구에 코를 대고 순간적으로 향을 맡는 것이 아니라 테스트 지에 뿌려 두세 차례 흔든 뒤 천천히 향을 맡도록 한다. 향수를 테스트 할 때는 먼저 손목에 1~2방울의 향수를 떨어뜨린 후 10분 정도 지난 다음 알코올이 날아간 후에 피지와 섞인 본래의 향을 맡아본다.

코는 5가지 감각 중 가장 빨리 피로를 느끼므로 한꺼번에 3가지 종류 이상의 향을 맡으면 향의 차이를 확실하게 구분할 수 없게 되므로 주의한다. 가능하면 향수는 사용하는 당사자가 직접 테스트해 보고 사는 것이 좋다. 왜냐하면 같은 향수를 뿌려도 각자의 체취에 따라 향이 달라지므로 선물용이라 하더라도 본인과 함께 고르는 것이 좋다. 자신에게 가장 맞는 향기를 발견하기 위해서는 가능한 많은 향수를 사용해 보는 것이 좋다. 값이 비싼 향수를 1~2종류 갖고 있는 것보다 작은 것들을 몇 개쯤 사서 시험해 보는 것이 좋은 방법이다. 자신에게 맞는 좋은 향수를 골랐다면 올바른 방법으로 향수를 보관해야 한다.

바람직한 향수 보관법은 다음과 같다.

- 열, 직사광선, 먼지를 피하여 어둡고 서늘하고 기온이 일정한 곳(13~15°C)에 보관한다.
- 향수는 휘발하기 쉬우므로 뚜껑을 꼭 닫는다. 한 번 뚜껑을 열어서 사용하게 된 향수는 가급적 빨리 사용토록 한다. 병마개를 꼭 닫아 두어도 조금씩 증발하므로 향수를 아낀다고 너무 오래 사용하지 않는 것이 좋다.
- 향수를 거의 다 쓰면 윗부분에 공기가 남아 내용물이 산화되어 향취가 변하기 쉬우므로 향수를 거의 다 쓴 후에는 작은 용기에 옮겨 보관한다.
- 서랍 속에 넣어두면 항상 흔들리게 되어 공기에 접촉하는 기회가 많아지므로 변질의 원인이 되기도 한다.

향수를 몸에 뿌리는 것뿐만 아니라 생활 속에 향수를 다음과 같이 적절히 활용하는 것도 좋은 방법이다.

- 다 쓴 향수병을 버리지 말고, 뚜껑을 열어서 옷장에 넣어두면 은은한 향이 옷장에 스며든다.
- 편지지의 모서리나 손수건, 모자 등에도 몇 방울의 향수가 큰 효과를 낸다.
- 방의 전구나 스탠드에 자신이 평소 사용하는 향수를 사용하면, 불을 켤 때마다 전구열이 향을 방안 가득히 퍼지게 하여 실내 방향제 역할을 한다
- 샴푸할 때나 목욕할 때 마지막 헹구는 물에 향수 몇 방울을 떨어뜨려도 상쾌한 향기 속에서 생활할 수 있다.
- 옷장이나 서랍에 향수를 뿌리거나 향수를 묻힌 거즈를 넣어두면 옷에 적당한 향기가 베이는 것은 물론이고 향수 자체가 방충제, 방부제의 역할도 한다.
- 속옷이나 브라우스 등을 다림질할 때, 다림판 위에 향수를 몇 방울 떨어뜨려 자신의 옷에 자연스런 향기가 배게 하는 것도 향수 사용이 거북스러운 사람에게 추천할만한 사용 요령이다.

[그림 4.20] 향수 사용 부위

7) 아로마테라피와 아로마 오일

아로마테라피란 식물에서 추출된 순수 에센셜 오일을 다양한 방법으로 활용하여 신체적, 감정적, 정신적 질병을 완화하거나 예방하는데 도움을 줄 뿐만 아니라, 평소에 사용하여 심신의 건강을 돌보는 것이다.

Aroma는 향기라는 뜻이고 Therapy는 치료법이라는 말로 우리말로 하면 '향기요법' 이 된다. '아로마테라피' 라는 용어는 프랑스 화장품 화학자인 르네 모리스 가테포세라는 사람이 정의한 프랑스어 Aromatherapie에서 온 말이다. 1937년 가테포스가 발간한 《아로마테라피(Aromatherapy)》에 이어 1977년 《The art of aromatherapy》라는 영어로 기록된 책이 처음으로 나옴으로써 아로마테라피는 급속도로 대중에게 알려지기 시작하였다.

Therapy라는 말은 병을 완치한다는 의미의 healing 또는 cure라기보다는 치료를 돕고, 병을 예방하고, 평소 건강을 위하여 사용하는 요법이라고 할 수 있다. 따라서 아로마테라피 전문가는 사람의 자가 능력을 도와 병을 치료를 돕거나 예방한다는 표현을 쓰는 것이 옳다.

인간의 신체에 에센셜 오일을 적용하기 시작한 것은 적어도 5,000년 전으로 추정된다. 중국이나 인도에서 정유가 사용되었고, 이집트에서 종교의식이나 의료용, 화장품, 미이라 제작 등에 사용되었다. 그리스·로마시대에 목욕이나 마사지를 할 때 방향성 오일을 이용했고, 전쟁에 나갈 때는 상처 치료를 위해 군인들이 몰약을 지니고 출정했다. 중세에는 향수, 화장품으로 확대되었고, 가테포스 이후 2차 대전 당시 외과의사 장 발레가 화상과 상처 치료 및 정신적 치료에 에센셜 오일을 사용한 후 1964년에 자신의 치료 기록을 담은 《Aromatherapie》라는 책을 발간했다.

오늘날 향기요법은 프랑스에서는 의사들의 처방에 의한 주로 내과적 적용이 이루어지며 국가 의료보험의 적용을 받고 있으며 미국, 영국, 캐나다 등에서는 아로마 테라피스트들에 의한 피부를 통한 국소적 적용이 주로 사용되고 있다.

(1) 아로마테라피의 원리와 방법

정유의 종류는 200여 가지가 넘게 있으며 정유의 성분들은 에테르, 오일, 알코올에 잘 녹지만 몇몇 정유를 제외하고는 물에는 녹지 않는다. 이러한 지방 친화적 성질 때문에 피부뿐만 아니라 혈뇌장벽(blood brain barrier) 통과가 용이하므로 효과가 빠르게 나타난다.

아로마 테라피의 기본 원리는 정유의 극히 작은 분자 크기와 지방에 녹는 성질로 인해 후각기관에 작용하여 뇌와 중추신경계로의 흡수(흡입)되거나, 피부에 작용하여 모세혈관을 통해 혈류로 들어가고 진피층에 있는 신경, 림프관과 접촉하여 신경계와 림프계에 영향(매뉴얼테크닉)을 미치는 것이다.

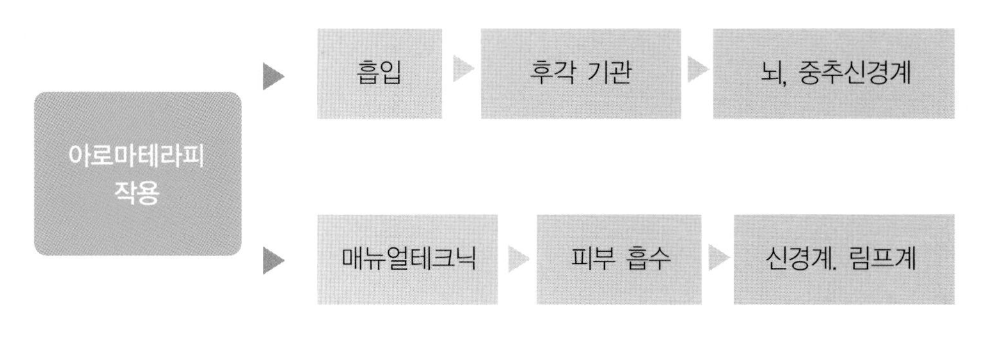

[그림 4.21] 아로마테라피 작용 원리

아로마테라피 사용법은 다음과 같다.

① 흡입법

세면기나 커다란 그릇의 따뜻한 물에 3~5방울의 정유를 떨어뜨린 후 타월로 덮어 증기가 새어나가지 않게 한다. 약 25cm 가량 간격을 두고 눈을 감고, 얼굴을 댄 채 나오는 수증기를 직접 맡는다.

② 매뉴얼테크닉요법

매뉴얼테크닉이 긴장이완과 수면이완을 돕는다는 사실은 분명하다. 수면 문제가 있는 사람들의 대부분은 등과 위 부위에 엄청난 양의 스트레스가 있는데, 이때 매뉴얼테크닉을 통해 이 부위의 긴장을 줄일 수 있다.

가장 효과가 좋은 방법으로 식물성 오일과 정유를 적정 비율과 혼합하여 마사지 오일로 만들어 사용한다. 대상자의 상태와 체질에 따라 특정 정유를 선택하는데, 선택된 정유를 스윗아몬드, 호호바, 달맞이꽃 종자유, 포도씨유 같은 식물성 오일에 1~5%의 농도로 희석하여 사용한다.

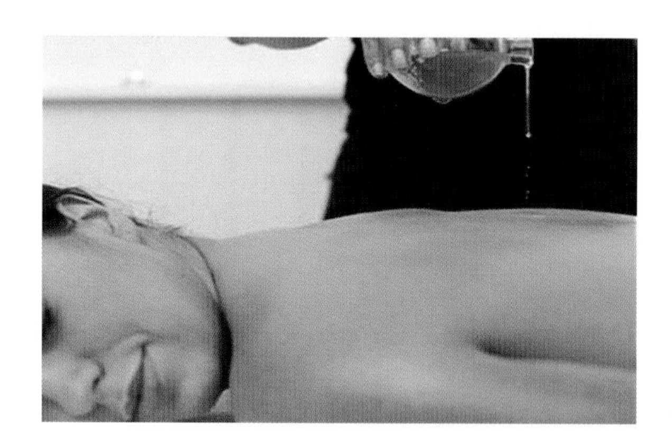

향기 목욕 후 매뉴얼테크닉을 받을 수 있다면 최상이겠으나 그게 여의치 않으면 취침 전에 라벤더나 카모마일 오일 등을 블렌딩한 마사지 오일을 발바닥에 바른 후 누워서 두 발을 이용해서 서로 문지르듯 마사지하면서 수면에 들어 갈 수 있다.

[오일 블랜딩]

- 샌달우드 2방울, 제라늄 2방울, 레몬 2방울, 네놀리 2방울, 로즈마리 2방울을 캐리어 오일 10~15ml에 희석하여 가슴 상부나 목 뒤에 매뉴얼테크닉을 시행한다.
- 버가못 3방울, 라벤더 3방울, 카모마일 로만 3방울을 15ml의 캐리어 오일에 희석하여 목 뒤, 등 부위에 매뉴얼테크닉을 시행한다.

③ 발향

이완을 촉진하거나 편안한 밤을 위해 베개나 잠옷에 라벤더 오일을 몇 방울을 떨어뜨려 수면을 유도할 수도 있고 침실에 라벤더, 마조람, 네놀리, 로만 카모마일 등을 발향하는 것으로 수면을 유도하는데 도움을 줄 수 있다.

④ 허브 목욕법과 족욕법

에센셜 오일과 목욕은 공동 상승 효과를 가져오는 좋은 방법이다. 에센셜 오일의 얇은 막이 신체를 감싸고 피부 조직으로 잘 스며들어 이완의 기쁨을 준다.
온욕은 혈액 온도를 약간 상승시켜서 혈액이 뇌로 순환할 때 최면 효과를 준다. 미지근한 온도보다 살짝 높은 물 온도가 이상적인데, 따뜻한 물에 라벤더나 추천 오일들을 6~8방울 떨어뜨린 후 최소한 10분간 입욕하여 긴장을 푼다. 혹은 우유나 소금에 5~15방울을 잘 섞은 후, 받아 놓은 욕조에 이것을 넣고 잘 섞는다.
이때 한 가지 오일을 2주 이상 사용하지 말고 여러 가지 오일을 준비해서 바꿔가며 사용하도록 해야 한다. 또 목욕을 할 수 없는 상황이라면 족욕만으로도 충분히 피로가 풀려 숙면을 취할 수 있다.

아로마테라피를 안전하게 시행하기 위해 다음과 같은 몇 가지 안전 수칙을 지켜야 한다.

- 아로마테라피는 환기가 잘되는 곳에서 시행하고, 식물에서 추출한 순수한 에센셜 오일만을 사용해야 한다.
- 희석하지 않은 에센셜 오일을 피부에 사용하지 않으며, 사용하기 전에 민감성 검사를 시행해야 한다.
- 같은 오일을 지속적으로 오랫동안 사용하는 것은 피하고, 피부를 통해서나 흡입하는 경우 에센셜 오일에 과도하게 노출되면 오심, 두통, 피부 자극을 일으킬 수 있으므로 주의해야 한다.
- 항상 대상자의 신체적 · 심리적 상태를 고려하고, 임신 중이거나 특히 임신 초반기에 정유를 사용할 때는 각별히 주의하도록 한다.

(2) 에센셜(아로마) 오일

에센셜 오일(Essential Oil)은 식물의 꽃, 잎, 줄기, 열매, 껍질, 뿌리에서 추출한 100% 휘발성 천연오일이며, 정유(精油)라고도 한다.

에센셜 오일이란 광합성작용에 의하여 식물의 오일 샘 주위 세포들의 화학적 작용에 의하여 얻어진 산물이다. 식물체에 있어 에센셜 오일은 식물체를 보호하고, 자체 재생 능력과 번식력을 돕는데 사용된다. 또 식물 자체의 신진대사와 식물이 자라기 어려운 지역에서 식물이 살아남을 수 있도록 도와주는데 사용된다.

이 오일들은 화학적으로는 산소, 탄소, 수소에 의하여 이루어져 있다. 식물의 부위에 따라 틀리지만 주된 성분은 알데히드(Aldehyde), 테르펜(Terpene), 알코올(Alcohol), 에테르(Ether), 옥시드(Oxide), 애시드(Acid), 에스테르(Ester), 페놀(Phenol), 케톤(Ketone) 등이 있다.

에센셜 오일은 수십에서 많게는 수백 가지의 천연 화학 성분으로 구성되어진 혼합물이며, 이러한 천연 성분들의 구성과 다양한 조합에 의하여 아로마 특유의 향과 기능을 지니게 된다.

각각의 에센셜 오일이 어떤 성분을 얼마나 갖고 있느냐에 따라서 아로마테라피시 사용 용도가 달라진다.

에센셜 오일은 호흡기와 피부를 통해 특유의 향을 흡수함으로써 각종 질병을 치료하는 독특한 능력이 있다. 항균작용, 불면증, 소화불량, 편두통, 신진대사조절, 심리적 안정 등에 효과적이다.

[표 4.33] 에센셜 오일의 효과

효능	대표적인 에센셜 오일
방부 효과, 향균 효과	티트리, 레몬글라스, 오레가노, 사보리, 타임, 시나몬, 마조람
진통 효과	블랙페퍼
항진균 효과	시나몬, 클로브, 펜넬, 타임
진정 효과	라벤더, 네놀리, 시트로 넬라 , 레몬, 로즈, 멜리샤, 바질, 제라늄

에센셜 오일은 식물학적 분류나 증류법, 원산지의 정확성, 오일 추출 부위, 오일 성분의 측정 기준치에 따라 분류한다.
에센셜 오일은 지용성으로 지방과 오일에 잘 녹으며, 복잡한 화학 성분으로 구성된 화합물이기 때문에 성분이 전혀 다른 오일로 블렌딩하면 화학적 불균형으로 독성을 유발할 수 있으므로 주의하여야 한다. 또 빛이나 산, 열에 약하므로 빛을 차단하는 유리병에 담아 냉암소에 보관하여야 한다.

에센셜 오일을 사용할 때는 다음과 같은 점에 주의한다.

- 반드시 캐리어 오일(Carrier Oil)과 희석하여 사용한다.
- 고농축이라 점막에 자극을 줄 수 있으므로 눈 부위에 직접 닿지 않게 한다.
- 안전성을 위해 패치테스트(Patch Test)를 실시한다

INSIGHT 에센셜 오일의 패치 테스트(Patch Test)

에센셜 오일(Essential Oil)을 캐리어 오일(Carrier Oil)에 적당량 희석하여 팔 안쪽부위에 한 방울 떨어뜨려 거즈로 덮고 30분이 경과한 뒤 피부 상태나 반응을 관찰하며 에센셜 오일 농도의 강약을 확인한다. 이때 붉은 반점이나 자극이 있으면 더 희석하나 사용을 금지하여야 한다. 감귤류의 에센셜 오일을 바르고 햇빛에 노출되면 알레르기를 유발할 수 있으므로 주의한다.

① 추출 방법

에센셜 오일을 추출하는 방법은 수증기 추출법이 가장 많이 사용되며, 감귤류의 오일은 압착법으로 추출하고, 그 외 용매를 이용하여 추출하는 정유들도 있다.

■ 수증기 증류법(Distillation)

에센셜 오일의 추출법으로 가장 오래되며 널리 이용되고 있으며 증기와 열, 농축의 과정을 거쳐 수증기와 에센셜 오일이 함께 추출되어 물과 오일을 분리시키는 방법이다.

대량의 오일을 추출할 수 있으나, 고온에서 추출하므로 열에 의해 오일의 특정 성분이 파괴될 수 있는 단점이 있다.

■ 압착법(Expression)

압착법은 레몬, 오렌지, 베르가못, 포도, 탄저린과 같은 과일이나 열매에서 에센셜 오일을 추출하는 방법이다.

순수 성분과 영양분을 파괴시키지 않고 추출할 수 있는 장점이 있지만, 압축법으로 추출한 에센셜 오일은 변질되기 쉬운 단점이 있다.

■ 용매 추출법(Extraction)

꽃이나 수지 등을 추출하는 방법으로 꽃의 경우에 더 많이 이용한다.

휘발성 용매와 비휘발성 용매 추출법으로 나눌 수 있다.

- 휘발성 용매 추출법

  석유에테르(Petroleum Ether)나 헥산(Hexane)과 같은 휘발성 유기용매에 추출할 식물의 부위를 잘라 넣어서 냉 · 암소에 보관하여 침착시켜 향 성분을 녹여내는 방법으로 솔벤트(Solvent)법이라고도 한다.

  추출물을 농축시키면 왁스를 함유한 고형물인 콘크리트(Concrete)가 생성되고, 여기에 에틸 알코올을 가하면 에센셜 오일만 녹아 나오는데 이를 앱설루트(Absolute)라 한다. 하지만, 휘발성 유기용매를 완전히 제거할 수 없다는 단점이 있다

- 비휘발성 용매 추출법

  냉침법(Enfleurage)으로, 유리판에 동 · 식물의 유지를 발라 식물을 올려두고 24시간마다 위치를 바꿔가면서 며칠간 실시하면 유지에 향기 성분이 흡수되는데, 이를 포마드(Pomade)라 부르고 에틸 알코올을 가하여 앱설루트(Absolute)를 얻는다.

  온침법(Maceration)으로 동·식물유에 추출할 식물 부위를 넣어 교반시켜 향 성분을 얻어내는 방법으로 냉침법보다 효과적이다.

  비휘발성 용매 추출법은 시간과 노동력이 필요하지만 용매를 제거하지 않아도 되는 장점이 있다.

- 초임계 이산화탄소 추출법(CO_2 Extraction)

  공기 중의 이산화탄소를 온도와 압력을 이용하여 초임계 상태로 변화시키고 용매로 작용시켜 에센셜 오일을 추출하는 방법이다

  이 방법은 저온 추출법으로 향 성분이 파괴되지 않고 잔류 용매가 없어 좋은 방법이기는 한데 비용이 많이 드는 단점이 있다.

② 오일의 종류

에센셜 오일의 종류 및 그 특성은 다음과 같다.

■ 베르가못(Bergamot)

- 추출 : 이탈리아산 감귤의 일종으로 열매의 껍질을 압착법으로 추출한다
- 톱 노트(상향), 달콤한 과일 향
- 적용 : 근육이완, 모공수축, 피지 제거 효과, 우울증 해소, 마음을 진정시키는 효과
- 주의 사항 : 광과민성인 사람은 사용금지

거의 모든 종류의 에센셜 오일과 잘 어울리며 방광염, 요도염 등 비뇨기계의 감염증에 효과적으로 사용되고 있다. 정신적으로 불안하고 우울한 심리 상태를 조절하고 진정시키는 효과가 있어 우울증 등 정신 치료에 관한 연구가 활발하게 이루어지고 있다. 이 밖에 호흡기 계통과 소화기 계통의 장애를 완화하는 효능이 있으며, 항바이러스, 살균 소독의 특성도 있다. 그러나 베르가못은 햇빛에 민감하기 때문에 피부 미용과 건강에 특별한 주의가 필요하다. 따라서 반드시 희석하여 사용하고 원액을 피부에 그대로 바르지 않아야 한다.

■ 유칼립투스(Eucalyptus)

- 추출 : 호주산이며, 유칼립투스 나뭇잎을 수증기 증류법으로 추출한다.
- 톱 노트(상향), 신선한 향
- 적용 : 소염, 살균, 방부 및 탈취 효과, 피부에 청량감, 천식, 기관지, 감기, 인후염, 집중력을 향상
- 주의 사항 : 고혈압, 간질환자는 사용을 금함

향바이러스작용, 살균 소독, 특히 호흡기계 살균 효과가 뛰어나고 혈액순환을

원활하게 하는 작용이 있어 근육통, 관절염, 류머티즘, 감기 두통 등의 치료와 완화에 효과가 있다. 특히 당뇨병 환자가 사용하면 당뇨 수치를 현저히 떨어뜨리는 것으로 유명하다.
방충 효과가 뛰어나며 라벤더, 로즈메리, 로만 카모마일(Roman Camomile), 베르가못(Bergamot) 등과 함께 쓰면 좋다.

■ 레몬(Lemon)

- 추출 : 레몬 껍질을 압착하여 추출한다.
- 톱 노트(상향), 달콤한 과일 향
- 적용 : 살균, 미백작용, 기미, 주근깨, 피부의 각질 제거, 모세혈관을 튼튼하게 하며 부서진 손톱, 갈라진 손톱, 지성피부(피지 과잉 분비 억제-수렴 작용)
- 주의 사항 : 민감한 피부에는 소량만 사용하고 광과민성 반응에 주의할 것

상큼한 레몬의 향은 우울하고 복잡한 머리를 상쾌하게 해준다. 소화기와 순환기 계통을 강하게 해주고 혈관과 혈류작용을 원활하게 하여 코피가 날 때 사용하면 효과를 볼 수 있다. 코 막힘, 기관지염, 두통, 편두통을 완화하여 이뇨작용과 살균 소독 효과가 있다. 단, 햇빛에 민감하므로 노출 부위에는 사용을 자제한다. 레몬은 대부분의 오일들과 함께 두루 사용하기에 아주 좋다. 레몬은 미국 캘리포니아와 플로리다주에서 많이 생산된다.

■ 티트리(Tea-Tree)

- 추출 : 티트리 나무의 잎과 줄기를 수증기 증류법으로 추출한다.
- 톱 노트(상향), 상쾌하고 시원한 향
- 적용 : 살균, 소독작용, 문제성 피부, 여드름 피부, 비듬, 벌레 물린 곳, 상처 치유
- 주의 사항 : 민감성피부는 사용을 금함

18세기 제임스 쿡 선장과 그의 선원들이 호주에 상륙했을 때, 티트리를 발견하였다. 그 주변의 물이 붉은색을 띤 갈색으로 변해 있었고, 그 색깔은 홍차 색깔과 비슷하여 그들이 잎사귀를 우려내어 차처럼 마시기 시작하면서 티트리의 이름이 유래된 것이다. 티트리는 항염작용이 매우 강하여 감염력이 있는 미생물을 억제하고 면역력을 높여 감염성 증상 억제에 효과가 좋다. 단순포진, 질염, 방광염, 무좀, 벌레 물린 데에 두루 사용할 수 있다. 각종 피부 트러블을 개선하는 데에도 효과가 좋다. 잘 어울리는 오일에는 페퍼민트, 라벤더, 레몬, 유말립투스, 로즈메리 등이 있다.

■ 클라리세이지(Clarysage)

- 추출 : 클라리세이지의 꽃봉우리와 꽃잎을 수증기 증류법으로 추출한다
- 톱 노트(상향)와 미들 노트(중향)의 중간, 향긋하고 감미로운 향
- 적용 : 살균, 피부의 재생작용과 상처, 거친 피부, 세포 재생작용, 주름을 완화, 심신안정, 월경주기를 정상화, 지루성 비듬의 치유
- 주의 사항 : 강력한 진정작용으로 공부나 운전 중에는 사용을 금함

■ 페퍼민트(Peppermint)

- 추출 : 잎을 수증기 증류법을 이용하여 추출
- 톱 노트(상향)와 미들 노트(중향)의 중간, 민트 특유의 상쾌하고 시원한 향
- 적용 : 피로회복, 졸음 방지, 항염증, 항박테리아, 여드름, 비만 완화, 피부 활력, 호흡기질환, 감기, 소화불량, 냉각 효과, 통증 완화, 피부에 직접 바름
- 주의 사항 : 눈 주위나 점막에는 바르지 말고 임산부나 수유 중인 산모는 사

용하지 말 것

향을 냉각시키는 성질과 온도를 높이는 성질이 함께 있어 혈액순환을 활발히 돕는 특성이 있고 두통과 신경통을 비롯한 통증에 진통제 역할을 한다. 페퍼민트 향은 소화기의 작용을 돕는데 탁월한 효과가 있다. 소화 촉진, 설사, 가스 찬데, 구토 등을 완화시키고, 급성 위통에 유용하게 쓰인다. 살균 효과가 있어 여드름 치료에도 좋다. 페퍼민트와 잘 어울리는 오일에는 라벤더, 마조람, 로즈메리, 네롤리(Neroli) 등이 있다.
미국, 영국, 프랑스, 러시아 등지에서 많이 자라는 잎을 증류하여 얻어지며 박하라 하기도 한다

■ 제라늄(Geranium)

- 추출 : 아프리카가 원산지이며 제라늄 잎을 수증기 증류법으로 추출한다
- 톱 노트(상향)와 미들 노트(중향)의 중간, 매혹적이고 우아한 플로럴 향
- 적용 : 피지 조절, 지성피부, 월경장애, 이뇨작용, 심신안정
- 주의 사항 : 피부가 민감한 임산부는 사용하지 말 것

부드러운 향기는 긴장과 스트레스를 줄여 정신적 밸런스를 유지하는데 도움을 준다. 우울한 기분이 들 때 사용하면 좋다. 피부의 밸런스를 유지하는 데도 효과가 있어 모든 피부 타입의 관리에 많이 사용되고 있다.
원활한 이뇨작용을 돕기 때문에 부종이 있을 때 셀룰라이트에 마사지하면 좋다. 대상포진, 인후통, 각종 상처 등에 효과가 있어서 마사지 오일로 사용하면 면역력을 높여줌으로써 좋은 효과를 볼 수 있다. 제라늄은 거의 모든 에센셜 오일과 잘 어울리나 베르가못, 라벤더와 특히 잘 어울린다.
중국, 모로코에서 많이 자라며, 주로 잎을 수증기로 증류하여 에센셜 오일을 얻는다

■ 타임(Thyme)

- 추출 : 꽃과 잎을 수증기 증류법으로 추출, 백리향이라고도 한다.
- 톱 노트(상향)와 미들 노트(중향)의 중간, 매콤한 향과 엷은 석유 향
- 적용 : 살균작용, 신경안정, 방부작용, 방향, 방충, 편도염, 후두염, 인두염, 기관지염

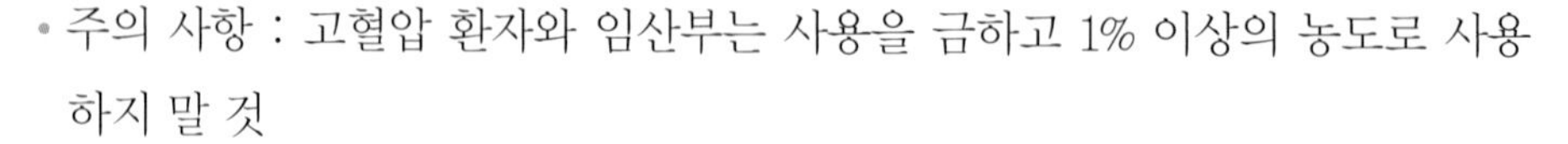

- 주의 사항 : 고혈압 환자와 임산부는 사용을 금하고 1% 이상의 농도로 사용하지 말 것

■ 라벤더(Lavender)

- 추출 : 라벤더 꽃을 수증기 증류법으로 추출하나 간혹 용매 추출법을 사용하기도 한다.
- 톱 노트(상향)와 미들 노트(중향)의 중간, 우아하고 깨끗한 향
- 적용 : 가장 폭넓게 쓰이는 오일, 피부에 직접 바름, 심신안정, 피로회복, 항바이러스, 우울증, 피지분비 조절
- 주의 사항 : 임신 초기에는 사용하지 말 것

라벤더를 에센셜 오일의 '어머니' 라고 부르는 것은 동시에 여러 가지 일을 수행하며, 가장 무난하고 광범위하게 사용되는 오일로 누구나 부담 없이 사용할 수 있기 때문이다. 'Aromatherapie' 라는 말이 만들어 진 것도, 카테포세가 연구실에서 화상을 입고, 라벤더 에센셜 오일로 응급처치를 한 후 놀라운 치료 효과를 보았기 때문이다.

상처, 화상, 벌레 물린 데에 사용하며, 진통작용은 물론 방부, 진정, 방충, 살균작용과 심신의 균형을 조절하는 역할을 하여 항우울, 스트레스 완화 용도로 널리 사용된다. 신경성 긴장을 완화하고 공포와 히스테리를 진정시켜 신경긴장,

불면증, 심장 두근거림, 고혈압 치료에 추천된다. 또 피지를 조절하는 작용이 있으므로 모든 피부 타입의 피부를 효과적으로 관리해 주며 여드름, 습진, 무좀 등의 트러블에도 좋다.

라벤더는 거의 모든 에센셜 오일과 잘 어울리지만 특히 마조람, 로즈메리(Rosemary) 등과 함께 쓰면 더욱 좋다. 프랑스, 영국, 이탈리아, 호주 등지에서 많이 자라며 라벤더 꽃을 수증기로 증류하여 에센셜 오일을 추출한다.

■ 주니퍼베리(Juniper Berry)

- 추출 : 노간주나무 또는 두송(杜松)나무라고도 하며, 열매를 수증기 증류법으로 추출한다.
- 미들 노트(중향), 신선한 솔 향기
- 적용 : 해독작용, 여드름, 비만 치유, 각질 제거, 지방분해, 수렴작용, 셀룰라이트 소염, 살균, 소독작용, 건성피부, 진정작용, 신경정신과 치료, 생리장애
- 주의 사항 : 임산부나 신장이 나쁜 사람은 사용하지 말 것

체내의 노폐물, 독소를 배출시키는 효과가 있어 류머티즘, 통풍, 관절염 환자들의 매뉴얼테크닉에 효과적이다. 셀룰라이트(Cellulite) 개선에도 효과적이고 이뇨, 해독작용도 뛰어나다. 마음이 불안하고 건정, 근심, 스트레스가 쌓일 때 주니퍼를 사용하면 마음이 진정된다. 실내의 공기 청정 효과를 위해 주니퍼 향을 뿌려두어도 좋다. 잘 어울리는 오일로는 로즈메리, 베르가못, 산달우드 등이 있다.

■ 네놀리(Neroli)

- 추출 : Bitter Orange 나무의 꽃 부위에서 수증기 증류법으로 추출
- 미들 노트(중향)
- 적용 : 항우울, 방부성, 항경련, 살균, 구풍, 반흔 형성, 원기 촉진, 탈취, 소화, 신경 강화
- 주의 사항 : 무독성, 무자극성

17세기 이태리 Nerola 공주가 이탈리아 사회에 처음으로 이 오일을 소개하고 장갑, 문구류, 스카프 등 사용할 수 있는 어느 것에나 이 오일의 향을 애용했다고 하여 그 공주의 이름을 따서 네놀리라고 붙여졌다.
피부 세포 재생 효과가 있는 것으로 알려져 있고 건조한 피부나 극도로 예민한 피부에도 부작용 없이 사용이 가능해 고급 화장품의 첨가물로 사랑받고 있다. 로즈, 라벤더, 멜리사 오일과 함께 블렌딩하면 네놀리 오일은 심장과 마음을 진정시키고 안정시키는 최고의 에센셜 오일이 된다. 네놀리 오일은 특히 초조·불안감, 불면, 가슴 두근거림 등이 특징적으로 나타나는 뜨겁고 동요된 상태에 효과적이어서 고혈압에도 사용된다.

■ 캐모마일(Chamomile)

- 추출 : 독일, 프랑스에서 자생하는 캐모마일 꽃에서 수증기 증류법으로 추출한다
- 미들 노트(중향), 사과 향을 연상시키는 상큼하고 달콤한 향
- 적용 : 독성이 적어 대부분의 질환에 사용, 수렴, 소염, 살균, 소독작용, 건성피부 진정작용, 신경정신과 치료, 가려운 피부 치료(민감성), 생리장애
- 주의 사항 : 임산부는 사용하지 말 것

캐모마일은 그리스어와 스페인어로 사과(apple)를 의미하며 캐모마일의 따스하고 사과같은 향기는 만족감을 일깨우고 약간 쓴 듯한 향기는 현실감을 일깨우며 진정작용을 한다. 긴장과 불안을 완화해 주기 때문에 생리 전의 여성들의 마사지, 온습포용으로 이용하기에 적당하고 불면증에 시달리는 사람들에게도 권할 만하다. 또 두통, 치통, 가벼운 근육통 등에 진통제로 사용할 수 도 있다. 갱년기의 여러 증상에도 효과가 있는 것으로 알려져 중년 여성에게도 잘 맞는다. 하지만, 임신 중의 여성들은 사용을 금해야 한다. 제라늄(Geranium), 라벤더, 로즈, 일랑일랑(Ylang Ylang) 등과 잘 어울린다. 캐모마일 로만(Chamomile Roman)과 캐모마일 저먼(Chamomile German)이 있으며 유사한 특성이 있지만 화학적 조성은 다르다.

■ 사이프러스(Cypress)

- 추출 : 지중해 연안에 널리 분포하며, 잎을 수증기 증류법으로 추출한다.
- 미들 노트(중향), 솔 향기처럼 상쾌한 향
- 적용 : 지성피부, 지성모발, 여드름, 비듬, 스트레스 해소, 부종 해소, 림프배액 촉진, 셀룰라이트, 발한 억제
- 주의 사항 : 임신 중에는 사용하지 말 것

강한 수렴작용과 살균소독 효과가 있고, 남성적인 강한 향기가 특징이다. 순환기계의 강장제 역할을 하며 매뉴얼테크닉에 자주 사용된다. 호흡기장애에 효과가 있어 천식환자의 매뉴얼테크닉 오일로 사용하면 좋고, 평소에 방향제로 사용하면 기관지, 인후 등의 질병 예방에 도움이 된다. 방충 효과가 우수하여 해충제로도 사용된다. 임산부의 경우에는 생리주기에 영향을 주기 때문에 사용을 자제하도록 한다. 잘 어울리는 오일로는 오렌지, 주니퍼, 베르가못 등이 있다. 프랑스에서 많이 자란다.

■ 마조람(Marjoram)

- 추출 : 헝가리, 이집트, 독일이 주산지이며, 잎과 꽃에서 수증기 증류법으로 추출한다.
- 미들 노트(중향), 우아하고 따뜻한 느낌의 향
- 적용 : 통증, 멍든 곳, 고혈압, 진통제, 여드름, 민감성피부
- 주의 사항 : 임산부는 사용하지 말 것

마조람은 몸과 마음을 따뜻하게 하는 작용이 있다. 정서적으로 침체되었을 때 마음을 달래주고, 긴장된 마음을 이완하여 불면증 치유에 도움을 준다. 신체적으로는 혈액순환을 도와 근육 관절의 통증을 완화하는 역할을 한다. 천식, 기관지염, 감기 등 호흡기 계통의 증상을 완화하는 데도 좋다. 따뜻한 느낌의 향이지만, 동시에 아주 강한 향이므로 희석할 때 묽게 해서 사용한다. 로만 캐모마일, 네롤리, 제라늄 등과 함께 사용하면 좋다.

■ 재스민(Jasmin)

- 추출 : 꽃을 용매 추출법 또는 수증기 증류법으로 추출한다.
- 베이스 노트(하향), 우아하고 고급스러운 향
- 적용 : 호르몬 조절, 정서적 안정, 긴장완화, 성욕강화, 피부질환, 모유 분비를 촉진
- 주의 사항 : 자극적이므로 점막 부위에 사용을 피함

감각적이면서도 따뜻한 느낌의 향은 정서적 안정감과 자신감을 주며, 심신에 활력을 부여한다. 정신과 육체에 모두 효과를 발휘하는 재스민은 고대에는 최음제로 사용하기도 했던 것으로 알려져 있다. 피부관리 시 열이 많고 건조한 피부에 특별히 잘 맞는다. 향이 강하므로 희석할 때 반드시 적정량을 지키도록 한

다. 잘 어울리는 오일에는 일랑일랑, 산달우드, 시더우드 등이 있다.

■ 일랑일랑(Ylang-Ylang)

- 추출 : 필리핀과 인도네시아가 주산지이며, 꽃을 수증기 증류법으로 추출한다.
- 베이스 노트(하향), 관능적이고 에로틱한 향
- 적용 : 최음작용, 항 스트레스, 피부 정화, 피지분비 조절, 고혈압, 긴장완화, 호흡 진정
- 주의 사항 : 너무 많이 사용하면 두통과 구토를 유발할 수 있으므로 용량에 주의

신경계를 릴렉스(Relax) 하는데 효능을 지닌다. 혈압을 낮추는데 도움을 주고 맥박과 호흡이 가빠질 때 이를 진정시키는 작용을 하며 항 우울제로 이용된다. 모발 성장에 도움을 주기 때문에 모발 제품에 많이 이용된다. 농도를 진하게 사용하면 두통이나 구토를 일으킬 수 있으므로 묽게 희석하여 사용한다. 함께 잘 어울리는 오일에는 레몬, 로즈, 재스민, 라벤더, 로즈우드, 샌달우드 등이 있다. 필리핀 등 아시아 지역에서 주로 자라며, 열대수목으로서 그 꽃에서 수증기로 증류하여 에센셜 오일을 얻는다.

■ 시더우드(Cederwood)

- 추출 : 히말리야 삼나무라고도 하며, 잎과 가지를 수증기 증류법으로 추출한다.
- 베이스 노트(하향), 따뜻한 느낌의 나무 향
- 적용 : 신경안정, 거담작용, 신체의 균형 유지, 수렴, 살균, 여드름, 비듬, 지루성탈모
- 주의 사항 : 임신 중에는 사용을 피해야 하며, 고농도를 사용하면 피부를 자극함

고대 이집트인들이 미라를 만드는데 이용했을 만큼 방부 효과가 탁월하다. 살균소독의 특성도 있어 호흡기와 비뇨기 계통의 감염증을 치료하는데 도움을 준다. 여드름 치료와 상처 회복에도 사용되며, 수렴 효과가 뛰어나고 남성적인 향기가 있어서 남성 화장품, 애프터 쉐이브(After shave) 제품에 많이 이용된다. 온 몸의 강장 효과도 좋다. 거의 모든 종류의 오일과 잘 어울리지만, 임신 중에 피해야 할 오일의 하나이다.

(3) 캐리어 오일(Carrier Oil)

캐리어 오일은 에센셜 오일(Essential Oil)을 희석하여 매뉴얼 테크닉에 사용할 오일을 만드는 기본 재료가 되는 식물성 오일로서 베이스 오일(Base Oil)이라고도 한다. 에센셜 오일은 고농도의 식물성 농축액이기 때문에 그대로 피부에 적용할 수 없기 때문에 캐리어 오일을 이용하여 알맞은 농도로 희석하여 사용된다. 캐리어 오일은 분자의 입자가 커서 혈액 속으로 흡수되지는 않고 피부의 가장 바깥층에 머물러 있으며, 에센셜 오일을 피부에 효과적으로 침투시키기 위해 사용된다.

또한, 식물성 오일 자체 내에 함유된 불포화지방산이나 비타민 등 다양한 성분들로 인하여 마사지 효과 외에도 일부 성분은 피부관리나 치료에도 도움을 준다. 캐리어 오일은 휘발하지 않기 때문에 고정오일(Fixed oil)이라고도 하며, 공기 중에 오래 노출되면 산패하므로 반드시 밀봉하여 냉장고에 보관하는 것이 좋다.

① 오일의 종류

캐리어 오일은 종류도 다양하고 각기 특유한 성질이 있으므로 사용 목적에 맞게 선택하는 것이 매우 중요하다. 캐리어 오일의 종류 및 특성은 다음과 같다.

■ 세인트존스워트 오일(St.John's wort Oil)

- 꽃봉오리와 꽃을 올리브 오일에 담궈 우려내어 사용한다
- 향균·염증억제, 살균, 화상, 알레르기, 노폐물 제거, 멍든 부위, 외과 수술

부위에 효과적이다.
- 민감한 피부에 좋고 내복이 가능하다.
- 감광작용이 있으므로 바른 후 붕대나 거즈로 감싸준다.

■ 마카다미아너트 오일(Macadamianut Oil)

- 호주의 마카다미아나무 과일에서 냉·압착법으로 얻어지는 액상유로 잘 산패되지 않는다.
- 올렌인산(55%)과 팔미톨레산(Palmitolic Acid, 25%) 등을 함유하고 피부 온도를 높여준다.
- 인체의 피지와 유사하여 피부 침투가 쉽고, 피부의 영양 공급 및 보호 능력이 뛰어나 건성피부, 노화 지연, 혈액이나 림프의 흐름을 활발하게 한다.

■ 달맞이꽃 오일(Evening Primrose Oil)

- 달맞이꽃의 씨앗에서 추출한 무색 또는 담황색 오일로 쉽게 산화된다
- 불포화 지방산(리놀산 70%, γ-리놀렌산 10~20%)을 다량 함유하여 보습 효과가 있다.
- 수렴제, 염증 진정, 호르몬 분비를 조절, 아토피 피부염에도 효과가 있다.
- 습진, 피부질환 치료, 노화 억제, 세포 재생, 고혈압 예방에 도움을 준다.

■ 호호바 오일(Jojoba Oil)

- 열매를 압착법으로 추출한 지방산과 지방알코올로 형성된 에스테르 액체 왁스이다.
- 안정성이 높아 장기간 보존할 수 있으며 끈적이지 않아 사용감이 좋다
- 화학구조가 인체의 피지와 유사하여 피부에 잘 침투한다
- 우수한 보습 효과로 건성피부나 모발 영양에 좋고, 항염증 효과를 지녀 여드름, 습진, 지성피부에 좋다

■ 포도씨 오일(Grapestone Oil)

- 리놀레산(Linoleic Acid)이 68~78% 함유, 피부에 쉽게 흡수되며 자극성과 알레르기성이 없다.
- 향이 없으며, 유분감이 적어 사용감이 가볍고 부드럽다
- 비타민을 함유하고 있고 여드름이 많은 지성피부에 적합하다

■ 아몬드오일(Almond Oil)

- 아몬드의 씨에서 압착법으로 추출한다
- 담황색으로 끈적거리고 유분이 많으나 산패가 잘 안 되는 장점이 있다.
- 트리글리세라이드를 함유하여 건성, 민감성, 노화피부에 좋으며, 매뉴얼 테크닉오일이나 크림, 로션 등과 유아용 화장품에 사용한다.

■ 로즈힙 오일(Rosehip Oil)

- 칠레산 혹은 유럽에서 자라는 야생 장미의 종자를 압착법으로 추출한 카로티노이드를 함유한 노란색 오일이다
- 리놀산과 리놀렌산을 함유하고 비타민 C가 있어 수분을 유지, 세포 재생이나 노화 방지, 색소침착 방지, 화상, 상처 치유 효과가 있다. 여드름 치유 효과 및 피지선의 분비를 조절한다.

■ 해바라기씨 오일(Sunflower Seed oil)

- 해바라기씨를 압축하여 추출하며 쉽게 흡수되는 가벼운 느낌의 오일이다.
- 리놀레산(Linoleic Acid), 레시틴(Lecithin), 카르티노이드(Carotenoid), 왁스(Wax)를 함유하여 미네랄(Mineral)과 비타민이 풍부하다.
- 진정 효과가 있어 여드름 피부와 튼살, 짓무른 피부에 사용하며, 헤어토닉의 원료로 많이 사용된다.

■ 올리브 오일(Olive Oil)

- 비타민 A, D, E를 다량 함유하여 피부의 침투성이 좋고 유연성을 부여한다.
- 가려움증 억제, 피부 진정 효과가 뛰어나 건성피부와 민감한 피부에도 좋다.
- 올레인산(Oleic Acid), 리놀레산(Linoleic Acid), 미네랄(Mineral)이 주성분이다.

■ 보리지 오일(Borage Oil)

- 유럽에서 많이 사용되며 감마리놀렌산(GammaLinolenic Acid)이 풍부하게 함유되어 있다.
- 노화피부, 건조피부, 민감성피부, 알레르기 피부에 좋으며, 세포 활성화에 도움을 준다.
- 산화되기 쉬우므로 보관에 주의를 요한다.

화장품의 품질 특성과 품질관리

5

화장품에서의 품질 특성이란 화장품을 제조하여 판매하는 경우 기본적으로 소홀히 해서는 안 되는 중요한 특성인 안전성, 안정성, 유용성, 사용성으로서 그것들의 종합적인 것이 소비자에게 만족을 주는 품질의 최대 조건이다. 사용성에는 사용자의 기호에 따른 향기, 색, 디자인 등의 기호성(감각성)도 포함된다.

1. 화장품의 품질 특성

화장품을 제조할 때에 언제나 일정한 품질의 제품을 소비자에게 공급하는 것은 기업으로서 당연한 것이며 매우 중요한 일이다.

'좋은 품질'이란 것은 단순히 성능이 좋고 안심하며 사용할 수 있는 것만으로는 부족하다. 아무리 좋은 성능을 가진 제품이라도 가격이 비싸서 소비자에게 구매 욕구를 주지 못한다면 그 성능을 인정받을 수가 없기 때문이다. 여기서 제품의 품질은 '소비자에게 보다 성능이 좋고, 경제적인 욕구를 만족시키는 제품'이라고 할 수 있다. 즉 품질(Quality)은 소비자의 입장에서 그 제품을 사용하는 소비자의 만족도에 의해 결정되는 것이다.

기업의 입장에서 볼 때 품질은 기획 설계상의 품질, 제조상의 품질과 판매상의 품질로 나누어 볼 수 있다. 기업이 기획한 성능상의 품질과 실제로 제조하여 생기는 품질 및 경제성이나 시장에서의 타이밍도 중요한 요소가 된다.

화장품에서의 품질 특성이란 화장품을 제조하여 판매하는 경우 기본적으로 소홀히 해서는 안 되는 중요한 특성인 안전성, 안정성, 유용성, 사용성을 일컫는다. 이러한 모든 특성들은 소비자에게 만족을 주는 품질의 최대 조건이다. 사용성에는 사용자의 기호에 따른 향기, 색, 디자인 등의 기호성(감각성)도 포함된다.

[표 5.1] 화장품의 품질 특성

특성	내용
안전성	피부 자극성, 감작성, 경구독성, 이물 혼입, 파손 등이 없을 것
안정성	변질, 변색, 변취 등이 없을 것
유용성	보습, 자외선 방어, 미백, 세정, 색채 효과 등을 부여
사용성	피부 친화성과 부드러운 사용감, 사용의 편리성 및 기호성

1) 화장품의 안전성

화장품은 건강한 사람의 피부에 반복하여 장기적으로 사용되기 때문에 의약품처럼 치료라고 하는 유효성과 부작용이라는 위험의 밸런스를 가치로 하는 것이 아니라, 절대적인 안전성이 확보되어야만 한다.

화장품은 불특정 다수의 사람들에게 사용되며 그 사용 방법이 기본적으로 사용자에게 맡겨지는 것을 전제로 하기 때문에, 모든 가능성을 고려한 안전성의 확보가 가장 바람직하다.

과거 화장품의 원료는 의약품과 비교하여 비교적 인체 위해성 차원에서 상대적으로 안전하다고 인지되어 왔으나, 최근들어 새로운 기능을 찾거나 피부의 생리적 메커니즘에 맞는 화장품의 원료가 개발되면서 인체 생리에 영향을 줄 가능성이 증가하였다. 또한, 화장품의 장기간 사용에 의한 인체 위해성 증가와 더불어 환경오염에 따른 자외선의 증가 등으로 피부 자체 및 피부를 통한 전신의 독성이 일어날 수 있는 가능성이 점차 증가하고 있다.

특히 기능성 화장품의 경우 세포 내의 생리적 · 화학적 변화를 유도하여 활성을 나타내고 사용 빈도가 일반 화장품에 비해 늘어날 것으로 생각되기 때문에, 기능성 화장품의 경우는 안전성 문제를 더욱 신경 써야 할 것으로 판단된다.

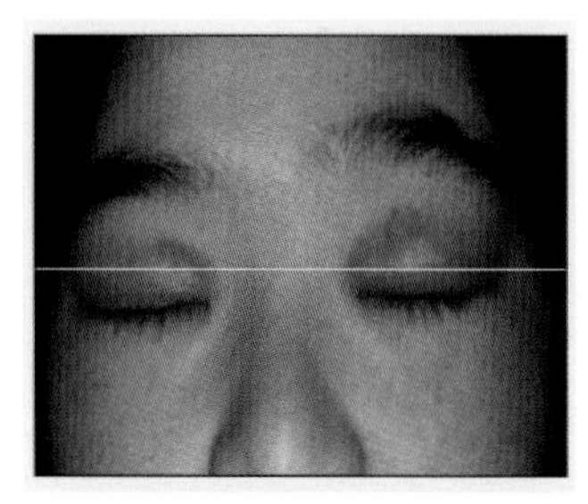
눈화장품에 의한 습진

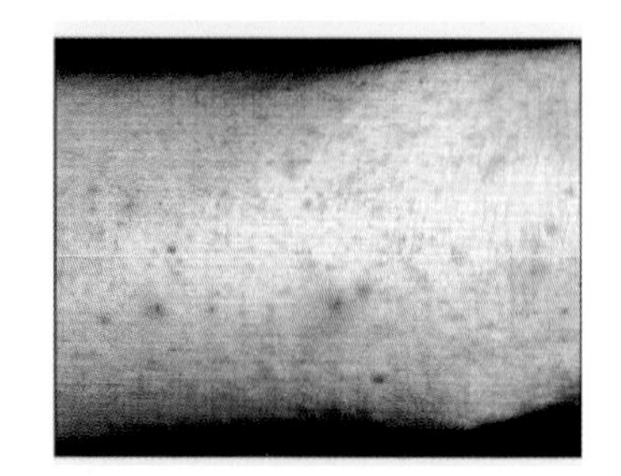
오일에 의한 모낭염

화장품에 의해 자극, 접촉성 두드러기, 접촉성 피부염, 여드름, 피부색 변화, 국부적 부작용, 전신성 부작용 등이 일어날 수 있다.

화장품의 원료 중에는 산, 알칼리 등과 같은 자극성이 있는 원료가 포함되며, 배합량이나 배합비 등에 따라 자극이 생기는 것이 있다. 또, 계면활성 작용에 의해 단백질성, 탈지 등 피부에 대해 유해작용을 나타내는 경우도 있다.

[신중하게 취급해야 할 화장품의 원료]

- 방부, 살균제
- 산화방지제
- 금속봉쇄제
- 자외선 흡수제
- 타르계 색소

안전성을 고려한 제품에도 사용 방법, 사용량, 함께 존재하는 성분, 온도, 습도, 계절, 자외선 사용 대책, 사용 빈도 등에 따라 피부에서의 작용이 다르다. 때문에 단순히 내용물만이 아니라 사용 실태까지 고려하여 안전성을 평가해야 한다.

화장품 원료의 안전성은 단회 투여 독성시험, 1차 피부 자극시험, 안점막 자극 또는 기타 점막 자극시험, 피부 감작성 시험, 광독성 및 광감작성 시험, 인체 사용성 시험 등을 통하여 평가된다.

[안전성 평가 항목]

① 급성 독성시험 : 화장품을 잘못하여 먹었을 때 위험성을 예측하기 위해, 동물에 1회 투여했을 때 LD_{50}값을 산출한다.
② 피부 1차 자극성 시험 : 피부에 1회 투여했을 때 자극성을 평가하는 것이다.
③ 연속 피부 자극성 시험 : 피부에 반복투여 했을 때의 자극성을 평가하는 시험으로 1차 자극에서는 나타나지 않는 약한 자극이 누적되어 자극을 발생할 가능성을 예측하는 것으로, 동물에 2주간 반복투여하는 방법이 실행된다.
④ 감작성 시험 : 피부에 투여했을 때의 접촉 감작(allergy)성을 검출하는 방법이다.
⑤ 광독성 시험 : 피부상의 피험물질이 자외선에 의해 생기는 자극성을 검출하기 위해 UV램프를 조사하여 시험한다.
⑥ 광감작성 시험 : 피부상의 피험물질이 자외선에 폭로되었을 때 생기는 접촉감작

성을 검출하는 방법으로 감작성 시험에 광조사가 가해지는 것이다.

⑦ 안자극성 시험 : 화장품이 눈에 들어갔을 때의 위험성을 예측하기 위해 동물시험이나 동물 대체 시험으로 단백질 구조 변화 시험 등이 실행된다.

⑧ 변이원성시험 : 유전독성을 평가하기 위해 돌연변이나 염색체 이상을 유발하는지를 조사하는 방법으로 세균, 배양세포 마우스를 이용하여 실행하는 시험이다.

⑨ 인체 패치테스트 : 인체에 대한 피부 자극성이나 감작성을 평가하는 시험으로 통상 등 부위나 팔 안쪽에 폐쇄 첩포하여 실행한다.

경우에 따라 광독성이나 광감작성 시험이 생략되기도 하지만, 급성독성, 안자극성, 인체 패치테스트는 필수적이다. 이들 9항목 이외에도 급성 독성시험, 만성 독성시험, 생식 독성시험, 흡수, 분포, 대사, 배설 등의 시험을 실시하기도 한다. 자외선 차단제나 타르색소, 살균 방부제 등은 비교적 독성이 강한 물질들이기 때문에 발암성을 일으킬 수 있는지를 확인해야 한다.

한편, 안전성 평가를 위한 동물 시험법의 경우 유럽에서는 2004년부터 동물 시험이 금지되었다. 동물 시험 대체법으로 3R의 개념이 일반적으로 받아들여지고 있다. 동물을 이용하지 않는 방법(Replacement), 이용하는 동물 수의 삭감(Reduction), 동물이 받는 고통의 경감(Refinement)이다.

2) 화장품의 안정성

화장품이 각종 기능을 발현하기 위해서는 내용물의 화학적 · 물리적인 변화가 일어나지 않도록 하는 것이 중요할 것이다.

- 화학적 변화 : 변색, 퇴색, 변취, 오염, 결정 석출 등
- 물리적 변화 : 분리, 침전, 응집, 발분, 발한, 겔화, 휘발, 고화, 연화, 균열 등

화장품의 화학적·물리적 변화 현상은 제품의 사용성에 큰 영향을 줄 뿐만 아니라 제품이 갖는 미적 외관이나 이미지에 손상을 가져온다.

화장품의 안정성이란 '제조 직후 제품의 품질이나 성상을 언제까지 유지하는 것이 가능한가' 라는 기본적인 생각부터 '제품 그 자체의 형상의 변화, 변질 및 기능의 저하에 있어서의 수명을 예측하기 위한 시험' 이라고 해야만 할 것이다.

화장품에 산화방지제, 자외선차단제 등의 안정제를 첨가했다고는 하지만 장기간에 걸쳐 절대 안정적이라고는 할 수 없으며, 그 기간동안 변화가 적고 사용성과 기능성 또는 유용성을 상하지 않는 범위의 것을 '안정하다' 라고 칭해도 좋을 것이다.

통상 화장품의 품질 수명은 소비자가 사용을 마칠 때까지 보증하도록 각 제조회사가 안전성 기준을 설정하고 그 수준을 향상시키기 위한 연구개발에 주력하고 있다.

안정성 시험법은 완성된 제품을 육안으로 검사하여 양호품과 불량품으로 판별하는 시험법이다. 외관 시험법은 기초 제품, 색조 제품 등 각종 제품류와 제품의 내용물, 용기 및 포장 상자의 이상 유무 정도를 직접 육안으로 관찰하여 표준 견본과 비교하여 판정한다.

[표 5.2] 화장품의 안정성 평가

평가 항목		평가 기준 방법	관찰 사항
경시 안정성	상온 25°C 30°C	2~3년 이상	분리, 산패 변색, 변취 점도 변화 변형, 증발 화학 변화 침전, 발한 발분
	Cycle -10°C 45°C	1주~1개월 이상	
내온성	고온 37°C 40°C 45°C	1~2개월 이상	
	저온 0°C	1주~1개월 이상	
내광성	자연광	변퇴색 : 맑은날 1~2주 변취,광분해 : 2주~1개월	
	인공광	형광 Lamp : 1~2년 Carbon Arc : 100~200시간 Xenon Lamp : 20~30시간	
미생물	방부 System 선정	CTFA 안내기준 Linear gression method 기타	CFU
내 충격성	낙하시험	3mm 고무판 70~100cm 자유낙하 (3회 이상)	균열, 파손
포장재	기 능	실제 적용 Test	사용 기능
	Campatibility (내온, 내광, 내습)	1~2개월 이상	변취, 변퇴색, 분리, 색소 용출, 용량

3) 화장품의 유용성

소비자는 무엇보다도 제품의 유용성에 관심이 높을 것이다. 세정 효과나 보습 효과, 자외선 차단 효과, 미백 효과, 육모나 양모, 피부 거칠음 개선 효과, 체취 방지 효과 등 소비자의 기대를 충분히 만족시키는 상품인지의 여부가 중요할 것이다.

화장품의 품질 특성에 있어 1980년대 들어 안전성과 함께 유용성을 중시하는 시대가 되었고 생명과학을 기반으로 한 바이오테크놀러지에 의한 신원료, 신약제의 개발이나 정밀화학에 의한 신소재의 개발로 유용성이 높은 기능성 화장품의 개발이 이루어지고 있다.

- 생리학적 유용성 : 거친 피부 개선(보습), 주름 개선, 미백, 탈모 방지 등
- 물리화학적 유용성 : 자외선 차단, 메이크업에 의한 기미, 주근깨 커버 효과, 체취 방지, 갈라진 모발의 개선 효과 등
- 심리학적 유용성 : 향기요법, 메이크업의 색채 심리 효과 등

4) 화장품의 사용성

화장품은 생활용품이지만 기호품이기도 하다. 화장품의 기호성에는 색, 냄새, 감촉이라는 관능적인 인자가 주체이다.

화장품의 사용성 평가는 종래부터 관능 시험에 의해 평가되고 있는데, 사용자의 연령, 체질, 피부 타입 등의 차이와 그 밖에 개인적인 기호성이 있기 때문에 사용성 시험에 있어서 100% 만족을 주는 것은 불가능하다.

종래 사용성 시험은 전문가 패널(panel)에 의한 관능 평가 시험이나 소비자 패널(panel)에 의한 기호 테스트를 사용했지만 최근에는 기기의 개발에 의해 계측화의 연구가 대부분 행해지고 있다. 하지만, 아직 기기에 의한 계측만으로는 만족한 평가를 할 수는 없다.

화장품의 사용성에 있어서 주요한 품질 평가의 항목은 다음과 같다.

- 사용감 : 퍼짐성, 부착성, 피복성, 지속성
- 냄새 : 형상, 성질, 강도, 보유성
- 색 : 색조, 채도, 명도

5) 화장품의 용기

화장품 용기는 소비자 개성의 다양화와 기술의 진보에 따라 그 형태나 소재가 매우 다양해졌다. 하지만, 용기의 가장 기본적인 기능은 내용물의 보호에 있으며, 이런 기본 기능에 충실하면서 고기능, 다기능화를 추구하고 품질 보증을 해야 하는 것이 용기 설계의 요점이다. 물론 용기 비용이나 판매 촉진성, 환경을 고려해 용기를 디자인하는 것을 빼놓을 수는 없을 것이다.

[표 5.3] 화장품 용기 및 포장의 기능

내용물의 보호성	수송과 온습도, 미생물, 빛 등의 보관 환경에서 내용물의 품질을 보호한다.
취급의 편리성	제품의 취급, 물건 취급에 편리한 중량, 치수, 형상이나 표기 및 용기 개폐의 쉬움 등을 목적으로 한다.
판매 촉진성	용기, 포장은 상품의 일부로서 특히 셀프 서비스 방식의 판매에서는 말할 것도 없고, 그 자체가 세일즈맨이 되기도 하며 기업 이미지(CI)를 상징한다.

용기의 형태는 입구의 크기가 몸체보다 작은 세구병, 입구의 외경이 큰 광구병, 튜브 타입, 마스카라 용기에 이용되는 원통상 용기, 파우더 용기, 콤팩트 용기, 스틱 용기, 펜슬 용기 등으로 다양하다.

화장품 용기에 사용되는 재료는 플라스틱, 유리, 금속, 종이 등이 단독 또는 조합되어 사용된다. 이들 포장을 합리적으로 조합하여 외부환경으로부터 내용물의 품질을 보호하고, 용기 그 자체의 품질 유지(내용물, 약품성, 내부식성, 내광성 등)를 할 수 있도록 적합한 재료와 기구를 선택할 필요가 있다.

용기 설계에 있어 시각적인 효과나 매력있는 디자인으로 설계하는 것은 좋지만, 화장품 용기가 미적인 요건을 충족하여도 사용하기 어려운 용기는 좋지 않으므로 디자인과 기능이 일치하여 인체 공학적인 사용 편리성을 고려하는 것이 필요하다.

또 지나치게 디자인을 중시하여 많은 형상을 변형시켜서, 생산 라인에서 포장하기 어려운 용기는 바람직하지 못하다. 형태상으로나 양적으로도 합리적인 생산성을 가미하여 경제성을 고려하는 것이 바람직하다.

용기 및 포장 재료 성분의 위생상의 안전성과 사용 환경, 사용 방법에 의한 형태 및 구조상의 안전성과 더불어 지구 환경 보전 관점에서 적정 포장과 분해성을 충분히 고려할 필요가 있다.

6) 화장품과 방부

화장품은 기름이나 물을 주성분으로 하여 미생물의 탄소원이 되는 글리세린이나 솔비톨 등이나 질소원이 되는 아미노산 유도체, 단백질 등이 배합된 것이 많기 때문에 식품류와 마찬가지로 세균 등의 미생물이 침투하기 쉽다. 물론 식품에 비하면 화장품의 사용 기간은 비교되지 않을 만큼 길지만 병원균이나 곰팡이, 효모, 세균, 박테리아 등의 미생물로 인한 오염, 변취로부터 화장품을 장기간 보존하기 위해 방부제를 첨가할 필요가 있다.

이들 병원균에나 세균, 진균 등의 번식에 따른 화장품의 변질은 화장품의 안전성이나 안정성에 최대 영향을 주기 때문에 품질 관리상 매우 중시하지 않으면 안 된다.

제품의 미생물 오염은 공장 제조 단계에서 유래하는 오염(1차 오염)과 소비자에 의해 사용 중 오염(2차 오염)으로 구별한다.

1차 오염에 대비하기 위해 제조 공정에 있어 제조 환경이나 작업자 위생, 첨가물이나 물을 포함한 화장품 원료뿐만 아니라 용기나 용구 등에 있어 철저한 멸균이 필요하다.

소비자에 의한 2차 오염은 인체의 피부 상재균, 손가락에 덜었던 화장품을 도로 넣는 습관이나 화장품 뚜껑을 열어 놓는 습관 등에 의해 화장품이 미생물에 오염되는 것이다. 이를 방지하기 위해서는 항균력이 있는 원료나 오염되기 어려운 튜브와 같은 용기를 사용하든가, 방부제를 적절히 사용하여 미생물의 번식을 어렵게 하는 처방을 할 필요가 있다.

방부 · 살균제의 사용은 유력한 수단으로 과거부터 사용되어 온 방법이지만 방부 ·

살균제의 사용에는 배합상의 준칙 이외에도 안전성을 고려해야 하며, 이들 성분의 배합은 용량에 따라 제품의 수명과 사용 횟수, 용기 형태에 의한 오염의 빈도 등을 고려하여 요구되는 최소량을 첨가하도록 해야 한다.

방부 · 살균제에 따른 2차 오염 방지 외에도 용기의 구조 개선과 용기의 소량화에 따른 사용 기간의 단축, 소비자의 위생적 사용에 따른 방지책, 소비자에게 사용상 주의점을 알리는 등 여러 각도에서 2차 오염의 방지를 할 필요가 있다.

화장품은 사용 원료나 제품의 종류와 제형이 여러 종류 · 여러 형태이므로 그것만으로도 미생물이 번식하기 쉬운 조건을 다수 가지고 있기 때문에, 화장품 제조업자가 미생물의 1차 오염에 관해서는 절대적으로 방지하는 것은 당연한 것이고, 출고 후 소비자의 손에서 일어나는 2차 오염에 대해서도 어떻게든 방지하도록 노력해야 한다.

1차 오염에 대한 대책으로 CGMP(Cosmetic Good Manufacturing Practices)가 시행되어 왔는데, 이에 대해 단순히 시행되는 차원을 넘어서 '실시한 공정이나 방법을 과학적 근거나 타당성을 부여하여 설계하고, 그것이 소기의 목적대로 기능하고 있다는 것을 체계적으로 검증' 할 수 있도록 평가(Validation)하는 개념이 도입되어 화장품의 품질 관리의 기본으로 자리 잡고 있다.

2. 화장품의 품질관리와 품질보증

품질관리란 설계상의 품질과 실제로 생기는 제조상의 품질과의 차이가 가능한 한 없도록 둘 사이를 좁혀 나가는 것으로써, 넓은 의미에서 각 기업이 기획해서 정한 품질 목표를 달성하기 위한 활동의 전부를 관리하는 것이며, 원재료 및 제품의 시험 조사 등 품질이나 제품을 점검하는 것도 좁은 의미의 품질 관리에 해당된다.

품질 목표를 기본으로 작성된 제품 규격에 따라 시험 조사할 때 적합했다고 해서 품질상의 책임이 없는 것은 아니다. 품질상의 책임은 제품이 출하하여 소비자가 완전히 사용할 때까지 기업이 품질을 보증해야 하는 책임이 있다는 것이다.

즉, 품질보증이란 소비자가 안심하고 만족하여 구입할 수 있고 그것을 사용하여 안심감, 만족감을 갖고 오랫동안 사용할 수 있는 품질을 보증하는 것이라고 볼 수 있다.

화장품에 있어서 내용물의 안전성, 안정성, 사용성, 유용성을 보증하고 용기와 외장의 보증으로 기업은 제품 책임에 대해 충분한 대책을 갖고 소비자의 안전을 도모해야 한다.

우리나라에서도 2002년 7월 제조물 책임법(PL법, Product Liability)이 발효되어 그해 7월 1일부터 실행되었다. 이는 제조물의 결함으로 인하여 생명 · 신체 또는 재산에 손해를 입은 자에게 제조업자(수입자) 또는 판매자가 직접적인 과실이 없어도 그 손해를 배상하여야 하는 책임을 정하여 피해자를 보호하고 국민 생활의 안정과 향상 및 국민 경제의 건전한 발전을 도모하고자 하는 것이다. 이는 설계상, 제조상, 표시상의 결함을 포함하고 있으며 화장품 기업은 PL법상의 대상으로 제품의 기획, 개발 단계부터 연구, 생산, 품질관리 등 모든 부분에 PL법의 중요성을 인식시킴과 동시에 제품의 출고 후 유통 단계에서의 대응도 필요하다.

특히 퍼머넌트웨이브 용제나 염모제 등과 같이 피부나 모발에 강한 화학작용을 하여 효과를 얻는 제품은 설계 단계부터 사용성과 위험성의 밸런스를 충분히 생각하고 사용 및 주의 표시를 면밀히 할 필요가 있다.

부록

제품 용어
찾아보기

6

1. 제품 용어

[기초 화장품]

■ 클렌징 크림(Cleansing Cream)

- Cleansing : '깨끗하게 깔끔하게 하는' 의미의 사전적 의미로 화장 및 피부 표면의 오염을 제거하는 방법
- Cream : '크림 상태'로 유성 성분과 수성 성분을 유화시킨 제품의 총칭

피부 세정을 목적으로 하는 세안용 크림으로 클렌징 로션이나 워터에 비해 유분이 많으므로 주로 짙은 메이크업을 했을 때 딥클렌징 용으로 사용하여 유성 성분의 메이크업과 오염물을 제거해주는 기능을 하여 청결한 피부를 유지하게 하는 역할을 함

■ 클렌징 폼(Cleansing Foam)

- Foam : 거품 및 거품 제제

거품을 이용하여 피부 표면의 오염물 및 화장 찌꺼기, 땀, 피지 등을 제거하는 세안 전용 세정제로 비누가 갖고 있는 우수한 세정력과 클렌징 크림이 갖고 있는 피부 보호 기능을 겸비한 제품이며 보통의 비누 세안 시에 피부가 거칠어지는 사람들이 있는데 이를 방지하기 위하여 일반적으로 사용 됨. 기포 세정제, 보습 성분, 유연제 및 유효 성분을 함유하고 있음

■ 스킨로션(Skin Lotion)

- Skin : 피부
- Lotion : 크림보다는 수분 함량이 많은 묽은 형태의 '화장수'

피부에 수분과 영양을 공급하고 피부 수분 밸런스를 회복시키며 부드럽게 하여 피부 표면을 보호하는 유연 화장수로 널리 사용됨

■ 마사지 크림(Massage Cream)

- Massage : 가벼운 손동작, 피부를 문질러서 곱고 건강하게 하는 일. 또는 그런 미용법

여러 가지 다양한 움직임의 손동작을 이용하여 문질러줌으로써 근육을 이완시켜주고 혈액순환 및 신진대사를 원활하게 해주어 노폐물과 독소제거 및 생체 활성을 도와주는 마사지를 할 때 사용하는 크림으로서 유분과 영양 성분을 함유하여 마사지시에 피부에 유효 성분 공급 및 손동작이 부드럽게 미끄러지기 용이하게 하여 마사지의 효과를 높여주는 역할을 함

■ 모이스처 로션(Moisture Lotion)

- Moisture : 촉촉한, 수분, 습기

피부의 유분과 수분의 균형을 맞추어주는 영양 화장수로서 피부 표면에 수분 공급을 충분히 해주

어 부드럽고 촉촉한 피부를 유지하도록 해주는 기능이 있음

■ 아스트린젠트(Astringent)

- Astringent : 수렴, 수축

모공을 수축시켜 과잉 피지나 땀 분비를 제어하여 피부에 탄력을 주는 수렴 화장수로 메이크업 전에 사용하면 화장의 흐트러짐을 방지할 수 있으나 과다한 사용은 피부 건조의 원인이 될 수 있음(수렴제)

■ 프레셔너(Freshener)

- Fresh : 상쾌한, 시원한, 청량한

화장수의 일종으로 아스트린젠트보다 약한 기능을 가지며, 맑은 액상으로 피부를 차갑고 신선하게 해주는 역할(상쾌한 느낌의 수렴화장수)

■ 팩(Pack)

- Pack : 포장, 둘러싸다

피부를 외부의 공기와 차단시켜 수분 유지, 유연 효과 및 영양 공급과 오염물 흡착으로 모공속의 불순물을 제거하는 청정작용을 하는 것으로 형상으로는 젤리상, Past상, 분말상 등이 있음

■ 에센스(Essence)

- Essence : 본질, 정수, 진액

피부 활성 성분(보습, 미백, 주름방지, 산화 방지, 노화 방지 등)을 고농도로 함유한 영양 유액으로 유연, 보습 및 미용 효과가 우수한 미용 농축액을 말하며 형태로는 여러 가지 타입이 있으나 투명하거나 반투명의 점조액 타입이 가장 널리 시판되고 있음. 같은 의미로 세럼(serum)은 유럽에서 불리는 명칭임

■ 영양크림(Nourishing Cream)

- Nourishing : 영양이 되는, 자양분이 많은

풍부한 영양 공급 및 수분과 유분을 보충하고 외기로부터 피부를 보호해 주는 크림을 의미하며 일반적으로 유분 25~50%, 수분 50~75% 정도의 비율로 만들어지며 대상 피부에 따라 유분량을 조정하여 생산되기도 함. 과거에는 나리싱 크림이라고 일컬어졌음

[메이크업 화장품]

■ 메이크업 베이스(Make-up Base)

- Moisture Make-up : 조립, 화장, 분장 도구
- Moisture Base : 바닥, 기본

색조 화장을 할 때, 파운데이션 전에 사용하는 밑 화장용품으로 파운데이션의 밀착력을 높여서 화장의 지속성을 유지해 주는 제품을 의미하는 것으로서 색상은 녹색, 보라, 노랑, 분홍 등 여러 가지 색상이 있으며 각각의 피부 타입과 상황에 맞게 피부색을 조절하여 연출할 수 있게 함

■ 파운데이션(Foundation)

- Foundation : 기초, 토대

메이크업 화장에 가장 기본이 되는 것으로 피부색을 곱게 표현해주는 제품으로서 일반적으로 안료를 분산시켜 액체 또는 고체형태로 만들어지며 리퀴드, 크림, 스틱 등 다양한 종류가 있고 색상 또한 톤에 따라 분류 되어 있음

■ 메이크업 로션(Make-up Lotion)

로션 타입의 자연스러운 파운데이션으로 크림 타입보다 촉촉하며 퍼짐성이 강하고 사용이 간편한 장점을 가지고 있으나 화장의 지속력은 크림 타입보다는 약함

■ 리퀴드 파운데이션(Liquid Foundation)

- Liquid : 액체

액상 타입의 파운데이션이며 촉촉하고 매끄러운 마무리로 엷은 화장에 적합

■ 크림 파운데이션(Cream Foundation)

크림 타입의 파운데이션으로 유분이 많아 피부에 윤기와 탄력을 주며 커버력이 좋음
파우더를 많이 흡수하기 때문에 파우더 사용 시에는 파운데이션 후 티슈로 유분을 적당히 제거하고 파우더를 바르는 것이 바람직함

■ 스킨커버(Skin Cover)

- Cover : 덮다, 가리다

기미, 주근깨, 잡티에 효과적인 유성 타입 파운데이션으로 농도가 짙고 커버력이 우수함
유분성질이 강하므로 악건성 피부 경우 얼굴 전체 베이스용으로 사용하기도 함

■ 선블럭 파운데이션(Sun Block Foundation)

- Block : 방해, 차단. 저지

여름철에 주로 많이 사용하는 파운데이션으로 내수성과 지속성이 우수하며 자외선 차단제가 함유되어 있어 자외선으로부터 피부를 보호해 주는 파운데이션

■ 페이스 파우더(Face Powder)

- Face : 얼굴
- Powder : 분말, 가루

파운데이션 화장을 차분하게 마무리 해주는 가루분 타입의 제품으로 땀과 피지에 의해 화장이 지워지거나 번들거리는 것을 제거하고 화장의 지속성을 유지시켜 줌. 투명 파우더와 다양한 색상의 컬러파우더, 펄 파우더 등이 있음

■ 트윈 케이크(Twin Cake)

- Twin : 이중의
- Cake : 일정한 모양의 덩어리

케이크상의 건조분으로 파우더와 파운데이션의 이중 효과를 주는 제품이며 스펀지를 물에 적셔 사용하거나 마른 채로 사용할 수 있는 양용 타입이므로 실리콘 등을 안료에 표면 처리하여 내수성과 지속성이 좋음

■ 아이섀도우(Eye Shadow)

- Shadow : 음영

눈 주위나 코 등의 주위에 색상을 발라 눈매에 음영을 주어 입체감 있게 표현해주는 제품으로 분말을 압축한 케이크형, 유성 크림에 섞어 놓은 크림 형태, 스틱형 등의 타입들이 있고, 색상 또한 여러 가지 색상과 펄 등의 광택을 포함한 제품 등 다양한 제품이 있음

눈 주위에 사용하기 때문에 피부 안전성, 위생면에서 충분히 주의를 기울일 필요가 있음

■ 아이라이너(Eye Liner)

- Liner : 선, 줄

눈매에 선을 그려 눈의 윤곽을 분명히 하거나 눈의 형태를 바꾸어 매력적인 눈매를 만들어 줄 목적으로 사용되는 제품으로 고형 아이라이너로 펜슬형, 케이크형이 있고 액상 아이라이너로 유성계, 수성계형이 있음. 펜슬 타입은 라인을 쉽게 그릴 수 있는 장점이 있고, 리퀴드 타입은 그리기 다소 여렵지만 보다 선이 확실하고 윤기가 나는 것이 특징

이 두 가지의 장점을 살린 젤 타입 아이라이너도 있음

■ 라이너 펜슬(Liner Pencil)

눈매를 강조하는 펜슬 타입의 아이라이너로 부드럽고 고운 입자로 제조되어 예민한 눈가에 부드럽게 그려지며, 방수처리로 땀이나 물에 번지지 않고 지속됨. 다양한 색상으로 섀도의 컬러에 따라 선택하여 사용

■ 아이브로우 펜슬(Eyebrow Pencil)

- Eyebrow : 눈썹

눈썹의 형태를 수정하고 정리해주는 연필 형태의 제품으로 아이라이너, 마스카라 등 눈의 화장에

맞추어 이용하고 눈썹에 도포해 짙게 보이게 하거나 원하는 형태로 눈썹을 그림으로써 개성 있는 아이 메이크업 연출을 위해 사용
케이크형, 스틱형이 있고 스틱형의 것에는 크레용형, 연필형, 샤프펜슬형의 것이 있음. 스틱형은 피부에 매끄럽게 부착시키고 그리기 쉬움

■ 마스카라(Mascara)

- Mascara : 가면, 분장(에스파냐어)

속눈썹에 도포하여 속눈썹을 진하고 길어보이게 함으로써 눈이 크고 생기 있으며 돋보이게 하는 제품으로 고형으로는 유성계(연고형)의 것과 액상인 것으로 유성계(용제형), 수성계(에멀션형, 에멀션 수지형)의 것이 있으나 액체 마스카라가 가장 널리 사용됨

■ 노컬러 마스카라(No Color Mascara)

무색, 투명 상태로 자연스럽고 깨끗한 컬링 효과를 주는 제품으로 눈물이나 땀 등으로 인한 얼룩이 생겨 화장이 지저분해지는 것을 막을 수 있는 장점이 있음

■ 립스틱(Lip Stick)

- Lip : 입술
- Stick : 막대

입술에 도포하여 입술을 보다 매력적으로 만들어 건강하고 화려한 표정을 만들기 위한 스틱 타입의 입술용 화장품으로 과거에는 홍화(safflower)의 즙을 응고시켜서 사용하였으나, 현재는 합성색소 사용. 오일 및 유지가 65~70%, 왁스가 20~25%, 착색료가 10% 정도로 배합. 색상은 여러 가지가 있으나 착색되지 않고 윤기만을 내는 것도 있으며 펄 등의 광택제도 사용됨. 형태로는 스틱 타입, 펜슬 타입, 연고 모양 등이 있지만 스틱 형태가 가장 일반적임(루즈-Rrouge, 프랑스어, 입술연지)

■ 립 글로스(Lip Gloss)

- Gloss : 광택

입술에 영양과 윤기를 주는 화장품으로 입술의 상태를 부드럽고 촉촉하게 표현해 주는 제품으로 입술에 직접 바르거나 립스틱 위에 덧발라서 입술 보호와 광택을 부여함
리퀴드 타입과 크림 타입이 있으며, 투명한 것부터 여러 가지 색상의 제품들이 있음
투명 립글로스는 화장을 하지 않은 듯한 자연스러움을 연출할 수 있고, 립스틱 위에 덧발랐을 때 립스틱의 색을 맑게 표현할 수 있음

■ 블러셔(Blusher)

- Blush : 얼굴을 붉히다.

피부에 색감을 주어 안정감 있는 혈색과 화사함 및 입체감을 주는 제품으로 크림 타입과 케이크 타입이 있으며 그 용도는 볼에 국한된 것이 아니고 볼과 그 밖에 얼굴 전체의 혈색을 표현할 때

사용 됨. 볼연지, 볼터치

■ 베이스 코트(Base Coat)

- Coat : 외투, 겉옷

네일 에나멜을 바르기 전에 사용하는 제품으로 네일 에나멜의 밀착성과 지속성을 높여주기 위해 사용하며 손톱을 보호하고 매끈하게 가다듬어 주는 역할을 함

주요 성분은 니트로 셀룰로스, 알키드 수지, 폴리 스틸렌수지 등의 피막 형성제와 프탈산 에스테르, 아디핀산 에스테르 등의 가소제, 건조 속도가 빠른 용제류 등으로 이루어짐

■ 네일 에나멜(Nail Enamel)

- Nail : 손톱
- Enamel : (반짝반짝 윤이 나는) 사기질, 법랑질

네일 폴리시(Nail polish) 또는 네일 래커(Nail lacquer), 매니큐어라고 일컬어지며, 손톱에 도포하며 손톱을 보호하고 광택이나 색채에 따라 아름답게 꾸미기 위하여 사용 되는 제품으로 손톱에 바르기 쉬울 정도의 점성이 있어야 하고, 적당한 건조 속도와 균일한 피막을 형성하여야 하며, 건조 후에는 색상과 광택이 변하지 않아야 하는 요건을 갖추어야 함

피막 형성제, 가소제, 색재와 증발 성분으로 이루어짐

■ 네일 에나멜 리무버(Nail Enamel Remover)

- Remover : 제거, 지우다

네일 에나멜이나 팁 등의 피막을 용해시켜 자극 없이 제거해주는 제품으로 크림 타입도 있지만 용제를 주성분으로 한 액상 타입이 주로 사용됨. 아세톤, 초산아밀, 초산에틸 등이 사용되며 네일 에나멜 리무버는 손톱을 보호하는 손톱 자체의 유지분이나 수분도 함께 제거시키기 때문에 에몰리언트 효과가 있는 고급 알코올, 유지, 폴리올류 등의 성분이 함유된 것을 사용하는 것이 좋음

■ 네일 에센스(Nail Essence)

미용 성분의 함유로 손톱과 손톱 주위의 건조를 막아주고 거칠음을 방지함으로써 손톱을 보호하여 보다 건강하게 보존하기 위하여 사용되는 제품

[모발 화장품]

■ 프로틴 샴푸(Protein Shampoo)

- Protein : 단백질
- Shampoo : 세발

두발, 두피 세정을 위한 단백질 샴푸로서 단백질의 폴리 펩타이드(PPT)가 다공성 모발중에 침투하여 잔류되어 간충물질로 작용하게 되고, 이러한 결과로 모발이 탄력을 회복하고 강도도 높아지는 효과를 기대할 수 있음

■ 헤어 린스(Hair Rinse)

- Hair Rinse : 씻어내다, 헹구다

샴푸 후 마지막 단계에서 머리를 헹굴 때 세발한 모발을 산성으로 만들어 유연성을 주고 탈지된 모발에 적당한 기름기를 주어 부드럽고 광택 있는 모발을 위해 사용하는 제품으로 정전기의 방지, 모발의 표면을 보호함

투명 액상 타입, 유화형, 젤상 타입, 에어졸 타입이 있으며 염화알킬트리메틸암모늄, 염화디알킬디메틸암모늄 등의 양이온 계면활성제, 또는 양쪽성 계면활성제가 사용되고, 그 외에 유지류, 보습제, 고분자 물질, 유화제 등이 사용됨

■ 헤어 트리트먼트 크림(Hair Treatment Cream)

- Treatment : 치료, 보호

퍼머넌트, 염색 등으로 손상된 모발 표면을 코팅해주면서 유, 수분 등의 영양 성분을 모발 내부에 침투시켜 부족한 영양분을 공급하고 큐티클을 보호하는 목적으로 가용되는 크림제품으로 모발 표면에 보호막을 형성하기 위하여 침투성, 흡착성, 피막 형성성이 강한 물질이 사용되고 부드럽고 윤기 있는 모발을 만들어 줌

폴리 펩타이드, 지방산, 에스테르, 라놀린, 스쿠알렌, 양이온 계면활성제, 양쪽성 계면활성제, 보습제 등으로 이루어짐

■ 헤어 토닉(Hair Tonic)

- Tonic : 튼튼하다, 기운을 돋아 줌

두피와 모발에 영양 공급과 보호 등을 위하여 사용되는 제품으로 에탄올과 물의 기제에 여러 가지 유효 성분을 첨가하여 두피의 혈행을 원활하게 하고 피부 기능을 높여주어 모근을 건강하게 함

탈모 방지, 두피와 모발의 오염 제거, 비듬, 가려움증의 방지, 살균 및 소독 작용으로 세균성 질환으로부터 보호 효과가 있음

■ 헤어오일(Hair Oil)

머리에 윤기를 주는 일종의 머릿기름으로 예전에 많이 사용했음

모발에 광택과 유성을 공급하여 정발하는데 사용함. 점성이 낮은 식물성 오일로 동백오일, 올리브유, 아몬드유, 피마자유 등과 광물유의 유동파라핀 등이 사용되고 그 외에 고급지방산 에스테르, 스쿠알렌 등이 이용됨. 오일이 주성분이므로 산화방지제를 첨가하여 사용

■ 헤어 스타일링 젤(Hair Styling Gel)

• Gel : 점성이 있는 상태의
두발에 정발 효과를 주는 투명 또는 반투명의 젤 타입 제품으로 일정 부위의 모발에 도포한 후, 원하는 헤어 스타일로 만들거나 머리모양을 고정하는데 사용됨. 피막형성제, 가용화제, 보습제 등으로 이루어짐

■ 헤어 크림(hair Cream)

유화형의 정발제로서 적당한 정발 효과를 주고 모발에 윤기와 광택을 주는 제품으로 유화 상태에 따라 O/W형과 W/O형이 있고 또한 로션상, 크림상 등이 있지만 사용하기 쉬운 로션 타입이 많이 사용됨. 유성 성분으로 올리브유, 동백오일, 스쿠알렌 등의 동물성, 식물성 오일과 유동파라핀 등의 광물유가 사용 됨

■ 무스(Mousse)

머리에 발라 원하는 대로 머리 모양을 고정시키는 데 쓰는 거품 모양의 크림
무스(Mousse)는 불어로 '거품'이라는 뜻이며 거품 타입의 정발 제품으로 밀폐된 용기에 가스와 접착성이 있는 풀 종류의 제품이 함께 들어 있어 사용할 때 흔들면 거품 형태로 밖으로 나와 자유롭게 헤어 스타일링 할 수 있도록 사용할 수 있게 만들어졌으며 여러 종류의 컬러를 사용하여 일시적인 염색약으로 이용되기도 함

■ 헤어 스프레이(Hair Spray)

습기나 바람에도 머리가 흐트러지지 않고 단정한 헤어스타일로 유지시켜 주는 제품으로 스타일을 유지, 고정하는 기능이 있어 세팅력이 강한 반면 빠르게 굳어버리므로 수정 시에는 신속하게 해야 함. 마른 머리에 사용하고, 이미 살려놓은 볼륨감을 유지할 때 쓰임
효과를 높이려면 하드 타입이 적합하고 전체적인 스타일을 고정시킬 때는 소프트 타입이 적합

[남성 화장품]

■ 애프터 셰이브 로션(After Shave Lotion)

• Shave : 면도

면도 후 사용하는 수렴 화장수의 일종으로 알코올 함량이 여성용 화장수보다 많아(30~50%) 살균, 소독작용이 강함

면도로 인하여 눈에 보이지 않는 상처가 생기거나 각질층이 벗겨지기 때문에 파라페놀술폰산아연과 같은 수렴제, 살균제, 비타민, 단백질, 창상 치유제, 습윤제 등으로 이루어짐

■ 셰이빙 폼(Shaving Foam)

거품타입의 면도용 제품으로 수염을 깎을 때 수염을 부드럽게 하고 칼날이 잘 미끄러지도록 하기 위하여 사용됨. 비누에 비해 알칼리성이 약하고 피부 거칠음이 적게 일어나는 기포세정제(지방산 비누, 양쪽성 계면활성제), 유연제, 보습제 등으로 이루어짐

[보디 화장품]

■ 보디 클렌저(Body Cleanser)

• Cleanser : 청결, 깨끗

전신용 세정료로서 목욕 시 비누 대용으로 사용하는 제품으로 처방은 일반적인 샴푸와 거의 유사하여 액체상의 형태가 가장 일반적임. 경우에 따라 씻어낸 후 산뜻하지 않다는 단점이 있음

■ 배스 토너(Bath Toner)

욕조 목욕 시에 온천에서의 효과를 얻을 수 있는 제품으로 욕조에 희석시켜 사용하며 피부 탄력과 보습 등의 유효한 성분이나 향 등을 함유하여 피로와 스트레스 완화의 효과를 기대할 수 있음

■ 배스 오일(Bath Oil)

목욕 후 피부면에 얇은 오일의 막을 형성하여, 이것이 피부 수분의 증발을 막고 건조를 방지하는 제품으로 피부를 유연하게 하고 매끄러움을 주어 피부에 미용상, 보건상 좋은 효과를 부여하며 목욕 중 향기를 즐길 수 있음. 향을 즐길 수 있는 제품으로 샤워 코롱(shower cologne) 또는 배스 퍼퓸(bath perfume)이라고 하며 일반적으로 캡슐 타입이 있음. 욕조 속에서 분산되는 것과 표면에 뜨는 것이 있는데, 주로 액체상으로 유동파라핀이나 스쿠알렌, 고급 알코올, 동·식물 유지, 지방산 에스테르류 등이 사용됨

■ 보디 로션(Body Lotion)

유분과 수분을 공급하는 몸 전용 영양 화장수로서 목욕이나 샤워 후, 전신에 적용됨
피부 전신의 보습과 탄력을 보충해 주며 유동성 있는 점도로 빠른 시간에 넓게 잘 퍼지는 것이 사용에 적합한 보디 로션이라 할 수 있음

■ 보디 파우더(Body Powder)

분말 상태의 바디 전용 분백분 제품으로 탈크를 주성분으로 하고 이것에 소염제를 가하여 부향(付香)한 것으로서 여름철과 같이 땀 분비가 많은 계절이나 목욕 후에 사용하고 피부의 표면에 청량감을 주고 땀에 의한 불쾌감을 적게 해줌

■ 샤워 코롱(Shower Cologne)

낮은 함량의 향료를 함유하고 있어 목욕이나 샤워 후에 은은한 향취로 전신을 산뜻하고 상쾌하게 유지시켜 주며 몸의 안 좋은 체취를 제거해주는 가볍고 신선한 보디 방향 제품으로 향수에 익숙하지 않은 사람에게 부담 없이 사용할 수 있는 제품

■ 버블 바스(Bubble Bath)

욕조 내에 첨가하여 향기와 기포를 일으켜 신체를 청정하게 만드는 것으로 향기와 기포에 의해 분위기를 자아내는 입욕 세정 제품
기포와 세정 성분으로서 고급알코올 황산 에스테르염, 모노글리세라이드의 황산 에스테르염, 폴리옥시 에틸렌 알킬 에테르, 지방산 알카롤마이드, 이미다졸린 화합물 등의 음이온, 비이온, 양쪽성 계면활성제가 사용됨

[방향 화장품]

■ 오데코롱(Eau de Cologne)

- Eau : 물

향수류에서 향의 농도가 제일 낮은 제품으로 3~5%의 향료를 함유하고 있어 상쾌한 향취가 특색이며 지속 시간은 2~3시간 정도로 향수를 처음 접하는 사람들에게 적합
이탈리아의 요한 마리아 파리아가 1709년 독일의 쾰른시에서 만든 것으로 일반 대중에게 향수를 보급하는 계기가 되었음

■ 오데토일렛(Eau de Toilet)

오데코롱보다 부향률을 약간 올려 알코올에 5~10%의 향료를 부합한 것을 일컬으며 향수 대용 이외에도 에프터 셰이브 로션이나 보디 로션으로도 사용되고 지속 시간은 3~4시간 정도가 일반적임

■ 오데 퍼퓸(Eau de Perfume)

오데 토일렛보다 부향률을 높여 5~10%로 향료를 첨가한 제품으로 사용 목적은 오데 토일렛과 유사함. 향수와 오데 코롱의 중간상태 제품이라 볼 수 있음

■ 향수(Perfume)

- Perfume : 향수

일반적으로 향수라고 불리며 보통 15~30%의 향료를 함유한 제품으로 지속 시간 5~7시간 정도로 향이 중후하고 화려함

2. 미용 용어

■ 스킨 케어(Skin Care)

- Care : 보호, 관리, 주의

피부를 탄력 있고 건강하게 손질 관리하는 것을 의미하며 피부를 돌보는 것으로 문제 있는 피부를 관리하여 좋은 피부로 개선 유지시키는 것을 말함. 즉 피부에 유해한 건조, 자외선, 산화로부터 피부를 보호하고 피부가 본래 가지고 있는 항상성 유지 기능을 도와서 피부를 늘 아름답고 건강하게 유지시키는 것이 이상적인 스킨 케어라고 할 수 있음

■ 마사지(Massage)

마사지는 신체 피부에 혈을 자극해서 혈액순환을 원활하게 하여 신진대사를 촉진시켜 줌으로써 피부 노폐물을 피부 밖으로 효과적으로 빼내고, 마사지 후 피부에 도포할 제품의 흡수를 용이하게 해주는데 그 목적을 갖고 있는 미용법

■ 마스크(Mask)

- Mask : 탈, 가면, 가리다

미용에서의 마스크는 팩이라고 하며 피부에 영양 침투를 위해 사용되는 피부관리용 제품으로 피부에 바른 후 15~20분간 적용시킨 후 건조된 상태로 제거하고 팩은 같은 목적으로 사용하여 굳지 않은 상태로 제거하는 것을 말함. 팩은 탄력적이고 부드럽게 응고한 상태에서 팩 재료가 변함없이 그대로 있고 대개 촉촉한 스펀지로 제거하며 마스크는 딱딱하게 응고되거나 바른 후 견고한 막을 형성함

사용된 성분의 흡수를 높이기 위해 팩과 마스크는 영양 마사지 후에 사용하며 팩과 마스크를 통해

냉각 효과와 보습 효과를 얻을 수 있으며 마스크의 건조작용과 응고작용에 의해 피부의 긴장과 수축작용을 증가시킴

■ 패팅(Patting)

- Patting : 톡톡 두들기다

두드려 줌을 나타내는 것으로 강하지 않은 강도로 손가락으로 가볍게 쳐주는 동작을 의미하며 주로 마사지 시에 사용되는 방법 중의 하나임

■ 패치테스트(Patch Test)

- Patch : 헝겁 조각

피부 테스트를 의미하는 것으로 화장품이나 염색제품을 사용하기 전 단계에서 피부에 반응검사를 하여 안전성을 확인하고 제품에 대한 부작용의 유무를 확인하는 시험법

밀폐, 개방법이 있으나 일반적으로 밀폐 첩포시험을 이용하고 비통기성 패치테스트용 반창고에 세료를 놓고 24시간 또는 48시간 동안 팔 안쪽, 귀 뒷쪽, 등 부위 등에 첩포한 후 결과를 관찰함

■ 블루밍(Blooming) 효과

- Blooming : 활짝 핀

스틱형의 파운데이션이나 립스틱 등의 제품에서 보이는 현상으로서 제품 표면에 흰 분이 묻어 있는 것 같은 상태를 블루밍이라고 함. 현재는 파우더로 화사하고 뽀송뽀송하게 화장한 것

■ 피 · 에이치(pH)

수용액 중에 있는 수소이온 농도를 표시하는 지수로서 어떤 물질이 수용액 속에 용해되어 전체가 용액 상태가 되었을 때 그 용액 속에 들어 있는 수소이온 용도를 표시하는 단위

값은 0~14까지 15단계로 나타내며 0은 가장 강한 산성을 나타내는 수치이고 숫자가 올라갈수록 산성도는 약해지다가 7이면 중성이 되고 다시 수치가 그 이상 올라가면 알칼리성이 강해짐(용액의 산성, 알칼리성의 강약을 나타냄)

■ 피지막

땀과 피지가 분비되어 피부 위에 형성되는 약산성의 막으로 천연보습인자인 NMF(Natural Moisturizing Factor)를 만들어 외부의 자극이나 피부 내부의 수분 손실로부터 피부를 보호하는 기능을 함. 이 피지막은 세안, 기후 변화, 연령 등에 의하여 쉽게 손실될 수 있으므로 기초 화장을 통해 피지막을 보안하여 줌. 피부는 보통 pH 4.5~5.5 정도의 약산성을 띠는데 이러한 수치는 세균이 번식하지 못하게 하며, 피부를 보호해주는 역할을 함

■ 멜라닌(Melanin)

멜라닌의 피부 표피 내의 기저층 기저세포 사이에 있는 멜라노사이트(melanocyte), 즉 세소세포에서 만들어지며 피부 및 모발에 존재하는 흑색 내지 갈색계의 색소로서 미세한 과립층을 형성하고 있으며 피부의 멜라닌 색소는 표피 기저층 기저세포의 원형질 내에 존재하고 또한 진피에서는 방추모양의 담색세포 원형질 내에도 보이며 자외선을 흡수하고 피부를 보호하는 작용을 갖고 있어 과잉의 자외선에 노출되면 피부 내에서 다량의 멜라닌이 침착되고 피부가 검게 됨

■ 드라이 스킨(Dry Skin)

건성피부라고 하며 피부 표면의 피지가 정상 이하로 분비되고 수분이 부족한 피부를 의미하는 것으로 각질세포를 피부 표면에 밀착시키는 힘이 약해 비듬이 생기고 매끄러움이 감소하게 되어 가려움증이 생기기 쉬우며 세균의 침범도 쉬움

선전적으로 피지선이 작용이 약하거나 비타민A의 부족, 부신 피질의 기능 저하의 원인이 있을 수 있음

■ 노멀 스킨(Normal Skin)

중성피부라고 하며 피부의 모든 상태와 생리기능이 정상적인 상태로 피부 표면에 색소침착이나 잡티 등을 찾아 볼 수 없는 가장 이상적인 피부 상태로 복잡한 현대생활에서 찾아보기 힘든 피부 유형임. 피지선과 한선의 활동이 정상적인 가장 이상적인 피부 상태로서 피부의 생리기능 모두가 정상적인 활동을 하는 피부를 의미함

■ 오일리 스킨(Oily Skin)

지성피부라고 하며 피지선 기능이 항진되어 피지가 과다분비되고 모공이 커서 눈에 띄며 피부결이 거칠고 피부 표면에 항상 가능기가 도는 상태를 의미함

유전적인 원인과 스트레스, 호르몬의 불균형, 위장장애 등이 있고 증가된 피지와 박테리아에 의해 여드름이 발생되기 쉬운 피부 타입

■ 선태닝(Sun Tanning)

- Tanning : 태우다

햇빛으로 피부가 자극 없이 그을리는 현상으로 일광 중 자외선의 자극으로 피부가 색소침착을 일으킨 상태. 태양광선을 받은 피부가 자외선으로부터 스스로 보호하기 위하여 멜라닌 세포가 멜라닌 색소를 만들어 내게 되는데, 피부 상태는 손상되지 않고 서서히 멜라닌 색소가 증가하여 검게 그을리게 됨

■ 선번(Sun Burn)

- Burn : 붉게 그을리다

햇빛에 피부를 지나치게 노출했을 때 피부가 붉어지고 물집이 생기며 피부 노화 현상을 일으키는 상태로서 피부에는 태양광선을 반사, 산란 및 흡수하는 기능이 있지만, 강한 태양 광선에 장시간 방치하면 피부가 갖고 있는 보통의 방어력으로는 저항할 수 없어 급성 염증이 일어나 홍반이나 수포가 생기게 되며 태양광선에 의해 일어나는 일종의 화상이라고 할 수 있음

■ 쿨링(Cooling)

- Cooling : 냉각시키다

시원하다는 뜻으로 하절기 화장품에서 느낄 수 있는데, 알코올 등의 휘발성으로 청량감을 주는 성분들을 이용하여 피부 표면의 온도를 내려주어 산뜻하고 시원한 사용감을 느끼게 해주는 것을 의미함

■ 그라데이션(Gradation)

- Gradation : 서서히, 변화한

어느 한 부분이 경계지거나 뭉쳐짐 없이 점진적으로 변화하거나 이행하는 현상으로 고르게 퍼지는 듯한 이미지를 보여줌을 일컬으며 일반적으로 화장품에서는 색조 화장법에서 파운데이션이나 아이섀도, 블러셔 등의 화장 시에 자연스럽게 경계가 지지 않도록 하는 화장기법으로 얼굴을 보다 입체적으로 음영을 나타내는데 사용됨

■ 점도(Viscosity)

액체가 일정한 방향으로 운동할 때 그 흐름에 평행인 양측에 생기는 내부 마찰력을 점도라고 하는데, 즉 내용물 상태가 되고 묽은 정도를 나타내는 것으로 화장품에서는 크림류, 로션류, 토너순으로 점도가 낮다고 할 수 있음

■ 컬링(Curling)

- Curling : 올라가는, 말려지는

웨이브나 볼륨감을 주는 것을 의미하며 화장품에서는 마스카라 사용 시에 속눈썹이 치켜 올라가는 효과를 나타내는 것

■ SPF(Sun Protection Factor)

- Protection : 보호
- Factor : 요인, 요소

'일광 차단지수' 또는 '자외선 차단지수'라고 하며 자외선B 로부터 피부가 보호되는 정도를 숫자로 나타내는 지수로서 SPF의 값은 다음과 같이 산출됨

MED-홍반을 일으키는 최소량

$$SPF = \frac{\text{선 제품을 사용했을 때의 MED}}{\text{선 제품을 사용하지 않았을 때의 MED}}$$

■ 버진 패킹(Virgin Packing)

- Virgin : 더럽혀지지 않는
- Packing : 포장하다

용기 입구를 밀폐하여 구입자가 개폐하도록 되어 있는 방식으로 제품이 유통 과정 중에 오염되거나 변질되는 것으로부터 보호할 수 있는 위생적인 패킹 방법 중의 하나임

■ 리드실(Lid Seal)

- Lid : 덮개, 뚜껑
- Seal : 봉함, 봉인

튜브 용기 입구에 부착되어 사용 시에 떼어내고 사용할 수 있게 부착되어 손으로 떼어내고 내용물을 접할 수 있게 만든 방식으로 위생적이고 안전하게 튜브 안의 내용물을 보호해 줌

■ 딥 클렌징(Deep Cleansing)

- Deep : 깊숙한

피부 깊숙이 있는 노폐물을 깨끗이 제거해 주는 효과를 가지는 클렌징으로 진한 화장을 했을 때나, 지성피부인 경우 과다한 피지와 땀 등의 오염물을 모공 안쪽부터 깨끗하게 청소해 주는 것을 의미함. 유성 성분을 많이 함유한 제품들이 사용되며 피부 청정 효과와 피부 신진대사 촉진, 이후 화장이 잘 받게 하는 등의 효과를 기대할 수 있음

■ 마일드(Mild)

- Mild : 가벼운, 순한, 약한

온화하고 부드럽다는 의미로서 일반적으로 화장품에서는 연약한 피부의 아기용 제품이나 민감성 피부, 아토피 피부 등의 제품에 사용되는 성분들과 화장품의 자극 정도의 성향을 주로 나타냄

■ 베이스 컬러(Base Color)

색조 메이크업 시에 기본의 바탕이 되는 색상을 의미하는 아이섀도나 블러셔 등에서 가장 먼저 넓게 적용되며 전체적인 분위기가 잘 살도록 바탕을 만들어 주는 색상으로 보통 연하고 맑은 색상이 주로 사용됨

■ 메인 컬러(Main Color)

색조 메이크업 시에 베이스 컬러 적용 후 가장 주가 되는 주인공의 색상으로 전체적인 분위기를

압도적으로 주도하는 컬러를 일컬음

■ 포인트 컬러(Point Color)

• Point : 요점, 목표

밋밋하고 단조로울 수 있는 색상 배합에 포인트를 주어 강조함으로써 전체적인 분위기에 변화를 주어 산뜻하고 신선하게 활력을 주는 효과를 줄 수 있는 색상을 말함

■ 신진대사

피부에 있어서 신진대사란 표피 내 기저층에서 만들어진 세포가 각질층까지 밀려 올라와 각질층에서 떨어져 나가는 과정을 의미하는 것으로 일반적으로 기저세포가 피부의 각질층까지 올라오는데 약 14일이 걸리고 각질층에서 체외로 떨어져 나가는데 약 14일이 걸리는데 이러한 순환 과정을 피부의 신진대사라고 함. 각화주기, 턴오버(Turn Over)라고도 하며 피부노화가 일어날수록 주기가 점점 둔화되고 이와 함께 피부가 칙칙해지고 거칠어지며 주름이 생성됨

■ 핫 팩(Hot Pack)

스팀이나 뜨거운 물수건을 이용하는 팩으로 두피나 안면 마사지 시 모공을 열어 노폐물을 배출하거나, 유효 성분을 흡수시키기 용이하게 하도록 하는데 주로 이용되는 것으로 너무 고온이지 않도록 적합한 온도에서 적용하는 것이 바람직함

3. 성분 용어

[보습 성분]

피부에 수분을 보유시켜 피부를 촉촉하게 해주는 성분

■ N. M. F(Natural Moisturizing Factor)

• Moisturizing : 습기, 수분

천연 보습제(자연 보습 인자)로서 피부의 각질층에서 액체 및 기체의 방출, 흡수, 침투, 유지작용을 유지하는 물질이며 케라틴, 리포이드, 흡습 수용성 물질 등으로 구성되어 있고 이런 성분들은 각질층을 유연하게 하기 위해 각질층의 수분을 15% 내외로 유지하도록 함

건조성의 거친 피부는 이 흡습 수용성 물질의 부족이 원인이며 이 물질을 NMF(자연 보습 인자)라

고 하며 아미노산류, 피로리돈카르본염, 유산염, 기타 당류로 조성되어 있음

■ 히알루론산(Hyaluronic Acid)

글리코스 아미노글리칸(glycosaminoglycan) 성분으로 진피 속에 존재하는 천연 보습 성분이며 수분흡수 능력이 뛰어나 물을 보유하려고 하는 성질 때문에 거친 피부에 즉각적인 부드러움을 가져오고 피부 외양을 현저히 개선시키는 효과를 줌. 수탉의 벼슬 등에서 추출, 정제하여 얻었지만 생명공학 기술의 발달로 비동물적 원료로 개발하여 사용되고 있음

■ 천연해조, 추출물(Natural Sea Weed Extract)

해조에 함유된 고단위 미네랄, 요오드, 비타민, 아미노산군을 함유한 물질로 피부의 수분 보유력을 정상화시키고 표피에 윤기를 제공하는 활성 성분이며, 여러 종류의 해조가 있고 항산화 성질 및 피부에 영양분 공급을 하는 역할을 함

■ 로즈힙 오일(Rose Hip Oil)

야생장미인 로즈힙은 고산지대인 안데스 지역, 특히 칠레가 천연 자생지이며 이 열매의 종자를 압착한 황금빛 오일로 캐로티노이드가 풍부하고 30~40%의 감마리놀레익산과 비타민 A, C, E 등과 올레인산, 리놀산 등으로 이루어져 있어 피부노화 방지와 주름 예방에 도움을 준다고 알려져 있음

■ 콜라겐(Collagen)

피부 진피층을 구성하는 단백질의 일종으로 피부에 장력을 제공하며 수분과 결합하는 힘이 커서 피부의 촉촉함과 팽팽함을 유지하는 중요한 역할을 하는데, 화장품 중의 콜라겐은 어린 동물의 피부에서 추출한 것이나 식물성 콜라겐, 피쉬(fish) 콜라겐 등이 있으며 피부 탄력 및 주름과 늘어짐 예방에도 도움이 되지만 분자량이 커서 저분자화 시켜서 사용하는 것이 효과적임

■ 글리세린(Glycerin)

천연유지의 가수분해로 얻어지거나 합성 글리세린이 있으며 물과 에탄올에 잘 녹는 점액성의 투명한 액체로서 공기로부터 수분을 흡수하는 수분결합능력이 있어서 피부가 수분을 보유하도록 도와주는 보습제로 사용됨

■ 소르비톨(Sorbitol)

해조류에 포함된 성분으로 물에 잘 녹아 쉽게 흡수되어 수분을 끌어당기는 능력이 있어서 보습제로 사용되며 자극성이 드물고 청량한 맛을 가지고 있어서 화장품 외에 식품에서도 유화보조제 등으로도 사용됨

[미백 성분]

피부를 희게 해주는 성분으로 기미, 주근깨, 색소침착을 방지하기 위하여 색소침착의 원인인 멜라닌 생성을 억제하는 작용을 하는 성분

■ 플라센타 추출물 (Placenta Extract)

- Placenta : 태반

포유동물의 태반에서 추출, 정제한 고농도의 생체 단백질과 효소, 호르몬 성분의 추출물로 피부 항상성 유지를 위한 피부 본래의 치유력을 높여주며 특히, 아토피성 피부염이나 여드름 자취 등으로 인한 색소침착 등의 피부 소생 효과를 가지고 있는 성분으로 알려짐

■ 유용성 비타민 C

비타민 C에 지방산을 결합하여 만들어진 성분으로 피부 속 멜라닌 생성을 억제하여 색소침착을 방지해줌

■ 수용성 비타민 C

비타민 C에 인을 결합시켜 표피 상층부에서 즉각적인 효과를 발휘하는 성분으로 비타민 C가 피부 상부를 통하여 홍반이나 색소침착 완화를 촉진하는 기능을 함

■ 오이 추출물

오이는 예로부터 미용에 있어 다양하게 사용해 왔으며, 그 성분으로는 푸른색을 내는 엽록소와 비타민 C이며 피부를 희게 하는 미백 효과와 보습 효과가 있고 피부를 윤택하고 청결하게 하는 기능과 특히 햇빛 노출 후 진정하는데 효과가 있음

■ 감초 추출물

콩과 속하는 다년생 초본으로 생약의 일종인 감초에서 추출한 성분으로 색소 제거 효과와 멜라닌 색소 형성에 있어서 티로시나제 억제제로 작용해 멜라닌 합성을 억제하는 효과가 있으며 멜라닌 억제로서는 코직산보다 효과적이며 아스코르빈산보다 75배 효과적임

■ 고삼 추출물

콩과 다년생 초본으로 생약의 일종인 고삼에서 추출한 성분으로 우수한 항산화 효과를 가지고 있어 자외선에 의한 피부 손상을 예방하는 효과를 지님

■ 상백피 추출물

뽕나무의 뿌리 껍질을 건조시켜 추출한 성분으로 멜라닌 생성 억제 기능으로 미백 효과와 피부 산화작용을 막아주고 예민한 피부를 진정시켜주는 효과도 있음

■ 작약 추출물

미나리아재비과에 속하는 식물인 적작약에서 추출한 것으로 '페오니플로린', 즉 '작약사포닌'이 주성분이며 기미 예방, 여드름, 항염, 항균 작용에 효과적임

■ 하이드로퀴논(Hydroquinone)

표백크림에 사용되는 피부색소 미백제로서 화장품에서 FDA 허용량은 최고 2% 농도이며 천연적으로 만들어지지만 주로 합성되어 화장품에 사용됨. 일반적으로 산소와 결합하면 매우 빠르게 갈색으로 변하고 농도를 높게 사용하면 피부 자극이 있을 수 있으며 화장품에서 미백제용이나 산화방지제로 이용되는 화학적 혼합물

■ 아하(AHA)

아하는 Alpha Hydroxy Acid의 약자로 피부 각질층의 각질을 벗겨내어 여드름, 기미, 주근깨, 잡티, 노인성 반점과 같은 피부 미백 등의 이유로 사용되는 글리콜산, 락트산, 말산(사과산), 구연산, 타르타르산 등의 유기산을 말하며 과일에 많이 함유되어 있고 5~10% 정도의 농도로 사용하는 것이 피부 자극으로부터 안전할 수 있음

■ 바하(BHA)

바하는 Beta Hydroxy Acid의 줄임말로서 아하와 함께 피부 미백 각질 제거의 용도로 사용되며 살리실산이 해당되고 나라마다 기준이 조금씩 다르지만, 한국에서 BHA는 0.6%까지 허용되며 같은 산이기 때문에 아하와 바하를 같이 사용하면 자극이 있을 수 있으므로 피하는 것이 바람직함

■ 알부틴(Arbutine)

알부틴은 월귤나무와 그랜베리, 블루베리 등의 잎에 함유되어 있는 물질로 피부 색소인 멜라닌 생성을 촉진하는 효소로서 알려진 티로시나제의 활성을 억제시키는 작용을 하여 멜라닌 색소의 생성을 저지하여 색소침착 방지와 피부 미백에 도움을 주는 성분임

■ 코직산(Kojic acid)

발효식품에서 유래한 물질로 술, 된장, 간장을 만들 때 사용되는 누룩의 발효를 통하여 얻게된 물질이며, 시초는 일본에서 술을 빚는 사람들의 손이 하얗다는 것에 착안하여 연구가 진행되었고 이후 화학구조가 규명되면서 생합성을 통한 양산이 가능하게 되었으며 알부틴과 마찬가지로 멜라닌 색소 합성 촉진 효소인 티로시나제의 활성을 억제하여 기미, 주근깨 등의 색소침착을 방지하는 역할,한때 일본에서 그 유해성으로 논란이 빚어졌으나 하나의 해프닝이었으며 현재에도 널리 미백성분으로서 사용되어지고 있음

[생체 활성 성분]

피부의 신진대사 및 혈액순환 항상성 유지 등을 활성화시켜 피부를 건강하게 유지시켜주어 피부에 탄력 부여 및 노화를 방지하는 성분

■ 엘라스틴(Elastin)

피부 내의 결합조직에 존재하는 탄력섬유로 진피층을 구성하는 성분이며 탄력성이 좋은 단백질의 일종으로서 탄력을 유지하는 기능을 하고 콜라겐과 같이 섬유아세포에서 생성되며 부족하면 피부가 주름지고 늘어지면서 노화가 빨라짐
화장품에 배합되어 보습 효과를 발휘해 탄력 있고 촉촉한 피부로 만들어 줌

■ 핵산(D.N.A)

세포핵의 구성 물질로 유전 정보의 유지, 전달에 관여하며 세포 중 에너지 운반과 생성 반응에 관여하고 3종의 구성 요소인 염기, 당, 인산으로 이루어진 고분자 물질로서 생물에 있어서 가장 중요한 화학물질임

■ 피브로넥틴(Fibronectin)

생체 내에서 존재하는 결합단백질로 세포의 원형질막에서 뻗어나온 단백질 수용체이며 세포의 부착을 촉진하여 세포를 적절한 위치에 고정하는 역할을 함

■ 인삼 사포닌

인삼의 뿌리에서 추출한 활성 성분으로 진세노사이드(Ginsenoside)라고 불리며 세포에 대하여 표면 활성제로서 작용하여 표피세포의 생기 회복과 부활에 관여함

■ 당귀 추출물

미나리과인 참당귀 뿌리에서 추출하며 생약 제제인 천연 미용 성분으로 모세혈관의 탄력을 강화시켜 줌으로써 노화된 피부에 탄력을 주어 피부를 맑고 깨끗하게 유지시켜 줌

[영양 성분]

피부에 영양을 공급하는 성분

■ 라놀린(Lanolin)

양털에서 추출한 오일로서 인간의 피지와 유사한 유성분이며 양모(羊毛)에 있는 지방질 분비물로 만든 황색의 유지 화합물로 점성이 있으나 자극성이 없고 피부에 흡수되는 성질이 있어서 예로부터 고약이나 좌약(坐藥)을 만드는데 기제로 사용되었음. 피부 연화작용과 보습작용이 뛰어나 거칠고 튼 피부를 회복시켜주어 건조피부에 적합한 재료로 사용되며 유화제로도 사용됨

■ 스쿠알란(Squalan)

스쿠알란은 주로 심해상어의 간유에서 얻어진 스쿠알렌에 수소를 첨가하여 생산되는 오일이며 천연의 포화액상유로 매우 안정하고 자극이 적어 기초 화장품이나 유연 화장품류에 사용되어 피부에 수분과 영양분을 공급해줌으로써 탄력 있고 촉촉한 피부로 만들어 주는 효과를 가져 옴
최근에는 환경단체에 의해 심해상어 포획이 금지되어 올리브에서 추출한 식물성 스쿠알란을 사용한다.

■ 레시틴(Lecithin)

콩이나 계란에서 추출하는 인지질로서 필수지방산, 인, 콜린 등의 급원이며 유화성, 습윤성, 항산화성 등의 기능이 있어 피부의 영양 공급이나 탄력에 도움을 주고, 천연 유연제, 유화제, 항산화제, 분산제이기도 하며 친수성 성분으로 수분을 끌어당기는 성질이 있어 보습제로써도 작용함

■ 판테놀(Panthenol)

피부 재생 능력과 두피 성장에 효과가 있는 비타민으로서 판테놀 성분이 우리의 피부세포 내로 들어오게 되면 판토텐 산(비타민 B_5)으로 변하게 되는데 이는 세포 성장에 도움을 주고 세포 내 수분을 결합시키는 성질이 있어 보습제로서도 효과적이며 상처 치료와 세포 재생 및 면역 증강에도 도움을 줌

■ 월견초유(이브닝 프라임로즈 Evening Primrose Oil)

금달맞이꽃 종자에서 추출 정제한 천연식물유로서 수렴제로 약용식물 성질을 지니고 있으며 피부 자극에 도움을 주고 상피 방어막의 정상적인 기능을 유지하는데 절대적인 필수지방산 감마 리놀레닉 애시드(Gamma Linolenic Acid)를 다량 함유하고 있어 정상적인 장벽 기능을 유지하기 위한 피부기능을 향상화시켜 노화와 주름 예방에 도움을 줌

[방어 성분]

자외선 등으로부터 피부를 보호해주는 성분

■ 베타 카로틴(β-Carotene)

- Carrot : 당근

당근에서 추출한 천연 추출물로 비타민 A의 프로비타민으로서 비타민 A에서 작용하는 여러 가지 작용, 즉 상피세포의 유지나 막 표면에 존재하는 복합당질의 생합성 등의 역할을 하며 피부를 활성산소로부터 지켜주고 면역 부활작용을 하는 것으로 알려짐

■ 감마 오리자놀(γ-Oryzanol)

쌀의 배아(쌀눈)에서 추출한 성분으로 백색이나 엷은 황색의 결정성 분말로서 냄새가 거의 없거나 약간의 특이한 냄새를 가지고 있으며 혈액순환을 좋게함과 동시에 피지의 분비를 촉진하고, 노화된 각질을 제거하는 한편, 항산화 효과 외에 방부 효과가 있고, 또한 γ-오리자놀 성분은 혈청 콜레스테롤 저하 효과 및 피부의 미백작용이 우수한 것으로 알려져 있음

■ 초산 토코페롤

백아유에서 추출한 성분으로 항산화작용을 하여 세포의 노화를 방지하는 비타민 E의 유도체이며 활성산소를 제거해주고 이를 지속시켜주는 지속력을 가지고 있음

■ 초미립자 이산화티탄

0.02~0.05mm 크기의 이산화티탄으로 부피와 밀도가 작고 분산성이 우수하여 안료용으로 쓰이는 이산화티탄(Rutile, Anatase)과는 성질이 달라 착색력과 은폐력이 낮아서 색상에 미치는 영향력이 적어 색조 제품의 품질을 향상시켜줄 수 있음. 초미립자 이산화티탄은 자외선을 반사, 산란시켜서 자외선의 유해로부터 피부를 보호함

■ 율무 추출물

벼과인 일년초 율무에서 추출한 천연의 성분으로 피를 맑게 해주어 피부를 맑고 깨끗하게 해주는 작용으로 각질 제거 잡티 제거에 효과적임

■ 치자 추출물

꼭두서니과에 속한 치자나무의 열매에서 추출한 천연의 성분으로 주요 성분은 crocin과 iridoid 배당체인 genipin, geniposide, gardenosid 이며 피부 표면의 여러 가지 진균을 억제하는 작용을 하며 신경세포의 분화 촉진의 효과가 있음

[파우더 성분]

메이크업에 들어가는 성분

■ **안료(Pigment)**

- Pigment : 색소, 물감의 재료

파운데이션과 콤팩트의 주성분으로 물 또는 오일 등의 용제에 용해되지 않는 유액 분말을 일반적으로 안료라고 하며, 실제로 용제에 의하여 일부 가용(可溶)되는 것도 있지만 화학구조상 불용(不溶)인 것은 안료로 다룸. 유색 또는 백색의 화합물이며 조성상 무기안료와 유기안료로 나누어짐. 무기안료는 체질안료, 백색안료, 착색안료로 나누어지며 메이크업 화장품의 원료로써 다량 사용됨

■ **다공성 유기 분말(Porous Organic Powder)**

피부에 통기성이 뛰어나도록 특수 제조한 파우더

■ **다중 박막코팅(Layer Coating)**

초미립자 분말에 얇은 오일 막을 여러 번 덧입혀 제조하는 방법

■ **연료(Dye)**

물 또는 기름, 알코올 등의 통매에 용해되고 화장품 기제 중에 용해 상태로 존재하여 색을 부여할 수 있는 물질

[유해산소 제거 성분]

유해산소를 제거하여 피부노화를 방지하는 성분

■ **녹차 추출물(Green Tea Extract)**

싱싱한 녹차잎에서 추출한 플라보노이드 성분이 피부 내 유해한 활성산소를 제거해 주어 항산화작용으로 피부노화 예방 효과를 주고 더불어 박테리아 발육 저지 등 항균 및 항염의 작용을 함

■ **이니페린(Iniferine)**

우유에서 추출한 글리코 프로테인인 '락토페린' 혈장에서 철분 운반체 역할을 하는 단백질 트랜스페린과 구조적 연관성을 지닌 철분 결합 단백질. 모유, 눈물, 우유 등 여러 종류의 체외 분비액이나 혈청 내에 포함되어 있으며, 세균의 성장 및 바이러스 감염 억제 등의 면역기능을 하고 락토페린과 결합한 철분이 유리되면서 세포에 산소 공급의 촉매 역할을 하며 동시에 철분과 항산화 단백질과의 결합을 유도하는 등, 락토페린 자체로 강력한 항산화 물질로 신체의 방어 역할에 도움을 줌

■ 황금(黃芩) 추출물

꿀풀과 식물인 황금(黃芩)의 뿌리에서 추출한 것으로 주요 성분으로는 베타-카로틴, 리그닌, 비타민 B_1, B_2, B_3, C 등이 포함되어 있으며 프리라디칼 제거의 항산화작용 및 항 알레르기 염증 피부 트러블 등 항염증 작용에 쓰임

■ 인삼엽 추출물

싱싱한 인삼잎에서 추출한 플라보노이드 성분이 유해산소를 제거해주는 역할을 함
또한 인삼잎은 인삼의 사포닌과 유사한 구조의 약리 효능을 가진 사포닌을 인삼뿌리보다 2~3배 많은 10~13% 함유하고 있음

■ 비타민 E(Tocopherol)

세포막을 유지하고 보호하는 기능을 하는 역할로 세포막의 지질이 유리기에 의해 산화되고 그로 인해 과산화지질로 변화되어 세포막을 노화시키는데 이 과정에서 산화를 방지하여 피부 노화를 막아줌

[치유 효과 우수 성분]

피부에 항염, 향균작용, 치유 효과가 우수하여 손상된 피부 회복 효과가 우수한 성분

■ 시코닌(Shikonin)

자근의 뿌리를 생명공학 기술인 조직 배양으로 대량생산한 성분으로 피부염, 피부진균, 피부 항생제의 효과가 있음

■ 알란토인(Allantoin)

상처 치유 효과가 우수한 성분으로 밀의 배아, 담배의 종자, 오줌 등에 함유되어 있는 성분이며 화장품에 사용되는 것은 요산을 산화시켜 화학적으로 합성한 것으로 갈라진 피부의 상처를 치유하는 효과가 있고 소염, 진정, 항염증, 항알레르기, 자극감소작용이 있음
식물 추출물로는 컴프리 뿌리에서 발견되며 진정작용이 뛰어나 새로운 조직의 생장을 촉진하여 손상된 피부치료에 효과적임

■ 쉐어버터(Shea butter)

쉐어버터는 아프리카의 민간 치료제로서 오랫동안 사용되어온 쉐어나무(shea tree)의 열매에서 채취한 식물성 유지로서 거칠고 건조한 피부에 수분을 공급하여 촉촉한 피부로 만들어 주며 천연의 알란토인을 함유하고 있어 상처를 재생하는 효능이 매우 높은 것으로 알려져 보습제나 피부 연화제로 사용됨

■ 인지질(Phospholipid)

세포막과 핵, 기타 세포질과 신경조직의 구성 성분이며 지방과 비슷한 구조를 하고 있지만 3개의 지방산이 결합하는 지방과 다르게 2개의 지방산과 1개의 인산기가 결합되어 있어 지방산이 있는 부분은 물과 잘 섞이지 않아서 비극성 물질들과 쉽게 섞이는 소수성이고, 인산기가 있는 부분은 물 분자 또는 다른 극성 분자들과 쉽게 섞이는 친수성으로 이러한 원리에서 이중막 구조를 이루어 인체에 중요한 생물 활성물질 등을 보호할 수 있는 구조를 지니고 있음

■ 리포좀(Liposome)

인지질로 이루어진 작은 구형의 입자로 수분이나 각종 미용 성분 등의 생체 활성물질을 넣어 피부 속 필요 부위에 안전하게 전달시켜 빠른 효과를 나타내 주며 젤이나 가벼운 크림에 배합해 보습 효과를 높이고 활력을 부여함

■ 홍화 색소

홍화(紅花 : Safflower)는 우리나라 말로 잇꽃(Carbamus tinctorius)이라 하며 국화과의 1년생 초본으로서 홍화 색소는 홍화에서 추출한 천연 식물색소로 홍화에는 수용성인 황색 색소(Safflower Yellow)가 70% 정도, 알칼리에 의하여 추출되는 적색 색소(Carthamin)가 30% 정도 비율로 함유되어 있는데, 이들 색소는 선명한 발색 효과, 피부 보호 효과를 가지고 있음

■ 심황(深黃) 추출물

심황(커큐민) 추출물은 동인도산 식물뿌리에서 추출한 폴리페놀 성분의 노란색 색소 성분으로 인도음식에서 향신료로도 사용되며 심황(Turmeric)의 커큐미노이드(Curcuminoid)로 커큐민은 항산화, 항염작용을 가지고 있으며 천연 식물 색소로 피부에 대한 안전성 및 발색 효과 우수함

■ 반투명 색소

무기물 색소로 입자 크기가 가시광선 파장보다 작아 투명성이 좋고 발색 효과가 우수하여 햇빛으로부터 피부를 보호하는 효과가 있음

■ 유도체

어떤 물질의 기본 성질은 변화시키지 않고 보다 안정한 물질로 변형시킨 것으로 주로 유기 화합물에 많이 사용되며 예를 들면, 열과 빛에 불안정한 비타민 C를 변형시켜 안정화시킨 것을 비타민C 유도체라고 하는 것

■ 익스트렉트(Extract)

• Extract : 추출물

어떤 물질에서 유효 성분을 짜내거나 뽑아낸 성분으로 화장품 등에 배합하여 여러 가지 다양한 효능을 발휘하게 하는 용도로 많이 사용됨

■ 측쇄(Side chain) 오일

유기 화합물에서 주가 되는 사슬 고리 모양에 곁가지가 붙는 모양의 구조를 갖는 오일로 피부에 부드러움을 주지만 호흡을 방해하는 오일

■ 직쇄 오일

측쇄가 없이 일직선을 이루는 구조식을 갖는 오일로서 피부에 부드러움을 주지만 호흡을 방해하는 오일

■ 생체 활성 성분

생체에 활성화를 줄 수 있는 모든 물질을 일컫는 말로 해당되는 성분에는 생체 활성 성분

■ 유해산소

활성산소 또는 Free radical이라고도 하며 생체내의 각종 반응 및 자외선에 의해 생성되며 산화력이 강하여 반응성이 매우 큰 산소로 세포막을 형성하는 주성분인 지질의 과산화지질을 생성시키거나 세포막의 생체 보호, 신호전달 체계를 망가뜨리고 적혈구를 파괴하기도 하는 등 노화와 질병의 원인이 되는 인체에 유해한 산소

■ 생명공학

동물, 식물 같은 생체나 생명활동, 생체 유래 물질, 생물학적 시스템 등을 연구하여 그 자체를 산업기술로 응용하는 것으로 인체 동물, 식물, 미생물을 대상으로 연구하며 유용한 유전인자를 인공적으로 조립, 그 산물 등을 대량으로 생산하여 이용할 수 있도록 하는 것으로 유전공학이 중심이 되고 있음

찾아보기

ㅂ

ㅅ

ㅈ

ㅊ

ㅋ

[참고 문헌]

김주덕 외 공역, 신화장품학, 동화기술, 서울, 2004.

하병조, 화장품학, 수문사, 서울, 1999.

고영수, 21세기화장품학, 화장품신문사, 2004.

양덕재, 최신화장품학, 장업신문, 1998.

전완길, 한국화장문화사, 열화당, 서울, 1999.

이연복 · 이경복, 한국인의 미풍풍속, 월간에세이, 서울, 2002.

김주덕 외 공역, 미용인을 위한 피부과학, 동화기술, 서울, 2000.

조완구 · 황문정 · 배덕환, 현대 화장품학, 한국학술정보㈜, 경기도 파주, 2007.

강윤석 외, 화장품 · 생활건강용품, 신광출판사, 서울, 2008.

하병조, 기능성화장품, 신광출판사, 서울, 2001.

하병조, 아로마테라피, 수문사, 서울, 2000.

이영아·이길영, 피부과학, 신정, 서울, 2009.

한국플라스틱 기술정센타, 안료입문, 서울, 2000.

김주덕, 김주덕 교수의 무엇이든 물어 보세요(1)~(30), 코스메틱 매니아 뉴스 CMC, 서울 2005~2006.

이옥섭, 화장품과학 칼럼(48호~90호), 화장품신문, 서울, 1997.

이길영, 스트레스가 여성의 피부색과 피부수분에 미치는 영향, 숙명여자대학교 석사논문, 서울, 2010.

여정민, 유기농 화장품에 대한 소비자 인식과 구매행동에 관한 연구, 숙명여자대학교 석사논문, 서울, 2010.

박연희, 줄기세포 화장품 시장 연계에 관한연구, 숙명여자대학교 석사논문, 서울. 2010

D.F · williams and W · H,Schmitt, Cosmetics and Toiletries Industry, BLACKIE ACADEMIC & PROFESSIONAL, New York, 1992.

K.F.Depolo, A short Textbook of cosmetology, H · Ziolkowsky Gmbh, Augsburg, Germany, 1998.

田村健夫. 黃田博, 香粧品科學, フレグランスジャーナル社, Tokyo, 1990

식품의학품안전처 http://kfda.go.lcr

대한화장품협회 http://kcia. or. lcr

[저자 약력]

김 주 덕

- 성균관대학교 화학공학과 학부, 석사, 박사
- 현)성신여자대학교 뷰티산업학과 교수 / 뷰티생활산업국제대학 학장
- 전)숙명여자대학교 원격대학원 향장미용전공 교수
- LG생활건강 화장품연구소 근무
- 보건복지부 화장품산업발전 기획단장 역임
- 보건복지부 보건의료기술 진흥사업 보건의료 전문위원 역임
- 식품의약품안전처 화장품 위해평가 자문위원 역임
- 공정거래위원회 화장품 분야 전문가포럼 위원 역임
- 한국보건산업진흥원 화장품발전협의회 위원장 역임
- 현)식품의약품안전처 국민청원 안전검사 심의위원
- 현)지식경제부 산업표준 심의위원회(정밀화학분과 위원장)
- 보건복지부 뷰티산업 경쟁력 강화 위원회 위원 역임

신 정 은

- 경북대학교 졸업
- 숙명여자대학교 원격대학원 향장미용 전공
- 고려대학교 경영대학원 경영연구 수료

최신 화장품학

2018년 8월 3일 1판 1쇄 발 행
2021년 3월 25일 1판 2쇄 발 행

지 은 이 : 김주덕 · 신정은
펴 낸 이 : 박정태

펴 낸 곳 : **광 문 각**

10881
경기도 파주시 파주출판문화도시 광인사길 161
광문각 B/D 4층
등 록 : 1991. 5. 31 제12-484호
전 화(代) : 031) 955-8787
팩 스 : 031) 955-3730
E - mail : kwangmk7@hanmail.net
홈페이지 : www.kwangmoonkag.co.kr

ISBN : 978-89-7093-905-6 93590

값: 27,000원